Intelligente Technische Systeme – Lösungen aus dem Spitzencluster it's OWL

Reihe herausgegeben von
it's OWL Clustermanagement GmbH
Paderborn, Deutschland

Im Technologie-Netzwerk Intelligente Technische Systeme OstWestfalenLippe (kurz: it's OWL) haben sich rund 200 Unternehmen, Hochschulen, Forschungseinrichtungen und Organisationen zusammengeschlossen, um gemeinsam den Innovationssprung von der Mechatronik zu intelligenten technischen Systemen zu gestalten. Gemeinsam entwickeln sie Ansätze und Technologien für intelligente Produkte und Produktionsverfahren, Smart Services und die Arbeitswelt der Zukunft. Das Spektrum reicht dabei von Automatisierungs- und Antriebslösungen über Maschinen, Fahrzeuge, Automaten und Hausgeräte bis zu vernetzten Produktionsanlagen und Plattformen. Dadurch entsteht eine einzigartige Technologieplattform, mit der Unternehmen die Zuverlässigkeit, Ressourceneffizienz und Benutzungsfreundlichkeit ihrer Produkte und Produktionssysteme steigern und Potenziale der digitalen Transformation erschließen können.

In the technology network Intelligent Technical Systems OstWestfalenLippe (short: it's OWL) around 200 companies, universities, research institutions and organisations have joined forces to jointly shape the innovative leap from mechatronics to intelligent technical systems. Together they develop approaches and technologies for intelligent products and production processes, smart services and the working world of the future. The spectrum ranges from automation and drive solutions to machines, vehicles, automats and household appliances to networked production plants and platforms. This creates a unique technology platform that enables companies to increase the reliability, resource efficiency and user-friendliness of their products and production systems and tap the potential of digital transformation.

Weitere Bände in der Reihe http://www.springer.com/series/15146

Ansgar Trächtler · Jürgen Gausemeier
(Hrsg.)

Steigerung der Intelligenz mechatronischer Systeme

 Springer Vieweg

Herausgeber

Ansgar Trächtler
Regelungstechnik und Mechatronik
Heinz Nixdorf Institut
Universität Paderborn
Paderborn, Deutschland

Jürgen Gausemeier
Strategische Produktplanung und Systems
Engineering, Heinz Nixdorf Institut
Universität Paderborn
Paderborn, Deutschland

ISSN 2523-3637   ISSN 2523-3645 (electronic)
Intelligente Technische Systeme – Lösungen aus dem Spitzencluster it's OWL
ISBN 978-3-662-56391-5   ISBN 978-3-662-56392-2 (eBook)
https://doi.org/10.1007/978-3-662-56392-2

Die Deutsche Nationalbibliothek verzeichnet diese Publikation in der Deutschen Nationalbibliografie; detaillierte bibliografische Daten sind im Internet über http://dnb.d-nb.de abrufbar.

Springer Vieweg
Springer Vieweg ist ein Imprint der eingetragenen Gesellschaft Springer-Verlag GmbH, DE und ist ein Teil von Springer Nature
Die Anschrift der Gesellschaft ist: Heidelberger Platz 3, 14197 Berlin, Germany

Geleitwort des Projektträgers

Unter dem Motto „Deutschlands Spitzencluster – Mehr Innovation. Mehr Wachstum. Mehr Beschäftigung" startete das Bundesministerium für Bildung und Forschung (BMBF) 2007 den Spitzencluster-Wettbewerb. Ziel des Wettbewerbs war, die leistungsfähigsten Cluster auf dem Weg in die internationale Spitzengruppe zu unterstützen. Durch die Förderung der strategischen Weiterentwicklung exzellenter Cluster soll die Umsetzung regionaler Innovationspotenziale in dauerhafte Wertschöpfung gestärkt werden.

In den Spitzenclustern arbeiten Wissenschaft und Wirtschaft eng zusammen, um Forschungsergebnisse möglichst schnell in die Praxis umzusetzen. Die Cluster leisten damit einen wichtigen Beitrag zur Forschungs- und Innovationsstrategie der Bundesregierung. Dadurch sollen Wachstum und Arbeitsplätze gesichert bzw. geschaffen und der Innovationsstandort Deutschland attraktiver gemacht werden.

Bis 2012 wurden in drei Runden 15 Spitzencluster ausgewählt, die jeweils über fünf Jahre mit bis zu 40 Mio. EUR gefördert werden. Der Cluster Intelligente Technische Systeme OstWestfalenLippe – kurz it's OWL wurde in der dritten Wettbewerbsrunde im Januar 2012 als Spitzencluster ausgezeichnet. Seitdem hat sich der Spitzencluster it's OWL zum Ziel gesetzt, die intelligenten technischen Systeme der Zukunft zu entwickeln. Gemeint sind hier Produkte und Prozesse, die sich der Umgebung und den Wünschen der Benutzer anpassen, Ressourcen sparen sowie intuitiv zu bedienen und verlässlich sind. Für die Unternehmen des Maschinenbaus, der Elektro- und Energietechnik sowie für die Elektronik- und Automobilzulieferindustrie können die intelligenten technischen Systeme den Schlüssel zu den Märkten von morgen darstellen.

Auf einer starken Basis im Bereich mechatronischer Systeme beabsichtigt it's OWL, im Zusammenspiel von Informatik und Ingenieurwissenschaften den Sprung zu Intelligenten Technischen Systemen zu realisieren. It's OWL sieht sich folglich als Wegbereiter für die Evolution der Zusammenarbeit beider Disziplinen hin zur sogenannten vierten industriellen Revolution oder Industrie 4.0. Durch die Teilnahme an it's OWL stärken die Unternehmen ihre Wettbewerbsfähigkeit und bauen ihre Spitzenposition auf den internationalen Märkten aus. Der Cluster leistet ebenfalls wichtige Beiträge zur Erhöhung der Attraktivität der Region Ostwestfalen-Lippe für Fach- und Führungskräfte sowie zur nachhaltigen Sicherung von Wertschöpfung und Beschäftigung.

Mehr als 180 Clusterpartner – Unternehmen, Hochschulen, Kompetenzzentren, Brancheninitiativen und wirtschaftsnahe Organisationen – arbeiten in 47 Projekten mit einem Gesamtvolumen von ca. 90 Mio. EUR zusammen, um intelligente Produkte und Produktionssysteme zu erarbeiten. Das Spektrum reicht von Automati-sierungs- und Antriebslösungen über Maschinen, Automaten, Fahrzeuge und Haushaltsgeräte bis zu vernetzten Produktionsanlagen und Smart Grids. Die gesamte Clusterstrategie wird durch Projekte operationalisiert. Drei Projekttypen wurden definiert: Querschnitts- und Innovationsprojekte sowie Nachhaltigkeitsmaßnahmen. Grundlagenorientierte Querschnittsprojekte schaffen eine Technologieplattform für die Entwicklung von intelligenten technischen Systemen und stellen diese für den Einsatz in Innovationsprojekten, für den Know-how-Transfer im Spitzencluster und darüber hinaus zur Verfügung. Innovationsprojekte bringen Unternehmen in Kooperation mit Forschungseinrichtungen zusammen zur Entwicklung neuer Produkte und Technologien, sei als Teilsysteme, Systeme oder vernetzte Systeme, in den drei globalen Zielmärkten Maschinenbau, Fahrzeugtechnik und Energietechnik. Nachhaltigkeitsmaßnahmen erzeugen Entwicklungsdynamik über den Förderzeitraum hinaus und sichern Wettbewerbsfähigkeit.

Interdisziplinäre Projekte mit ausgeprägtem Demonstrationscharakter haben sich als wertvolles Element in der Clusterstrategie erwiesen, um Innovationen im Bereich der intelligenten technischen Systeme produktionsnah und nachhaltig voranzutreiben. Die ersten Früchte der engagierten Zusammenarbeit werden im vorliegenden Bericht der breiten Öffentlichkeit als Beitrag zur Erhöhung der Breitenwirksamkeit vorgestellt. Den Partnern wünschen wir viel Erfolg bei der Konsolidierung der zahlreichen Verwertungsmöglichkeiten für die im Projekt erzielten Ergebnisse sowie eine weiterhin erfolgreiche Zusammenarbeit in it's OWL.

Karlsruhe	Dr.-Ing. Alexander Lucumi
Mai 2018	Projektträger Karlsruhe (PTKA)
	Karlsruher Institut für Technologie (KIT)

Geleitwort des Clustermanagements

Wir gestalten gemeinsam die digitale Revolution – Mit it's OWL!
Die Digitalisierung wird Produkte, Produktionsverfahren, Arbeitsbedingungen und Geschäftsmodelle verändern. Virtuelle und reale Welt wachsen immer weiter zusammen. Industrie 4.0 ist der entscheidende Faktor, um die Wettbewerbsfähigkeit von produzierenden Unternehmen zu sichern. Das ist gerade für OstWestfalenLippe als einem der stärksten Produktionsstandorte in Europa entscheidend für Wertschöpfung und Beschäftigung.

Die Entwicklung zu Industrie 4.0 ist mit vielen Herausforderungen verbunden, die Unternehmen nicht alleine bewältigen können. Gerade kleine und mittlere Unternehmen (KMU) brauchen Unterstützung, da sie nur über geringe Ressourcen für Forschung- und Entwicklung verfügen. Daher gehen wir in OstWestfalenLippe den Weg zu Industrie 4.0 gemeinsam: mit dem Spitzencluster it's OWL. Unternehmen und Forschungseinrichtungen entwickeln Technologien und konkrete Lösungen für intelligente Produkte und Produktionsverfahren.

Davon profitieren insbesondere auch KMU. Mit einem innovativen Transferkonzept bringen wir neue Technologien in den Mittelstand, beispielsweise in den Bereichen Selbstoptimierung, Mensch-Maschine-Interaktion, intelligente Vernetzung, Energieeffizienz und Systems Engineering. In 170 Transferprojekten nutzen die Unternehmen diese neuen Technologien, um die Zuverlässigkeit, Ressourceneffizienz und Benutzerfreundlichkeit ihrer Maschinen, Anlagen und Geräte zu sichern.

Die Rückmeldungen aus den Unternehmen sind sehr positiv. Sie gehen einen ersten Schritt zu Industrie 4.0 und erhalten Zugang zu aktuellen, praxiserprobten Ergebnissen aus der Forschung, die sie direkt in den Betrieb einbinden können. Unser-Transfer-Konzept wurde aus 3.000 Bewerbungen mit dem Industriepreis des Huber Verlags für neue Medien in der Kategorie Forschung und Entwicklung ausgezeichnet und findet ein hohes Interesse in ganz Deutschland und darüber hinaus.

Die Entwicklung von sich selbst-optimierenden Maschinen und Anlagen ist eine Schlüsselkompetenz der Industrie 4.0 und gleichzeitig eine der großen Herausforderungen der Unternehmen. Die Fähigkeit adaptiv auf zuvor nicht definierte Störfälle zu reagieren und sich diesen autonom anzupassen wird die technologischen und sozioökonomischen Entwicklungen der nächsten Jahrzehnte Maßgeblich bestimmen.

Neue Technologien, Methoden und Anwendungen haben die Universitäten Paderborn und Bielefeld im Querschnittsprojekt Selbstoptimierung entwickelt, beispielsweise maschinelles Lernen sowie intelligente Regelungs- und Steuerungskonzepte. Dadurch können sich Geräte und Maschinen eigenständig an sich ändernde Betriebsbedingungen anpassen. Ausfälle und Nachjustierungen der Maschinen, Produktionsfehler und Ausschuss werden verringert. Ressourcen werden eingespart. Die Technologien wurden in rund 25 Transferprojekten bei kleinen und mittleren Unternehmen in die Anwendung gebracht.

it's OWL – Das ist OWL: Innovative Unternehmen mit konkreten Lösungen für Industrie 4.0. Anwendungsorientierte Forschungseinrichtungen mit neuen Technologien für den Mittelstand. Hervorragende Grundlagenforschung zu Zukunftsfragen. Ein starkes Netzwerk für interdisziplinäre Entwicklungen. Attraktive Ausbildungsangebote und Arbeitgeber in Wirtschaft und Wissenschaft.

Paderborn   Prof. Dr.-Ing. Roman Dumitrescu
Mai 2018   Günter Korder
                                                                 Herbert Weber
                                          Geschäftsführung it's OWL Clustermanagement

Vorwort

Mit der Auszeichnung im Spitzencluster-Wettbewerb des Bundesministeriums für Bildung und Forschung steht it's OWL als einer von 15 Spitzenclustern für die High-tech-Kompetenz Deutschlands. Das Zusammenspiel von Ingenieurwissenschaften und Informatik eröffnet neue Perspektiven, um die Herausforderungen der Zukunft in Form von Globalisierung, demographischer Wandel und Ressourcenknappheit zu meistern. Zeitgleich steigen die Anforderungen an die Verlässlichkeit, Benutzerfreundlichkeit und Ressourceneffizienz von Produkten und Produktionssystemen mit den Ansprüchen der Kunden an Qualität und Bedienung.

Das Cluster-Querschnittsprojekt Selbstoptimierung aktiviert die hohen Optimierungs-potenziale von Verfahren, die intelligentes Verhalten in technische Systeme integrieren und Geräte und Maschinen befähigen, sich eigenständig an veränderliche Betriebsbedin-gungen anzupassen. Das Ziel der Projektpartner war die Erarbeitung eines Instrumentari-ums, welches den zukünftigen Entwicklern solcher Systeme Methoden des maschinellen Lernens, der mathematischen Optimierung, der Verlässlichkeit sowie für intelligente Steuerungen und Regelungen zur Verfügung stellt.

Ausgehend von den Grundlagen der jeweiligen Fachbereiche werden in diesem Buch die erarbeiteten spezifischen Methoden der Selbstoptimierung vorgestellt und durch Leitfäden für die Anwendung aufbereitet. Ihre Leistungsfähigkeit wird durch zahlreiche Anwendungsfälle aus Projekten mit den Clusterunternehmen belegt.

Unser Dank gilt den Mitarbeiterinnen und Mitarbeitern der beteiligten Projektpartner, die maßgeblich zum Projekterfolg und dem Entstehen dieses Buches beigetragen haben, und in besonderem Maße unseren Mitarbeitern Peter Iwanek und Christopher Lüke, die mit viel Engagement, großer Kompetenz und nicht zuletzt Geduld und Gelassenheit das Projekt koordiniert und für die Erstellung dieses Buches gesorgt haben.

Großer Dank gebührt auch Herrn Dr.-Ing. Alexander Lucumi vom Projektträger Karlsruhe für sein starkes Interesse an diesem Projekt und seine stets wertvollen, konstruktiven Hinweise. Schließlich möchten wir dem Bundesministerium für Bildung und Forschung unseren Dank aussprechen, dessen Unterstützung durch den Spitzencluster-Wettbewerb dieses Projekt überhaupt erst ermöglicht hat.

Paderborn   Prof. Dr.-Ing Ansgar Trächtler
Mai 2018   Prof. Dr.-Ing Jürgen Gausemeier

Inhaltsverzeichnis

Mitarbeiterverzeichnis

Witali Aswolinskiy Research Institute for Cognition and Robotics, Universität Bielefeld, Bielefeld.
waswolinskiy@cor-lab.uni-bielefeld.de

Prof. Dr. Michael Dellnitz Institut für Industriemathematik, Universität Paderborn, Lehrstuhl für angewandte Mathematik, Paderborn.
dellnitz@uni-paderborn.de

Prof. Dr.-Ing. Roman Dumitrescu Lehrstuhl für Advanced Systems Engineering, Universität Paderborn, Paderborn.
roman.dumitrescu@uni-paderborn.de

Prof. Dr.-Ing. Jürgen Gausemeier Heinz Nixdorf Institut, Universität Paderborn, Strategische Produktplanung und Systems Engineering, Paderborn.
Juergen.Gausemeier@hni.uni-paderborn.de

Prof. Dr. Barbara Hammer CITEC Center of Excellence, Universität Bielefeld, Bielefeld.
bhammer@techfak.uni-bielefeld.de

Dr.-Ing. Peter Iwanek Heinz Nixdorf Institut, Universität Paderborn, Strategische Produktplanung und Systems Engineering, Paderborn.
peter.iwanek@hni.uni-paderborn.de

Robert Joppen Heinz Nixdorf Institut, Universität Paderborn, Strategische Produktplanung und Systems Engineering, Paderborn.
robert.joppen@hni.uni-paderborn.de

Thorben Kaul Lehrstuhl für Dynamik und Mechatronik, Universität Paderborn, Paderborn.
thorben.kaul@uni-paderborn.de

Jan Henning Keßler Heinz Nixdorf Institut, Universität Paderborn, Regelungstechnik und Mechatronik, Paderborn.
jan.henning.kessler@hni.uni-paderborn.de

Dr.-Ing. James Kuria Kimotho Lehrstuhl für Dynamik und Mechatronik, Universität Paderborn, Paderborn.
james.kuria.kimotho@uni-paderborn.de

Dr.-Ing. Daniel Köchling Heinz Nixdorf Institut, Universität Paderborn, Strategische Produktplanung und Systems Engineering, Paderborn.
daniel.koechling@hni.uni-paderborn.de

Christopher Lüke Heinz Nixdorf Institut, Universität Paderborn, Regelungstechnik und Mechatronik, Paderborn.
christopher.lueke@hni.uni-paderborn.de

Dr.-Ing. Tobias Meyer Lehrstuhl für Dynamik und Mechatronik, Universität Paderborn, Paderborn.
tobias.meyer@uni-paderborn.de

Dr. Klaus Neumann Beckhoff Automation GmbH & Co. KG, Software Development Machine Learning, Verl.
k.neumann@beckhoff.de

Prof. Dr. Sina Ober-Blöbaum Department of Engineering Science, University of Oxford, UK.
sina.ober-blobaum@eng.ox.ac.uk

Dr. Sebastian Peitz Institut für Industriemathematik, Universität Paderborn, Lehrstuhl für angewandte Mathematik, Paderborn.
speitz@math.uni-paderborn.de

Dr. Felix Reinhart Fraunhofer-Institut für Entwurfstechnik Mechatronik IEM, Senior Experte Maschinelles Lernen und Data Analytics, Paderborn.
felix.reinhart@iem.fraunhofer.de

Prof. Dr.-Ing. habil. Walter Sextro Lehrstuhl für Dynamik und Mechatronik, Universität Paderborn, Paderborn.
walter.sextro@uni-paderborn.de

Prof. Dr. Jochen Steil Institut für Robotik und Prozessinformatik, Technische Universität Braunschweig, Braunschweig.
jsteil@rob.cs.tu-bs.de

Dr.-Ing. Julia Timmermann Heinz Nixdorf Institut, Universität Paderborn, Regelungstechnik und Mechatronik, Paderborn.
julia.timmermann@hni.uni-paderborn.de

Prof. Dr.-Ing. habil. Ansgar Trächtler Heinz Nixdorf Institut, Universität Paderborn, Regelungstechnik und Mechatronik, Paderborn.
ansgar.traechtler@hni.uni-paderborn.de

Dr. Adrian Ziessler Institut für Industriemathematik, Universität Paderborn, Lehrstuhl für angewandte Mathematik, Paderborn.
ziessler@math.uni-paderborn.de

Einführung

1

Roman Dumitrescu, Jürgen Gausemeier, Peter Iwanek, Christopher Lüke und Ansgar Trächtler

Zusammenfassung

Globalisierung, demografischer Wandel und Ressourcenknappheit verändern unsere Lebens- und Arbeitsbedingungen und stellen hohe Anforderungen an die Innovationskraft der heimischen Industrie. Im Technologienetzwerk Intelligente Technische Systeme OstWestfalenLippe – kurz it's OWL – werden innovative Produkte und Dienstleistungen für die Märkte von morgen erarbeitet. Weltmarktführer und „Hidden Champions" aus dem Maschinenbau, der Elektro- und Elektronikindustrie und dem Bereich der Automobilzulieferer arbeiten dabei eng mit Spitzenforschungseinrichtungen zusammen.

R. Dumitrescu (✉)
Lehrstuhl für Advanced Systems Engineering,
Universität Paderborn, Paderborn, Deutschland
E-Mail: roman.dumitrescu@uni-paderborn.de

J. Gausemeier · P. Iwanek
Heinz Nixdorf Institut, Strategische Produktplanung und Systems Engineering,
Universität Paderborn, Paderborn, Deutschland
E-Mail: Juergen.Gausemeier@hni.uni-paderborn.de

P. Iwanek
E-Mail: peter.iwanek@hni.uni-paderborn.de

C. Lüke · A. Trächtler
Heinz Nixdorf Institut, Regelungstechnik und Mechatronik,
Universität Paderborn, Paderborn, Deutschland
E-Mail: christopher.lueke@hni.uni-paderborn.de

A. Trächtler
E-Mail: ansgar.traechtler@hni.uni-paderborn.de

© Springer-Verlag GmbH Deutschland, ein Teil von Springer Nature 2018
A. Trächtler und J. Gausemeier (Hrsg.), *Steigerung der Intelligenz mechatronischer Systeme,* Intelligente Technische Systeme – Lösungen aus dem Spitzencluster it's OWL, https://doi.org/10.1007/978-3-662-56392-2_1

Denn der Innovationserfolg stellt sich ein, wenn sich Market Pull und Science Push treffen. In 50 Projekten mit einem Gesamtvolumen von rund 100 Mio. EUR (Laufzeit von 2012 bis 2017) werden intelligente Produkte und Produktionssysteme entwickelt. Zielsetzung des Cluster-Querschnittsprojekt Selbstoptimierung ist ein Instrumentarium zur Planung und Entwicklung von selbstoptimierenden Produkten und Produktionssystemen. Das Instrumentarium soll die Entwickler (Im Folgenden wird in der maskulinen Form geschrieben und zwar ausschließlich wegen der einfachen Lesbarkeit. Wenn beispielsweise von Entwicklern, Entscheidungsträgern und Managern die Rede ist, sind selbstredend auch Entwicklerinnen, Entscheidungsträgerinnen und Managerinnen gemeint.) in den Unternehmen bei der Realisierung von Ansätzen der Selbstoptimierung praxisgerecht unterstützen. Vor diesem Hintergrund wird in diesem Kapitel zunächst der Spitzencluster it's OWL vorgestellt. Nachfolgend wird gezeigt, wie das Cluster-Querschnittsprojekt Selbstoptimierung im Spitzencluster eingebettet ist und welche Schwerpunkte und Zielsetzungen im Fokus des Projekts stehen.

1.1   it's OWL – Intelligente Technische Systeme OstWestfalenLippe

In diesem Abschnitt wird zunächst der Spitzencluster it's OWL im Allgemeinen vorgestellt. Nachfolgend wird gezeigt, welche Projektstruktur der Spitzencluster it's OWL aufweist und welche Projekttypen bestehen. Die entsprechenden Projekte liefern einen Beitrag zum Innovationssprung von der Mechatronik zu Intelligenten Technischen Systemen. Vor diesem Hintergrund wird der Innovationssprung aus Sicht der Spitzencluster it's OWL charakterisiert. Der vorliegende Abschnitt schließt mit der Vorstellung der Technologiekonzeption des Spitzenclusters sowie einer Einordnung des Cluster-Querschnittsprojekts Selbstoptimierung in die sogenannte Technologiekonzeption.

Der Spitzencluster
Im Spitzencluster it's OWL – Intelligente Technische Systeme OstWestfalenLippe – bündeln Weltmarkt- und Technologieführer im Maschinenbau, der Elektro- und Elektronikindustrie sowie der Automobilzulieferindustrie ihre Kräfte. Gemeinsam mit regionalen Forschungseinrichtungen erarbeiten sie in knapp 50 Projekten mit einem Projektvolumen von rund 100 Mio. EUR neue Technologien für intelligente Produkte und Produktionssysteme. it's OWL gilt daher bundesweit als eine der größten Initiativen zu Industrie 4.0 und leistet einen wichtigen Beitrag, Produktion am Standort Deutschland zu sichern [11].

Seit der Auszeichnung im Spitzencluster-Wettbewerb des Bundesministeriums für Bildung und Forschung in 2012 zieht it's OWL eine äußerst positive Bilanz. Über 230 aktive Clusterpartner, sechs neue Forschungsinstitute, 25 Unternehmensgründungen, 15 erfolgreich abgeschlossene Projekte, rund 29 Mio. EUR an zusätzlichen Fördermitteln im Kontext von Industrie 4.0 und über 200 zusätzliche Wissenschaftler sind nur einige Indikatoren, die den Erfolg von it's OWL belegen (Stand 2016) [11].

Der Spitzencluster it's OWL ist wesentlicher Bestandteil einer umfassenden Regional-entwicklung mit dem Titel „Initiative Innovation und Wissen". Ziel dieser Offensive von Wirtschaft, Wissenschaft, Politik und Verwaltungen ist es, die Erfolgspotenziale auf dem Gebiet Intelligente Technische Systeme zu nutzen und die Region zu einem der wettbewerbs-stärksten und dynamischsten Wirtschaftsstandorte in Europa weiterzuentwickeln. Dadurch erfährt der Spitzencluster eine breite Identifikation und Unterstützung in der Region, die durch eine umfangreiche Berichterstattung in den regionalen Medien gestärkt wird. it's OWL ist der Fokus für das Standortmarketing. Bei überregionalen Präsentationen oder im politischen Umfeld in Berlin und Brüssel tritt OWL als Spitzenclusterregion auf [11].

OstWestfalenLippe gehört im Bereich Maschinenbau, Elektro- und Elektronikindustrie sowie Automobilzulieferer zu den wirtschaftsstärksten Standorten in Europa. Die hohe Vitalität dieser Branchen in OstWestfalenLippe kann klar belegt werden. Die Unternehmen des Clusters bieten Arbeitsplätze für rund 86.000 Beschäftigte im Technologiefeld Intelli-gente Technische Systeme und erwirtschaften einen Jahresumsatz von etwa 20 Mrd. EUR. Familiengeführte Unternehmen und ein breiter Mittelstand bilden den Kern des Clusters. Hinsichtlich der Branchenkompetenz ergänzen sich die Unternehmen im Cluster entlang der Innovationskette hervorragend (vgl. Abb. 1.1) [11]. Zudem weist der Cluster zahlreiche Weltmarkt- und Technologieführer auf, die sowohl starke Marken als auch Hidden Cham-pions umfassen. Für die elektrische Verbindungstechnik wird durch Clusterunternehmen beispielsweise ein Weltmarktanteil von ca. 75 % erreicht [11].

Die Technologiekompetenz des Clusters ergibt sich aus der Symbiose von Informatik und Ingenieurwissenschaften. Im Fokus steht der Innovationssprung vom derzeitigen State of the Art in den Bereichen Mechatronik und Automatisierungstechnik hin zu Systemen mit

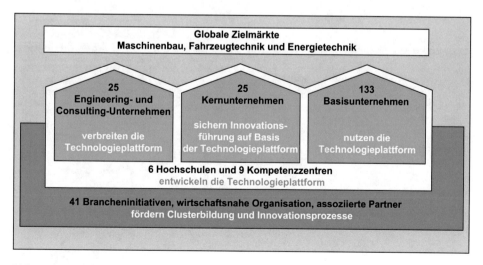

Abb. 1.1 Clusterpartner und ihre Rollen entlang der Innovationskette. (Aus [11]; © it's OWL Cluster-management GmbH 2016)

inhärenter Teilintelligenz. Die benötigten Technologien fließen in die Technologieplattform des Clusters ein, die im Wesentlichen durch die Hochschulen und Forschungsinstitute im Rahmen der Querschnittsprojekte erarbeitet wird. Auf dieser Basis entwickeln die Unternehmen entlang der gesamten Innovationskette Intelligente Technische Systeme für ihre spezifischen Märkte [11].

Vor diesem Hintergrund ergibt sich das übergeordnete strategische Ziel des Clusters: Spitzenposition auf dem Gebiet Intelligente Technische Systeme im globalen Wettbewerb. Messbare strategische Ziele bis Mitte 2017 sind die Sicherung der 80.000 Arbeitsplätze in der Region, 10.000 neue Arbeitsplätze, 50 Unternehmensgründungen, fünf neue Forschungsinstitute, 500 zusätzliche Wissenschaftler sowie vier neue einschlägige Studiengänge [4, 11].

Projektstruktur des Spitzencluster it's OWL

Zum Erreichen des Ziele werden zahlreiche Projekte umgesetzt, die in drei Typen von Projekten unterschieden werden können. Die entsprechende Projektstruktur des Spitzenclusters ist in Abb. 1.2 dargestellt.

Querschnittsprojekte: Diese ergeben für den Cluster eine gemeinsame Technologieplattform. Sie ermöglicht den Unternehmen den Eintritt in die Technologie Intelligente Technische Systeme, der für ein einzelnes Unternehmen ohne diese Basis nicht zu schaffen ist. Zu den Querschnittsthemen und damit verbundenen -projekten des Spitzenclusters it's

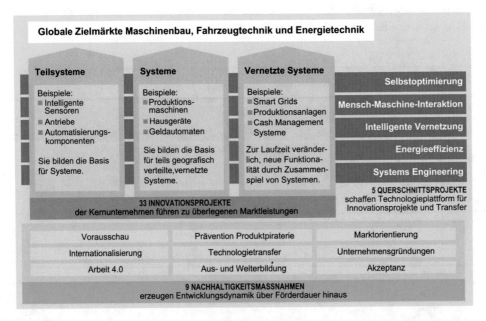

Abb. 1.2 Projektstruktur des Spitzenclusters it's OWL. (Aus [9]; © it's OWL Clustermanagement GmbH 2015)

OWL zählen: Selbstoptimierung, Mensch-Maschine-Interaktion, Intelligente Vernetzung, Energieeffizienz und Systems Engineering. Die Technologieplattform ist der entscheidende Hebel, neben den Kernunternehmen weiterer Unternehmen (Basisunternehmen und Unternehmen außerhalb des Clusters) die Möglichkeit zu bieten, die Technologie zu nutzen. Die Technologieplattform ist Gegenstand des Technologietransfers und der Multiplikation in die Breite [9].

Innovationsprojekte: Diese werden von den Kernunternehmen mit Unterstützung der Hochschulen und hochschulnahen Kompetenzzentren vorangetrieben. Sie greifen auf die gemeinsame Technologieplattform zu und führen zu einer überlegenen Marktleistung. Intelligente Teilsysteme erfüllen Grundfunktionen eines komplexen Systems. Beispiele sind Antriebe, Automatisierungskomponenten (Kommunikation, Sicherheitstechnik in Hard- und Software, Bedienungsplattformen etc.) und intelligente Energiespeicher. Systeme sind Endprodukte wie eine intelligente Produktionsmaschine oder eine selbstoptimierende Prozessstufe einer Fertigungsanlage. Derartige Systeme beruhen auf einer engen räumlichen Integration von Teilsystemen, die die klassische Grundstruktur der Mechatronik (mechanisches Grundsystem, Sensorik, Informationsverarbeitung, Aktorik) aufweisen und in der Regel auch mechanisch gekoppelt sind. Intelligente vernetzte Systeme erschließen durch die Interaktion intelligenter Systeme neue Nutzenpotenziale. Beispiele sind Cash-Management-Systeme, wandlungsfähige, selbstoptimierende Produktionsanlagen und Micro Smart Grids. Sie bestehen aus teils physikalischen, teils immateriellen informationsverarbeitenden Systemen, die über Kommunikationsnetze zusammenwirken – teilweise geografisch weit verteilt und in der Vernetzung dynamisch (Cyber-Physical Systems, Internet der Dinge, Industrie 4.0) [9].

Maßnahmen für die Nachhaltigkeit: Mit ihnen soll primär eine hohe Entwicklungsdynamik in der Region über die Förderdauer hinaus erzeugt werden. Die Maßnahmen adressieren die Stärkung der Strategiekompetenz der Unternehmen, die Partizipation möglichst vieler Unternehmen an der Technologieplattform, die Sicherstellung des Markterfolgs und der Sozialverträglichkeit von intelligenten technischen Systemen, den Schutz vor Nachahmung, die Gewinnung von Fachkräften und Unternehmensgründungen [9].

Die Projekte und Maßnahmen sind so konzipiert, dass Unternehmen möglichst schnell Innovationserfolge erzielen. Vor diesem Hintergrund wird das Erreichen der strategischen Ziele gefördert und die strategische Erfolgsposition wird ausgebaut [9].

Von der Mechatronik zu Intelligenten Technischen Systemen
Die strategische Stoßrichtung des Spitzenclusters it's OWL ist ein Innovationssprung von der Mechatronik zu intelligenten technischen Systemen. Das sind softwareintensive maschinenbauliche Produkte und Produktionssysteme mit der Fähigkeit, sich an verändernde Nutzungen und Betriebsbedingungen selbstständig, teils auf Kognition beruhend optimal anzupassen. Schlagworte wie „Things That Think", „Cyber-Physical Systems" und „Industrie 4.0"? stehen für diese Perspektive [4].

Infolgedessen wurde ein Leitbild für den Spitzencluster it's OWL entwickelt. Dieses wird nachfolgend aus der Perspektive des Spitzencluster it's OWL dargestellt. Wir wollen Wohlstand und Beschäftigung durch Innovation und Wertschöpfungswachstum. Die Märkte fordern intelligente Maschinen, Anlagen, Systeme und damit eng verknüpfte Dienstleistungen. Wir haben die Kompetenz und die Umsetzungsstärke, diese zu entwickeln, zu produzieren und zu vermarkten und auf diesem Gebiet eine führende Stellung weiter auszubauen. Die Systeme, die wir liefern, sollen den Menschen dienen. Dafür setzen wir drei Akzente [4]:

- *Ressourceneffizienz:* Damit orientieren wir uns am Leitbild der nachhaltigen Entwicklung; Handlungsbereiche sind z. B. energieeffiziente Maschinen sowie Leichtbau.
- *Usability:* Technische Systeme sollen zunehmend intelligente und aktive Schnittstellen haben, die eine natürliche und intuitive Bedienung erlauben. Dazu werden sie moderne Interaktionen wie aktive Displays, Berührung, Gesten oder Sprache nutzen, die Informationen situationssensitiv verarbeiten, Bedienungsunterstützung (teil-)selbstständig anbieten und sich dabei an den Nutzer anpassen. Die hier adressierten Systeme müssen dem Benutzer nachvollziehbar erklären können, warum sie welche Aktion durchführen.
- *Verlässlichkeit:* Diese in der Informatik definierte Eigenschaft schließt die Verfügbarkeit, die Zuverlässigkeit und die Sicherheit von technischen Systemen ein und gewährleistet die Vertraulichkeit (z. B. Verhinderung von nicht autorisiertem Zugriff).

Die maschinenbaulichen Systeme von morgen werden auf einem engen Zusammenwirken von Mechanik, Elektrotechnik und Elektronik, Regelungstechnik, Softwaretechnik und neuen Werkstoffen beruhen und über die Mechatronik hinausgehend eine inhärente Intelligenz aufweisen. Klassische ingenieurwissenschaftliche Ansätze werden allein nicht ausreichen, derartige Systeme zu entwickeln. Die Informationstechnik und auch nichttechnische Disziplinen, wie die Kognitionswissenschaft, die Neurobiologie oder die Linguistik, bringen eine Vielfalt an Methoden, Techniken und Verfahren hervor, mit denen sensorische, aktorische und kognitive Funktionen in technische Systeme integriert werden, die man bislang nur von biologischen Systemen kannte [2, 8]. Derartige Systeme bezeichnen wir als Intelligente Technische Systeme. Vier zentrale Eigenschaften zeichnen derartige Systeme aus (vgl. Abb. 1.3) [4].

- *Adaptiv:* Die Systeme interagieren mit dem Umfeld und passen ihr Systemverhalten dementsprechend an. Hierdurch können sie sich im Betrieb in einem vom Entwickler vorgesehenen Rahmen weiterentwickeln [3, 4].
- *Robust:* Die Systeme sind in der Lage auch vom Entwickler nicht berücksichtigte Situationen in einem dynamischen Umfeld zu bewältigen. Dabei werden Unsicherheiten und fehlende Informationen bis zu einem gewissen Grad ausgeglichen [3, 4].
- *Vorausschauend:* Mithilfe von akquiriertem Erfahrungswissen (aus vergangen Betriebssituationen) können diese Systeme künftige Wirkungen und Einflüsse und mögliche

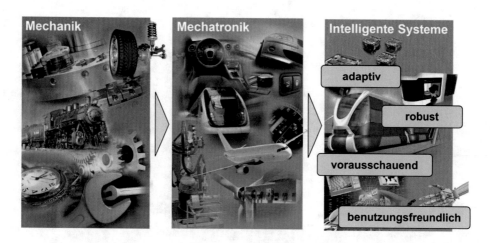

Abb. 1.3 Fortschreitende Entwicklung technischer Systeme mit den Eigenschaften von ITS. (Aus [3, 6]; © Heinz Nixdorf Institut, Universität Paderborn 2012)

Zustände antizipieren. Hierdurch können Potenziale für den Betrieb zur Steigerung der Leistungsfähigkeit frühzeitig erkannt werden und Verhaltensanpassungen durchgeführt werden. Dies ist vor allem in Situationen sinnvoll, in denen die Grenzen der entworfenen Modelle überschritten werden [3, 4].

- *Benutzungsfreundlich:* Die Systeme passen sich dem spezifischen Benutzerverhalten an und stehen in einer bewussten Interaktion mit dem Benutzer. Dabei sollte das Systemverhalten stets nachvollziehbar für den Benutzer sein [3, 4].

Technologiekonzeption des Spitzenclusters
Die Technologiekonzeption des Spitzenclusters strukturiert ein intelligentes technisches System wie in Abb. 1.4 dargestellt in die vier Einheiten Grundsystem, Sensorik, Aktorik und Informationsverarbeitung. Die Informationsverarbeitung interveniert durch ein Kommunikationssystem zwischen der Sensorik, durch die die notwendigen Informationen wahrgenommen werden, und der Aktorik, die im Zusammenspiel mit dem Grundsystem die physische Systemaktion ausführt. Beim Grundsystem handelt es sich bei den hier im Fokus stehenden Systemen in der Regel um mechanische Strukturen [12]. Wir bezeichnen eine derart elementare Konfiguration aus den genannten vier Einheiten als Teilsystem. Beispiele für Teilsysteme sind Antriebe, Automatisierungskomponenten und intelligente Energiespeicher. Systeme wie ein Fahrzeug oder eine Werkzeugmaschine bestehen in der Regel aus mehreren Teilsystemen, die als interagierender Verbund zu betrachten sind [5].

Ein weiterer zentraler Punkt des Technologiekonzepts ist, dass Intelligente Technische Systeme (ITS) – die häufig geographisch verteilt sind – kommunizieren und kooperieren. Die Funktionalität des entstehenden vernetzten Systems erschließt sich erst durch das Zusammenspiel der Einzelsysteme. Weder die Vernetzung noch die Rolle der Einzelsysteme

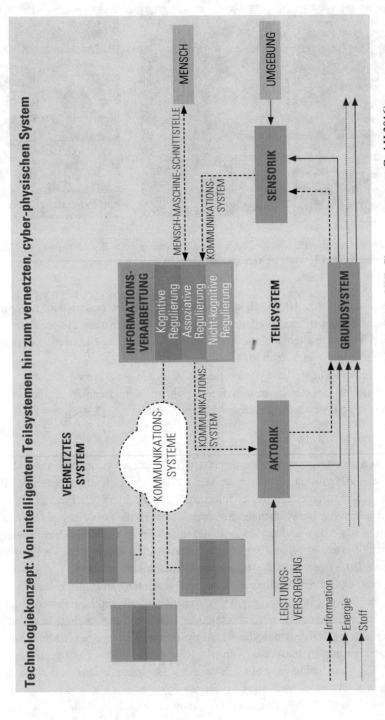

Abb. 1.4 Die Technologiekonzeption des Spitzenclusters it's OWL. (Aus [10]; © it's OWL Clustermanagement GmbH 2016)

ist statisch; vielmehr kann sich beides im Sinne der (ebenfalls dynamisch veränderlichen) geforderten Gesamtfunktionalität verändern. Die Vernetzung erfolgt zunehmend in globaler Dimension. Dabei werden Ansätze im Sinne von Cyber-Physical Systems integriert, die in der Vergangenheit völlig separat betrachtet wurden, wie beispielsweise Cloud Computing auf der einen und eingebettete Systeme auf der anderen Seite. Das vernetzte System wird nicht mehr ausschließlich durch eine globale Steuerung beherrschbar sein; vielmehr muss auch durch lokale Strategien ein global gutes Verhalten erreicht werden [4].

Abb. 1.4 zeigt die Bestandteile der Technologiekonzeption. Im Fokus des vorliegenden Buches steht das sogenannte Cluster-Querschnittsprojekt Selbstoptimierung. Dieses stellt entsprechende Methoden und Verfahren zur Verfügung um die Informationsverarbeitung des technischen Systems intelligenter zu realisieren. Im nachfolgenden Abschnitt werden die Herausforderungen und Zielsetzungen im Bereich der Selbstoptimierung im Detail vorgestellt.

1.2 Cluster-Querschnittsprojekt Selbstoptimierung

In diesem Abschnitt werden zunächst die Herausforderungen bei der Realisierung von selbstoptimierenden Systemen vorgestellt. Um den entsprechenden Herausforderungen zu begegnen, wurde das Cluster-Querschnittsprojekt Selbstoptimierung initiiert. Vor diesem Hintergrund wird die Zielsetzung des Projekts erläutert. Zudem werden die beteiligten Projekpartner vorgestellt sowie der Beitrag zu den strategischen Zielen des Spitzenclusters gezeigt.

Herausforderungen bei der Realisierung selbstoptimierender Systeme

Grundlage für die Umsetzung des Leitbilds Industrie 4.0 ist die Realisierung von intelligenten Maschinen und Anlagen in der Produktion. Hierzu gilt es, die bestehende Informationsverarbeitung mithilfe von Ansätzen der Regelungs- und Automatisierungstechnik (z. B. adaptive und selbstoptimierende Regelungen sowie Model Predictive Control), der mathematischen Optimierung (z. B. Optimalsteuerung oder Mehrzieloptimierung) oder der künstlichen Intelligenz (Clusterverfahren oder neuronale Netze) zu erweitern [8].

Zukünftige Maschinen und Anlagen werden hierdurch in der Lage sein, selbstständig und flexibel auf veränderte Betriebsbedingungen zu reagieren und sich optimal auf neue Situationen einzustellen. Die Ansätze der Selbstoptimierung lassen sich dem Handlungsfeld der vertikalen Integration im Themenbereich Industrie 4.0 zuordnen (u. a. Optimierung der Prozesssteuerung oder Sensordatenanalyse) [1].

Selbstoptimierende Systeme sind ein Beispiel der Systemklasse der Intelligenten Technischen Systeme. Unter Selbstoptimierung wird die endogene Anpassung der Ziele eines Systems auf sich ändernde Einflüsse und die daraus resultierende zielkonforme und autonome Anpassung des Systemverhaltens verstanden [7, 8].

Die Entwicklung selbstoptimierender Systeme ist eine Herausforderung. Es müssen neue Merkmale des Systems wie Autonomie, Lernfähigkeit, Reaktivität und Proaktivität berücksichtigt werden. Gleichzeitig werden zusätzliche und ggf. neue Sensor- und Aktorprinzipien benötigt, die ein Erfassen des Umfelds und ein Umsetzen des intelligenten Verhaltens ermöglichen. Die Realisierung selbstoptimierender Systeme benötigt neben einem hervorragenden ingenieurwissenschaftlichen Entwurf eine Einbindung der Ergebnisse der höheren Mathematik und der künstlichen Intelligenz wie z. B. Optimierungs- oder Lernverfahren [8]. Beides muss den Entwicklern in entsprechender Form zur Verfügung stehen. Durch die Beteiligung der verschiedenen Fachdisziplinen sowie die steigende Anzahl und Unterschiedlichkeit der Systembestandteile nimmt sowohl die Komplexität der Systeme als auch ihrer Entwicklung zu. Dies erschwert auch eine Absicherung der Verlässlichkeit der Systeme. Dementsprechend ergeben sich folgende Handlungsfelder:

Integration der Lernfähigkeit
Das Systemverhalten lässt sich nicht immer in einem physikalischen Modell abbilden. Entweder sind die inneren Wirkzusammenhänge nur schwer explizit zu modellieren oder die Berechnung ist z. B. vor dem Hintergrund von Echtzeitanforderungen zu aufwendig. In solchen Fällen sind Lernverfahren notwendig, mit denen komplexe Wirkzusammenhänge abgebildet werden können. Eng damit verbunden ist der Vorgang der Datenakquisition und -klassifizierung, um aus großen, durch die Sensorik erfassten Datenmengen relevante Informationen zu identifizieren, zu ordnen und auszuwerten.

Einsatz mathematischer Optimierungsverfahren
Der Einsatz von mathematischen Optimierungsverfahren spielt bei der Entwicklung von fortgeschrittenen mechatronischen Systemen zukünftig eine Schlüsselfunktion. Mithilfe diesen Verfahren lassen sich z. B. in Abhängigkeit von den auftretenden Situationen optimale Betriebspunkte für das technische System auswählen. Das Besondere dabei: die optimalen Betriebspunkte werden unter Berücksichtigung mehrerer konkurrierender Ziele des Systems berechnet (z. B. „maximiere Leistungsfähigkeit" und „maximiere Energieeffizienz"). Es gilt aufzuzeigen, welche Potenziale sich durch den Einsatz von mathematischen Optimierungsverfahren ergeben und wie die Umsetzung unterstützt werden kann.

Intelligente Steuerungen und Regelungen
Bei der Entwicklung können nicht alle Betriebssituationen und entsprechenden Verhaltensweisen der Systeme vorausgedacht werden. Daher ist ein adäquater Umgang mit Unsicherheiten zur Laufzeit sicherzustellen. Selbstoptimierende Systeme müssen in der Lage sein, ihr Verhalten aufgrund geänderter Umgebungsbedingungen oder eines geänderten Benutzerprofils anzupassen. Darüber hinaus muss eine Verhaltensanpassung derart erfolgen, dass ausreichend Reaktionsspielraum für zukünftige Veränderungen der Benutzung und der

Umgebungssituation zur Verfügung steht. Hierzu sind technische Systeme mithilfe von intelligenten Steuerungen und Regelungen in die Lage zu versetzen, auch unter Planungs-unsicherheit robustes Verhalten zu gewährleisten.

Steigerung der Verlässlichkeit intelligenter technischer Systeme

Selbstoptimierung kann dazu genutzt werden, die Systemverlässlichkeit zu steigern, in-dem auf Ausfälle von Teilsystemen durch entsprechende Anpassungsmaßnahmen reagiert wird. Allerdings erhöht die Selbstoptimierung auch die Komplexität der Systeme. Eine höhere Komplexität bedeutet in der Regel auch eine größere Gefahr von systematischen Fehlern bzw. höherer Fehleranfälligkeit z. B. durch die eingesetzten Verfahren der Selbstoptimierung und erschwert somit die Absicherung der Verlässlichkeit. Die kontinu-ierliche Analyse des Systemzustands und der Umfeldbedingungen sowie die Möglichkeit, entsprechend auf Änderungen reagieren zu können, ermöglichen einem selbstoptimieren-den System, auch solche Ziele zu berücksichtigen, welche die Verlässlichkeit erhöhen. Das Auftreten von Fehlerfällen lässt sich verhindern, indem potenzielle Fehler z. B. mithilfe einer Zustandsüberwachung vorab erkannt werden und das Systemverhalten entsprechend angepasst wird. Andererseits muss ein selbstoptimierendes System auch im Fall eines auf-tretenden Fehlers reagieren können, um je nach Art des Fehlers die Verlässlichkeit weiterhin zu gewährleisten.

Planung von intelligenten Produkten und Produktionssystemen durch Selbstoptimierung

Zur technischen Umsetzung selbstoptimierender Systeme wird Wissen über die Möglichkei-ten u. a. aus den Bereichen der künstlichen Intelligenz und der mathematischen Optimierung benötigt. In den überwiegend mittelständischen Unternehmen des Clusters ist dieses Wissen nicht verfügbar. Vor diesem Hintergrund bedarf an an Hilfsmittel, die Ansätze der Selbst-optimierung bereits im Rahmen der Strategischen Planung zu berücksichtigen. Hierdurch können Ideen für Systeme mit intelligenten Funktionen identifiziert werden, die es nach-folgend mit spezifischen Methoden und Vorgehen auszuarbeiten gilt. Dies betrifft sowohl technische Systeme im Sinne von Produkten aber auch Produktionssysteme.

Zielsetzung des Cluster-Querschnittsprojekts Selbstoptimierung

In Konsequenz der oben genannten Herausforderungen wurde im Jahr 2012 das Cluster-Querschnittsprojekt Selbstoptimierung gestartet. Übergeordnetes Ziel des Cluster-Querschnittsprojekts Selbstoptimierung ist ein Instrumentarium für die Integration der Selbstoptimierung in die maschinenbaulichen Systeme von morgen. Das Instrumentarium unterstützt die Ingenieure bei der Realisierung intelligenter Produkte und Produktionssyste-me, deren Informationsverarbeitung auf dem Wirkparadigma der Selbstoptimierung beruht. Es stellt den Entwicklern Methoden und Verfahren für die Entwicklung selbstoptimierende Systeme bereit. Das Gesamtziel gliedert sich in die folgenden Teilziele:

Maschinelles Lernen und Kognition

Die Selbstoptimierung basiert auf der Kenntnis der beteiligten Prozesse. Jedoch kann nicht immer ein physikalischer Zusammenhang zwischen messbaren Größen und benötigten Zielgrößen formuliert werden. In diesen Fällen ist das Lernen eines Modells aus Daten eine sinnvolle Lösung. Die Identifizierung potenzieller Anwendungsfälle des kognitiven Lernens in den Innovationsprojekten ist dabei ein Ziel. Basierend auf den Anwendungsfällen und deren Anforderungen an das Lernen werden Lernverfahren umgesetzt: Hierzu kommen überwachte Lernverfahren zum Einsatz, die Daten mit gewünschten Ausgabewerten voraussetzen. Für komplexe Produktionsprozesse liegen oft keine gewünschten Ausgabewerte vor. In diesen Fällen kommen unüberwachte Lernverfahren zum Einsatz. Hier liefert das Projekt Selbstoptimierung die entsprechenden Verfahren zum Lernen von Prozessmodellen und wendet diese an. Die Umsetzung von kognitiven Lernverfahren verlangt eine strukturierte Vorgehensweise. Das entsprechende Know-how ist üblicherweise nicht in den Unternehmen vorhanden. Vor diesem Hintergrund gilt es einen Leitfaden für den Einsatz von maschinellen Lernverfahren zu erarbeiten (vgl. Kap. 4).

Anwenderunterstützung für mathematische Optimierungsverfahren

Der sachgerechten Verwendung mathematischer Verfahren der Ein- und Mehrzieloptimierung kommt bei der Umsetzung der Selbstoptimierung eine Schlüssel-funktion zu, unter anderem um einem selbstoptimierendem System den Umgang mit Unsicherheiten zu ermöglichen. Die Erfahrung zeigt aber, dass die praktische Anwendung selbst wohletablierter Methoden der Selbstoptimierung regelmäßig Expertenwissen erfordert, das im Anwenderkontext nicht vorhanden ist. Ziel ist es, die vorhandenen mathematischen Verfahren der Selbstoptimierung um unterstützende Komponenten wie z. B. Vorgehensbeschreibungen, Softwarewerkzeuge oder Visualisierungshilfsmittel zu ergänzen, sodass ihre Verwendung bei der Entwicklung selbstoptimierender Systeme auch durch nicht spezifisch mathematisch geschultes Personal möglich wird. Um dieses Ziel zu erreichen, werden vorhandene Optimierungsverfahren in verschiedenen Innovationsprojekten angewendete bzw. für eine Anwendung weiter-/ausentwickelt. Dabei werden auftretende Hemmnisse für die unmittelbare Anwendung erfasst die jeweils gefundenen Lösungen werden in verallgemeinerter Form in Integrations- bzw. Baukasten für Methoden und Verfahren für Entwickler gesammelt (vgl. Kap. 5).

Intelligente Steuerungen und Regelungen

Intelligentes Verhalten technischer Systeme wird durch intelligente Steuerungen und Regelungen realisiert. Dafür steht eine Vielzahl von Verfahren und Ansätzen zur Verfügung, die oftmals noch miteinander kombiniert werden können. Das Querschnittsprojekt Selbstoptimierung trägt dazu bei, den Entwurf von Regelungssystemen in enger Kooperation mit den Clusterunternehmen zu formalisieren und die Clusterunternehmen bei der Umsetzung innovativer Regelungen zu unterstützen. Diese Regelungen berücksichtigen Unsicherheiten und passen sich zur Laufzeit an geänderte Umgebungsbedingungen an. Dabei steht u. a.

der Aufbau physikalischer Prozessmodelle im Mittelpunkt, die die Dynamik der technischen Systeme umfassend abbilden und die Grundlage der intelligenten Regelung darstellen. Die Erarbeitung praktikabler, mehrstufiger Regelungsarchitekturen zur Strukturierung der Informationsverarbeitung bildet ebenfalls einen Schwerpunkt, ebenso wie die Ausarbeitung konkreter Regelungsansätze, die das Systemverhalten an geänderte Umgebungsbedingungen zur Laufzeit anpassen. In die Regelungsarchitekturen werden erarbeitete Lernverfahren und entwickelte Optimierungsverfahren geeignet integriert. Die erzielten Ergebnisse werden abstrahiert und formalisiert und in Form eines Leitfadens zusammengefasst und somit für die Clusterunternehmen nutzbar gemacht.

Verlässlichkeit in intelligenten technischen Systemen
Intelligente technische Systeme bieten die Möglichkeit, die Verlässlichkeit durch autonome Eingriffe während der Betriebsphase zu erhöhen, indem sie ihr Verhalten an veränderte Ziele anpassen. Dazu sind Zielfunktionen notwendig, die bei erhöhter Priorität im sogenannten Selbstoptimierungsprozess das Systemverhalten zugunsten der Verlässlichkeit beeinflussen. Da das Entwickeln geeigneter Zielfunktionen ein Problem für die industrielle Nutzung der Verfahren darstellt, wird eine geeignete Methode zur systematischen Aufstellung entwickelt. Soll darüber hinaus das Erreichen einer gewünschten Lebensdauer sichergestellt werden, so bedarf es einer prädiktiven Zustandsüberwachung. Bei der Nutzung kognitiver Lernverfahren ergeben sich aufgrund der gelernten Modelle nicht klar spezifizierte Zusammenhänge zwischen Ein- und Ausgabewerten. Um abzusichern, dass dennoch ein sicherer Einsatz gewährleistet werden kann, werden entsprechende Verfahren entwickelt (vgl. Kap. 7).

Methodische Unterstützung zur Realisierung der Selbstoptimierung
Für die Planung und Entwicklung von selbstoptimierenden Systemen benötigen die Entwickler methodische Unterstützung. Vor diesem Hintergrund gilt es Methoden und Vorgehen zur Steigerung der Intelligenz mechatronischer Systeme zu erarbeiten. Hierzu gehören u. a. eine Potenzialanalyse zur Weiterentwicklung von Systemen (vgl. Kap. 3). Die Verbesserung von Produktionssystemen mithilfe der Selbstoptimierung ist ebenfalls Gegenstand. Hierzu werden ebenfalls entsprechende Methoden und Vorgehensmodelle entwickelt (vgl. Kap. 8).

Umsetzung der Ziele des Cluster-Querschnittsprojekts
Um das Gesamtziel sowie die damit verbundenen Teilziele zur Integration der Selbstoptimierung in technische Systeme zu erreichen, bedarf es der Expertise in den verschiedenen Bereichen der Selbstoptimierung, wie z. B. des maschinellen Lernens oder der mathematischen Optimierung. Vor diesem Hintergrund erarbeiten fünf Projektpartner der anwendungsorientierten Forschung die Ergebnisse (vgl. Abb. 1.5).

Heinz Nixdorf Institut
Das Heinz Nixdorf Institut – interdisziplinäres Forschungszentrum für Informatik und Technik – ist ein Forschungsinstitut der Universität Paderborn. Vom Heinz Nixdorf

Abb. 1.5 Projektpartner im Cluster-Querschnittsprojekt Selbstoptimierung

Institut sind die Fachgruppen „Strategische Produktplanung und Systems Engineering" sowie „Regelungstechnik und Mechatronik"am Projekt beteiligt. Die entsprechenden Fachgruppen beschäftigen sich seit Jahren mit der Planung und Konzipierung mechatronischer Systeme sowie der Entwicklung von Steuerungen und Regelungen.

Institut für Industriemathematik

Das Institut für Industriemathematik identifiziert gemeinsam mit seinen Partnern aus der Industrie, insbesondere dem Mittelstand, mathematische Problemstellungen und erarbeitet effiziente Lösungsverfahren. Durch dieses Zusammenwirken von Wissenschaft und Wirtschaft wird sowohl in wissenschaftlicher als auch in wirtschaftlicher und technologischer Hinsicht ein signifikanter Fortschritt erreicht. Im Projekt waren insbesondere die Schwerpunkte Mehrzieloptimierung sowie Optimalsteuerung von Relevanz.

Lehrstuhl für Dynamik und Mechatronik

Der Lehrstuhl für Dynamik und Mechatronik befasst sich mit den Kernthemen Dynamik, Regelung und Optimierung von komplexen Mehrkärpersystemen. Die Forschungstötigkeiten gliedern sich dabei in drei Schwerpunkt: Aktorik, Sensorik, Piezo- und Ultraschalltechnik; Dynamik und Verlässlichkeit mechatronischer Systeme sowie nichtlineare dynamische Systeme und Kontaktmechanik. Zentraler Forschungsbereich im Rahmen der Verlässlichkeit mechatronischer Systeme ist die Nutzung der Fähigkeiten intelligenter technischer Systeme zur Steigerung der Verlässlichkeit während der Betriebsphase.

Research Institute for Cognition and Robotics (CoR-Lab)

Das CoR-Lab an der Universität Bielefeld widmet sich seit seiner Gründung im Jahre 2007 erfolgreich dem Ziel, Erkenntnisse der Kognitionsforschung und künstlichen Intelligenz anwendungsgerichtet für zukünftige Robotertechnologie und insbesondere industrielle Anwendungen nutzbar zu machen. Zentrale Themen sind das maschinelle Lernen zur Perzeption und Bewegungsgenerierung sowie die Integration von Lernverfahren zu komplexen kognitiven Architekturen.

Exzellenzcluster „Kognitive Interaktionstechnologie"

Der DFG-Exzellenzcluster „Kognitive Interaktionstechnologie" (CITEC) wurde an der Universität Bielefeld im November 2007 als einer von 37 Exzellenzclustern im Rahmen der deutschen Exzellenzinitiative des Bundes und der Länder gegründet. Die CITEC-Forschungsagenda orientiert sich an vier zentralen Forschungsbereichen, die jeweils auf Schlüsselfunktionen kognitiver interaktiver Systeme zielen: Bewegungsintelligenz, Systeme mit Aufmerksamkeit, Situierte Kommunikation sowie Gedächtnis und Lernen.

Für das Clusterquerschnittsprojekt Selbstoptimierung war darüber hinaus noch der Sonderforschungsbereich 614 „Selbstoptimierende Systeme des Maschinenbaus" von besonderer Relevanz, der von der Deutschen Forschungsgemeinschaft (DFG) im Zeitraum von 2002 bis 2013 gefördert wurde. Er beruhte im Kern auf einer der herausragenden Stärken der Universität Paderborn, der Symbiose von Informatik, Ingenieurwissenschaften und Mathematik. Diese äußert sich u. a. in der ausgeprägten Mechatronik-Kompetenz, die in Verbindung mit Optimierungsmethoden die Ausgangsbasis des SFB 614 bildete. Die Arbeiten des SFB 614 waren Grundlage für das BMBF (Bundesministerium für Bildung und Forschung) Spitzencluster Intelligente Technische Systeme OstWestfalenLippe (it's OWL) [8].

Beitrag zu den strategischen Zielen des Spitzenclusters

Die Strategie des Spitzenclusters Intelligente Technische Systeme OstWestfalenLippe – it's OWL wird durch Projekte operationalisiert. Dabei werden unterschiedliche Projektarten unterschieden. Bei dem Cluster-Querschnittsprojekt Selbstoptimierung handelt es sich um eines von insgesamt fünf Cluster-Querschnittsprojekten (CQP). Diese ergeben für den Cluster eine gemeinsame Technologieplattform. Sie ermöglicht den Unternehmen den Eintritt in die Technologie Intelligente Technische Systeme, der für ein einzelnes Unternehmen ohne diese Basis nicht zu schaffen wäre. Die Technologieplattform beruht auf einer Systemarchitektur, die die Zusammenarbeit der Clusterunternehmen, insbesondere in den jeweiligen Wertschöpfungsketten fördert. Die Umsetzung der CQPs erfolgt in erster Linie durch Forschungsinstitute und hochschulnahe Kompetenzzentren. Dabei findet eine enge Abstimmung mit den Innovationsprojekten der Kernunternehmen statt, indem aus diesen Anforderungen ermittelt und die Ergebnisse dort validiert werden können. Dies ermöglicht den Kernunternehmen, ihre Technologieführerschaft auf Basis der Technologieplattform zu sichern.

Des Weiteren ist die Technologieplattform der entscheidende Hebel, neben den Kernunternehmen weiteren Unternehmen innerhalb und außerhalb des Clusters die Möglichkeit zu bieten, die Clustertechnologien zu nutzen. Insbesondere die Basisunternehmen, die nicht an konkreten Innovationsprojekten beteiligt sind, sollen bereits zur Projektlaufzeit an der Technologieplattform partizipieren. Diese ist daher Gegenstand des Technologietransfers und der Multiplikation in die Breite unter Einbindung von Engineering- und Consulting-Unternehmen.

Ferner trägt das geplante Projekt direkt zur Stärkung der Technologiekompetenz des Clusters it's OWL bei. Besonders die Clusterkompetenzen in den Bereichen Mechatronik, Selbstoptimierung, kognitive Informationstechnologien und Entwurfstechnik für multidisziplinäre Systeme werden weiter ausgebaut.

Die Technologieplattform und somit alle CQPs tragen direkt zum Erreichen der Clusterziele bei. So wird das Image als international führende Referenzregion für Intelligente Technische Systeme wesentlich durch die CQPs mitgeprägt und ermöglicht den Clusterpartnern nicht nur Arbeitsplätze zu sichern, sondern auch deren Attraktivität zur Gewinnung neuer Arbeitskräfte zu steigern.

Vor allem im wissenschaftlichen Bereich wurde eine starke Ausstrahlungskraft angestrebt. In diesem Zuge waren in der Laufzeit des Cluster-Querschnittsprojekts Selbst optimierung insgesamt ca. 30 Mitarbeiter involviert, um Ansätze im Bereich der Selbstoptimierung zu entwickeln. Zudem wurden in der Laufzeit ca. 15 Promotionen in den Bereichen maschinelles Lernen, mathematische Optimierung, intelligente Steuerungen du Regelungen, Verlässlichkeit intelligenter Systeme sowie methodische Entwicklung von intelligenten Systemen erstellt.

Vor diesem Hintergrund war für die beteiligten Forschungseinrichtungen das Projekt von hoher Bedeutung, um die Spitzenposition auf dem Gebiet Intelligente Technische Systeme und insbesondere in der Klasse der selbstoptimierenden Systeme weiter auszubauen. Der orchestrierte Transfer der Technologie in die Breite ermöglichte den Ausbau zahlreicher zusätzlicher Leistungsangebote im Bereich der Selbstoptimierung für die Unternehmen. Ein Beispiel hierfür war die Entwicklung des Leistungsangebots „Potentialanalyse Intelligente Maschinen- und Anlagen" des *Fraunhofer-Instituts für Entwurfstechnik Mechatronik IEM*. Dies resultierte u. a. aus gemeinsamen Transferprojekten mit den Unternehmen *Venjakob Maschinenbau, Krause-Biagosch* oder *Westaflexwerk.*

Die Forschungsergebnisse fanden darüber hinaus den direkten Weg in die Lehre, indem sie in bestehende Lehrveranstaltungen integriert wurden. In diesem Zuge wurde z. B. die Lehrveranstaltung „Entwurf und Spezifikation Intelligenter Technischer Systeme" vom Cluster-Querschnittsprojekt Selbstoptimierung beeinflusst. Dadurch wurden Absolventen ausgebildet, die grundlegende Kenntnisse für die Entwicklung intelligenter technischer Systeme mitbringen.

Literatur

1. Bauernhansl, T. et al.: Industrie 4.0: Whitepaper FuE-Themen. Bundesministerium für Wirtschaft und Energie – Plattform Industrie 4.0, Berlin (2014)
2. Dumitrescu, R.: Entwicklungssystematik zur Integration kognitiver Funktionen in fortgeschrittene mechatronische Systeme. Dissertation, Fakultät für Maschinenbau, Universität Paderborn, HNI-Verlagsschriftenreihe, Bd. 286, Paderborn (2011)

3. Dumitrescu, R., Jürgenhake, C., Gausemeier, J.: Intelligent Technical Systems OstWestfalen-Lippe. Proceedings of the 1st Joint Symposium on System-integrated Intelligence (SysInt 2012), S. 24–27 (2012)

4. Gausemeier, J.: Intelligente Technische Systeme für die Märkte von morgen. OstWestfalen-Lippe – Das Magazin (2011)

5. Gausemeier, J., Anacker, H., Czaja, A., Waßmann, H., Dumitrescu, R.: Auf dem Weg zu intelligenten technischen Systemen. In: 9. Paderborner Workshop Entwurf mechatronischer Systeme, S. 11–47. HNI-Verlagsschriftenreihe, Bd. 310, Paderborn (2013)

6. Gausemeier, J., Dumitrescu, R., Steffen, D., Czaja, A., Wiederkehr, O., Tschirner, C.: Systems Engineering in der industriellen Praxis. 9. Paderborner Workshop Entwurf mechatronischer Systeme (2013)

7. Gausemeier, J., Rammig, F. J., Schäfer, W. (Hrsg.): Selbstoptimierende Systeme des Maschinenbaus. Heinz Nixdorf Institut, Universität Paderborn, HNI-Verlagsschriftenreihe, Bd. 234, Paderborn (2009)

8. Gausemeier, J., Rammig, F. J., Schäfer, W. (Hrsg.): Design Methodology for Intelligent Technical Systems. Springer, Berlin, Heidelberg (2013)

9. it's OWL Clustermanagement GmbH (Hrsg.): Wie die Intelligenz in die Maschine kommt: Das Technologienetzwerk: Intelligente Technische Systeme OstWestfalenLippe (2015)

10. it's OWL Clustermanagement GmbH (Hrsg.): Auf dem Weg zu Industrie 4.0: Lösungen aus dem Spitzencluster it's OWL (2016)

11. it's OWL Clustermanagement GmbH (Hrsg.): Jahresbericht 2015 (2016)

12. Verein Deutscher Ingenieure (VDI): VDI 2206 – Entwicklungsmethodik für mechatronische Systeme. Beuth, Berlin (2004)

Paradigma der Selbstoptimierung

2

Jürgen Gausemeier, Peter Iwanek, Ansgar Trächtler, Christopher Lüke, Julia Timmermann und Roman Dumitrescu

Zusammenfassung

Die Entwicklungen im Bereich der Informations- und Kommunikationstechnik eröffnen vielfältige neue Möglichkeiten, um intelligente technische Systeme zu realisieren und damit erhöhten Nutzen beim Kunden zu stiften. Diese Systeme sind in der Lage, sich ihrer Umgebung und den Wünschen ihrer Anwender im Betrieb anzupassen. Systeme aus diesem Bereich werden nicht mehr durch rein ingenieurwissenschaftliche Ansätze entstehen (Dumitrescu in Entwicklungssystematik zur Integration kognitiver Funktionen in fortgeschrittene mechatronische Systeme. Dissertation. Universität Paderborn, Paderborn, 2011). Vielmehr werden verstärkt Ansätze aus den Bereichen des maschinellen Lernens oder der mathematischen Optimierung ihre Berücksichtigung finden (Isermann in Mechatronische Systeme: Grundlagen. Springer, Berlin, 2008, Iwanek et al. in Tagungsband der VDI Mechatroniktagung, 185–190, 2015). Im folgenden Abschnitt wird zunächst der Innovationssprung von der Mechatronik hin zu selbstoptimierenden Systemen beschrieben. Nachfolgend wird die Architektur selbstoptimierender Systeme vorgestellt. Zudem wird in diesem Kapitel gezeigt, wie die Strategische

J. Gausemeier (✉) · P. Iwanek
Heinz Nixdorf Institut, Strategische Produktplanung und Systems Engineering, Universität Paderborn, Paderborn, Deutschland
E-Mail: Juergen.Gausemeier@hni.uni-paderborn.de

P. Iwanek
E-Mail: peter.iwanek@hni.uni-paderborn.de

A. Trächtler · C. Lüke · J. Timmermann
Heinz Nixdorf Institut, Regelungstechnik und Mechatronik, Universität Paderborn, Paderborn, Deutschland
E-Mail: ansgar.traechtler@hni.uni-paderborn.de

Planung und integrative Entwicklung von selbstoptimierenden Produkten und Produktionssystemen gestaltet ist. In diesem Zuge werden auch verschiedene Vorgehen zum Realisieren von Ansätzen der Selbstoptimierung eingeordnet. Das Kapitel schließt mit der Vorstellung von Anwendungsbeispielen aus dem Kontext derbo Selbstoptimierung.

2.1   Einführung Selbstoptimierung

2.1.1   Mechatronische Systeme

Das mechatronische Grundsystem
Der Begriff *Mechatronik* ist ein Kunstwort aus Mechanik und Elektronik [17]. Gemeint ist die Erweiterung mechanischer Systeme um elektronische Funktionen. Kern der heute existierenden Definitionen lieferten HARASHIMA ET AL. Sie definierten Mechatronik erstmalig als das synergetische Zusammenwirken von Mechanik, Elektrik/Elektronik, Regelungs- und Softwaretechnik inkl. Entwicklung und Produktion [11]. Darauf aufbauend liefert die VDI-Richtlinie 2206 „Entwicklungsmethodik für mechatronische Systeme" folgende Übersetzung der im Original engl. Definition:

> Mechatronik bezeichnet das synergetische Zusammenwirken der Fachdisziplinen Maschinenbau, Elektrotechnik und Informationstechnik beim Entwurf und der Herstellung industrieller Erzeugnisse sowie bei der Prozessgestaltung [22].

Mechatronische Systeme bestehen aus einem Grundsystem, Sensorik, Aktorik sowie einer Informationsverarbeitung. Die Systeme sind zudem eingebettet in einer Umgebung und können über entsprechende Schnittstellen mit dem Menschen sowie mit anderen Informationsverarbeitungen interagieren. Abb. 2.1 zeigt die Grundstruktur eines mechatronischen Systems nach der VDI-Richtlinie 2206 [22].

Das Grundsystem bildet in der Regel eine mechanische, elektromechanische oder hydraulische Struktur. Es sind jedoch auch weitere physikalische Systeme denkbar [22]. Dabei können diese Systeme wiederum als hierarchisch, strukturierte mechatronische Systeme dargestellt werden. Die Sensorik hat die Aufgabe, Zustandsgrößen des Grundsystems sowie der Systemumgebung zu erfassen, zu digitalisieren und an die Informationsverarbeitung

C. Lüke
E-Mail: christopher.lueke@hni.uni-paderborn.de

J. Timmermann
E-Mail: julia.timmermann@hni.uni-paderborn.de

R. Dumitrescu
Lehrstuhl für Advanced Systems Engineering, Universität Paderborn,
Paderborn, Deutschland
E-Mail: roman.dumitrescu@uni-paderborn.de

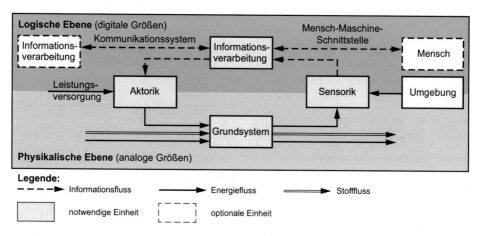

Abb. 2.1 Grundstruktur mechatronischer Systeme [6, 22]

zu übergeben. Die Informationsverarbeitung bestimmt die Stellgrößen für die Aktorik, um das Verhalten des Systems aktiv zu verändern. Dies erfolgt auf Basis von Informationen der Sensorik, vernetzter Informationsverarbeitungen sowie des Menschen. Die einzelnen Einheiten des Systems sind über Flüsse miteinander verbunden. In Anlehnung an PAHL/BEITZ werden dabei folgende drei Flussarten unterschieden: Stoff-, Energie- und Informationsflüsse [4, 22].

Adaptiv geregelte Systeme

Das Verhalten mechatronischer Systeme ist im Betriebsfall vom definierten Betriebspunkt des Systems abhängig. Dieser wird in Abhängigkeit der vorliegenden Situation (z. B. einer entsprechenden Last, wie Drehmoment oder Temperatur) auf Basis des definierten Prozessmodells im Betrieb verändert [13]. Jedoch verändern sich die Prozesse während ihrer Betriebszeit, sodass die dazugehörigen Prozessmodelle (z. B. Verschleiß oder nicht berücksichtigte Einflüsse) nicht mehr übereinstimmen und die Güte der Regelung abnimmt [13]. *Adaptive Regelungen* adressieren dies und tragen dazu bei, eine höhere Güte der Regelung zu erreichen [13]. Das Prinzip der adaptiven Regelung basiert dabei auf der Erfassung von veränderlichen Streckeneigenschaften. Bei adaptiven Regelungen ist zunächst die Identifikation von Streckenparametern erforderlich sowie eine Auswertung mithilfe von Parameterschätzverfahren. Die identifizierten Parameteränderungen der Strecke erfordern nachfolgend (z. B. auf Basis eines Entscheidungssystems [18, 20]) eine Modifikation der Reglerparameter oder der Reglerstruktur [19].

Prinzipiell können adaptive Regler unterschieden werden in adaptive Regler mit und ohne Rückführung. In Abb. 2.2 sind die beiden Strukturen von adaptiven Reglern dargestellt. Bei adaptiven Reglern ohne Rückführung erfolgt die Adaption auf Basis der Störgrößen, welche auf den Prozess wirken. Vor diesem Hintergrund muss das Systemverhalten hinreichend genau bekannt sein, um eine geeignete Adaption sicherzustellen. Im Gegensatz dazu werden

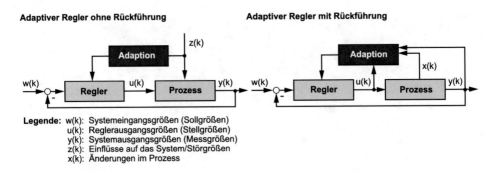

Abb. 2.2 Grundlegende Strukturen von adaptiven Regelungen nach [1, 14, 18]

beim adaptiven Regler mit Rückführung die Stellgrößen und die Systemgrößen bei der Adaption berücksichtigt. Hierdurch kann trotz unbekannter Streckenparameter ein verbessertes Systemverhalten realisiert werden [18].

2.1.2 Selbstoptimierende Systeme

Definition der Selbstoptimierung

Zukünftige Systeme werden in der Lage sein, autonom und flexibel auf veränderte Betriebsbedingungen zu reagieren. Zu diesen Systemen zählen insbesondere selbstoptimierende Systeme. Im Rahmen des Sonderforschungsbereichs 614 „Selbstoptimierende Systeme des Maschinenbaus" wurde das Wirkparadigma der Selbstoptimierung für den Maschinenbau erschlossen [10]. Dabei wird der Begriff Selbstoptimierung folgendermaßen definiert:

> Unter Selbstoptimierung eines technischen Systems wird die endogene Anpassung der Ziele des Systems auf veränderte Einflüsse und die daraus resultierende zielkonforme autonome Anpassung der Parameter und ggf. der Struktur und somit des Verhaltens dieser Systeme verstanden. Damit geht Selbstoptimierung über die bekannten Regel- und Adaptionsstrategien wesentlich hinaus; Selbstoptimierung ermöglicht handlungsfähige Systeme mit inhärenter „Intelligenz", die in der Lage sind, selbständig und flexibel auf veränderte Betriebsbedingungen zu reagieren.

Aspekte eines selbstoptimierenden Systems

Selbstoptimierende Systeme zeichnen sich dadurch aus, dass sie in der Lage sind, im Systembetrieb auf Basis von äußeren Einflüssen ihre internen Systemziele anzupassen [10]. Die wesentlichen Aspekte eines selbstoptimierenden Systems werden in Abb. 2.3 dargestellt.

Einflüsse auf das selbstoptimierende System können störend oder unterstützend sein. Sie gehen von der Umwelt, vom Benutzer oder von anderen Systemen als externe Einflussquellen aus. Weiterhin kann das System auf sich selbst bzw. externe Einflussquellen wirken [9, 10].

Die *Ziele* eines selbstoptimierenden Systems beschreiben die geforderten, gewünschten oder zu vermeidenden Systemeigenschaften. Ziele werden im Systementwurf

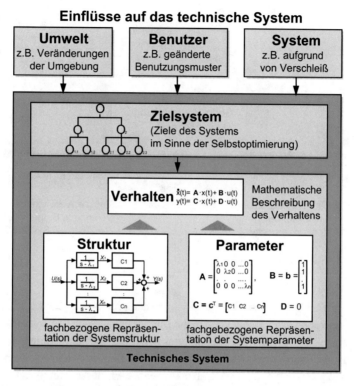

Abb. 2.3 Aspekte eines selbstoptimierenden Systems. (Aus [5]; © Heinz Nixdorf Institut, Universität Paderborn 2004)

vorausgedacht, die Zielausprägung erfolgt hingegen erst während des Systembetriebs. Ziele können untereinander in Beziehung gestellt werden und bilden das Zielsystem. In Abhängigkeit der Komplexität wird dies durch einen Zielvektor, eine Zielhierarchie oder einen Zielgrafen abgebildet [9, 10].

Das (Bewegungs-)*Verhalten* eines selbstoptimierenden Systems lässt sich mittels eines mathematischen Modells beschreiben und bildet die Summe aller situationsspezifischen Aktionen. Das Systemverhalten orientiert sich an den internen Systemzielen. Eine Anpassung des Verhaltens kann durch eine Parameter oder eine Strukturanpassung erfolgen [9, 10].

Der Selbstoptimierungsprozess

Im Kern vollzieht sich die Selbstoptimierung als stets wiederkehrender Prozess in der Betriebsphase eines technischen Systems, der sogenannte Selbstoptimierungsprozess. Der Selbstoptimierungsprozess besteht dabei aus drei aufeinanderfolgenden Aktionen [10]. In Abb. 2.4 ist der Selbstoptimierungsprozess dargestellt sowie die grundlegenden Aufgaben/Fragestellungen in den jeweiligen Phasen eingeordnet.

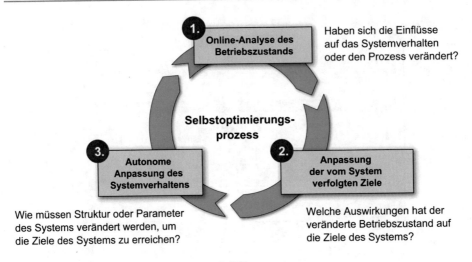

Abb. 2.4 Der Selbstoptimierungsprozess nach [10]

Online-Analyse des Betriebszustandes: Im Rahmen der Online-Analyse werden die Einflüsse auf das System analysiert. Dabei können die Einflüsse unterschieden werden in Einflüsse aus der Umgebung des Systems (z. B. verändertes Drehmoment, Temperatur), Einflüsse vom Benutzer (z. B. Änderung der Benutzerwünsche) sowie Einflüsse des Systems selbst (z. B. Verschleiß von Systemkomponenten). Dabei können die Einflüsse vom System selbst (z. B. mithilfe von Sensorik) erfasst werden, durch Kommunikation mit anderen Systemen oder durch die Benutzerschnittstelle. Zudem wird geprüft, ob die Ziele für die aktuelle Situation angemessen sind [7, 10].

Anpassung der vom System verfolgten Ziele: Auf Basis der Online-Analyse erfolgt die Anpassung der Systemziele. Systemziele im Sinne der Selbstoptimierung sind z. B. „minimiere Energieverbrauch" oder *„maximiere Leistungsfähigkeit"* des technischen Systems. Die Ziele werden dabei als Zielfunktionen abgebildet, die von bestimmten Systemgrößen abhängig sind. In den jeweiligen Situationen erhält das System hierdurch einen quantitativen Zielfunktionswert (Erfüllungsgrad). Mithilfe der Selbstoptimierung werden optimale Kompromisse zwischen konkurrierenden Zielen gebildet, die im Rahmen der vorliegenden Aktion zur Verfügung stehen und situationsspezifisch priorisiert werden können [7, 10].

Autonome Anpassung des Systemverhaltens: Die neue Situation und die damit verbundene Zielanpassung erfordert nachfolgend eine Anpassung des Systemverhaltens. Das Systemverhalten kann dabei durch die Veränderung von Parametern oder gegebenenfalls der Systemstruktur erfolgen. Die einfachste Art der Veränderung ist die Modifikation der Parameter des Reglers [18]. Bei der Änderung der Systemstruktur erfolgt eine Modifikation der Anordnung und Beziehungen zwischen den Elementen eines Systems [10]. Dies stellt die

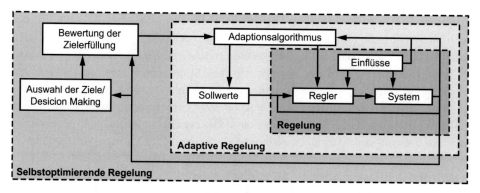

Abb. 2.5 Erweiterung von geregelten und adaptiven Regelungen zu selbstoptimierenden Regelungen in Anlehnung an [2, 15]

komplexeste Art der Veränderung dar [18]. Nachfolgend wird wiederum im ersten Schritt geprüft, welche Auswirkungen die Anpassung des Systemverhaltens hatte und ob ein verbesserter Zielfunktionswert erreicht wurde [10].

Durch die situationsspezifische Berücksichtigung und Veränderung der Systemziele ergeben sich selbstoptimierende Regelungen, die über bekannte Regel- und Adaptionsstrategien hinaus gehen [2]. Diese sind nicht als Alternative zu den klassischen oder adaptiven Regelungen zu sehen sondern als Erweiterung [2, 3] (vgl. Abb. 2.5). Vor diesem Hintergrund ergibt sich die Forderungen nach einer geeigneten Strukturierung der Informationsverarbeitung des selbstoptimierenden Systems [18]. Diese wird im nachfolgendem Abschnitt vorgestellt.

2.2 Architektur selbstoptimierender Systeme

2.2.1 Struktur von selbstoptimierenden Systemen

Die Informationsverarbeitung eines komplexen mechatronischen Systems muss eine Vielzahl von Funktionen erfüllen: quasi-kontinuierlich arbeitender Regelungscode regelt die Bewegungen der Strecke, Fehleranalyse-Software überwacht die Strecke auf auftretende Fehlfunktionen, Adaptionsalgorithmen passen die Regelung an veränderte Umgebungszustände an, unterschiedliche Systeme werden vernetzt – um einige der Funktionen zu nennen. Derartige Aufgaben sind in einer sinnvollen Struktur zusammenzuführen.

Speziell im Hinblick auf selbstoptimierende Systeme sind – ausgehen von Forschungen im Bereich der künstlichen Intelligenz – in der Informatik Architekturen entstanden, die inspirierend für den Ansatz für selbstoptimierenden System waren. Diese Architekturen orientieren sich stark an psychologischen Mustern und der Gehirn- bzw. Intelligenzstruktur des Menschen. Dementsprechend wurden sie im Wesentlichen für Roboter entwickelt und auch auf diesem Gebiet getestet. Die Notwendigkeit, die Architektur der Informationsverarbeitung komplexer Systeme in mehreren Hierarchieebenen zu unterteilen ist auch in der Kognitionswissenschaft fundiert. Während klassische technische Systeme nur eine reaktive Ebene der Informationsverarbeitung, den mechatronischen Regelkreis, besitzen, geht man in der Kognitionswissenschaft davon aus, dass komplexe Systeme nicht nur reaktives Verhalten zeigen, sondern die Kopplung zwischen Informationsaufnahme und Aktionsausführung modifizieren können. Diese Modifikation kann als Lernen bezeichnet werden. Für intelligente mechatronische Systeme heißt dies, dass die direkte Informationsverarbeitung zwischen Sensorik und Aktorik um eine lernende, kognitive Informationsverarbeitung erweitert werden muss. Da viele existenzielle Systemabläufe rein reaktiv ablaufen, darf die kognitive Informationsverarbeitung die reaktive nicht ersetzen, sondern muss mit dieser koexistieren. Zusätzlich sind weitere Verarbeitungsebenen zwischen kognitiver und reaktiver Ebene sinnvoll. Das Dreischichtmodell der Verhaltenssteuerung [21] klassifiziert noch eine Ebene der assoziativen Informationsverarbeitungsprozesse, die das konditionierte Modifizieren implementierter Systemeigenschaften realisiert und den Informationsaustausch zwischen ausführender und kognitiver Ebene koordiniert.

2.2.2   Operator Controller Modul (OCM)

Vor dem gerade beschriebenen Hintergrund wird für die Informationsverarbeitung von selbstoptimierenden eine dreiteilige, aus praktischer Erfahrung mit Anwendungen erwachsene Struktur vorgeschlagen: das Operator Controller Modul (OCM). Abb. 2.6 zeigt diese dreiteilige OCM-Struktur im Überblick, die als Mikrostruktur für die Informationsverarbeitung selbstoptimierender Systeme aufgefasst wird. Das Konzept des OCM wurde dabei von NAUMANN [18] eingeführt und weiterführende Ideen dazu sind in [12] dargestellt. Im Folgenden werden die drei Ebenen dieser Architektur eingehender beschrieben.

Controller: Auf der untersten Ebene des OCM liegt der Controller. Er enthält die regelungstechnischen Bestandteile der Informationsverarbeitung. Seine Aufgabe besteht darin, das dynamische Verhalten des mechanischen/physikalischen Systems so zu beeinflussen, dass eine gewünschte Dynamik erreicht wird. Dieser innerste Regelkreis verarbeitet in direkter Wirkkette die Messsignale, ermittelt Stellsignale und gibt diese aus. Er wird daher als motorischer Kreis bezeichnet. Die Software-Verarbeitung auf dieser Ebene arbeitet quasi-kontinuierlich, d. h. Messwerte werden kontinuierlich eingelesen, verarbeitet und unter harten Echtzeitbedingungen wieder ausgegeben. Dabei kann der Controller mehrere Regler enthalten, zwischen denen umgeschaltet werden kann. Hierbei können unterschiedliche Umschaltstrategien zum Einsatz kommen.

Abb. 2.6 Struktur des Operator Controller Moduls (OCM). (Aus [9]; © Heinz Nixdorf Institut, Universität Paderborn 2009)

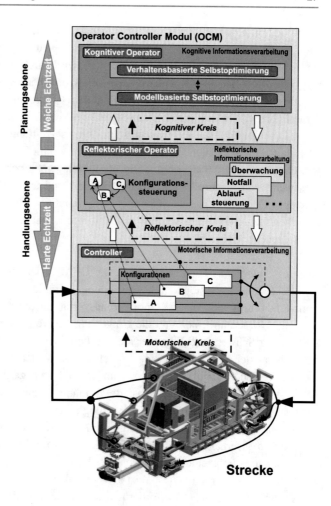

Reflektorischer Operator: Der reflektorische Operator überwacht und steuert den Controller. Ein Großteil an Hilfsfunktionen für die Automatisierung wie Ablaufsteuerung, Überwachungs- und Notfallprozesse, aber auch Adaptionsroutinen zur Verbesserung des Controller-Verhaltens sind hier angesiedelt. Zur Anpassung des Systemverhaltens greift der reflektorische Operator nicht direkt auf die Aktorik des Systems zu, sondern modifiziert den Controller, indem er Parameter- oder Strukturänderungen initiiert. Bei Strukturänderungen – wie beispielsweise Rekonfiguration – werden nicht nur die Regler ausgetauscht, sondern es werden auch entsprechende Kontroll- bzw. Signalflüsse im Controller umgeschaltet. Kombinationen aus Reglern, Schaltelementen und zugehörigen Kontroll- bzw. Signalflüssen werden als Controller-Konfigurationen bezeichnet. In Abb. 2.6 sind Controller-Konfigurationen im Controller durch die Blöcke A, B und C angedeutet. Die Konfigurationssteuerung – beschrieben durch eine Zustandsmaschine – definiert, bei welchem Systemzustand welche

Konfiguration gültig ist sowie wie und unter welchen Bedingungen zwischen den Konfigurationen umgeschaltet wird. In welcher Reihenfolge und unter welchen Zeitrestriktionen der Rekonfigurationsprozess durchgeführt wird, wird durch eine Ablaufsteuerung bestimmt und kontrolliert. Die Implementierung des reflektorischen Operators arbeitet überwiegend ereignisorientiert. Die enge Verknüpfung mit dem Controller erfordert eine Abarbeitung in harter Echtzeit. Als Verbindungselement zur kognitiven Ebene des OCM bietet der reflektorische Operator ein Interface zwischen den nicht echtzeitfähigen bzw. mit weicher Echtzeit arbeitenden Elementen und dem Controller an. Er nimmt Ergebnisse des kognitiven Operators entgegen, filtert und bringt sie in die unterlagerte Ebene ein. Im Gegenzug werden Messwerte vom Controller zwischengespeichert und an den kognitiven Operator hochgereicht. Der reflektorische Operator ist weiterhin für die Echtzeitkommunikation zwischen mehreren OCMs verantwortlich, die gemeinsam ein zusammengesetztes selbstoptimierendes System bilden.

Kognitiver Operator: Die oberste Ebene des OCM bildet der kognitive Operator. Auf dieser Ebene kann das System durch Anwendung vielfältiger Methoden (etwa Planungs- und Lernverfahren, modellbasierte Optimierungsverfahren oder den Einsatz wissensbasierter Systeme) Wissen über sich und die Umgebung zur Verbesserung des eigenen Verhaltens nutzen. Der Schwerpunkt liegt hier auf den kognitiven Fähigkeiten zur Durchführung einer individuellen Selbstoptimierung. Modellbasierte Verfahren stützen sich auf physikalisch motivierte Modelle und erlauben eine vom realen System zeitlich entkoppelte Optimierung des Systemverhaltens. Verhaltensbasierte Verfahren verzichten auf eine explizite Modellierung des zu optimierenden Systems. Sie ermöglichen eine Anpassung des Systemverhaltens an aktuelle und zukünftige Umgebungseinflüsse und Zielvorgaben auf Basis des direkten Ein-/Ausgangsverhaltens des Systems. Während sowohl Controller als auch reflektorischer Operator harten Echtzeitanforderungen unterliegen, kann der kognitive Operator auch asynchron zur Realzeit arbeiten. Dabei ist aber selbstverständlich auch eine Antwort innerhalb eines gewissen Zeitfensters erforderlich, da die Selbstoptimierung aufgrund veränderter Umgebungsbedingungen sonst zu keinen verwertbaren Ergebnissen käme. Der kognitive Operator unterliegt folglich weicher Echtzeit.

Zusammenfassend lassen sich zwei Trennungsebenen erkennen: Zum einen gliedert sich die Informationsverarbeitung in einen direkt auf das System wirkenden und in einen nur indirekt darauf wirkenden Kreis. Diese Einteilung entspricht der Einteilung in Operator und Controller. Zum anderen lässt sich die Informationsverarbeitung nach harter und weicher Echtzeitanforderung trennen. Diese Einteilung führt zu einer Trennung zwischen kognitivem Operator einerseits und reflektorischem Operator und Controller andererseits. Diese beiden Trennungsebenen der OCM-Architektur ermöglichen die benötigten Vorhersagen über kritische Verhaltensaspekte (Stabilität, Zeitkonsistenzen, Verklemmugen), wodurch ein sicherer Betrieb des Systems gewährleistet werden kann.

Die drei Aktionen der Selbstoptimierung – Ist-Analyse, Zielbestimmung und Verhaltensanpassung – können mithilfe der OCM-Architektur auf vielfältige Art und Weise durchgeführt werden. Muss die selbstoptimierende Anpassung Echtzeitanforderungen genügen, werden in einem individuell selbstoptimierenden System alle drei Aktionen im reflektorischen Operator durchgeführt. Systeme, die die Selbstoptimierung nicht in Echtzeit durchführen, können hier aufwändigere Verfahren einsetzen, die im kognitiven Operator angesiedelt werden. Die Verhaltensanpassung erfolgt in diesem Fall indirekt unter Vermittlung durch den reflektorischen Operator, der die Anweisungen zur Verhaltensanpassung auf geeignete Weise mit dem Echtzeitablauf des Controllers synchronisiert. Daneben können innerhalb eines einzelnen OCM auch Mischformen auftreten, bei denen die beiden beschriebenen Formen der Selbstoptimierung parallel und zueinander asynchron ablaufen. Bei zusammengesetzten selbstoptimierenden Systemen, die mehrere OCMs umfassen, kann die notwendige Kommunikation wiederum über den reflektorischen oder den kognitiven Operator stattfinden. Echtzeitschranken können allerdings nur garantiert werden, wenn die Koordination über die reflektorischen Operatoren realisiert wird.

2.3 Strategische Planung und Entwicklung von selbstoptimierenden Produkten und Produktionssystemen

Die Vorgehensweisen zum Realisieren von Ansätzen der Selbstoptimierung kommen in verschiedenen Phasen der Produktentstehung zum Einsatz. Vor diesem Hintergrund wird zunächst die Produktentstehung auf Basis des Produktentstehungsprozesses erläutert. Nachfolgend werden die verschiedenen Vorgehensweisen dem Produktentstehungsprozess zugeordnet. Hierdurch wird ein Überblick über die Ergebnisse geschaffen.

2.3.1 Der Produktentstehungsprozess

Die Leistungsfähigkeit der Produkte des Maschinenbaus und verwandter Branchen wie der Automobilindustrie, der Elektrotechnik und der Medizintechnik beruht auf einer Integration mechanischer, elektronischer und softwaretechnischer Komponenten. Dies stellt neue Anforderungen an das Vorgehen in der Produktentwicklung und Fertigungsplanung. Ferner ist der eigentlichen Produktentwicklung die systematische Erarbeitung des Entwicklungsauftrags vorangestellt. Vor diesem Hintergrund wird nachfolgend ein *Vorgehensmodell der Produktentstehung* vorgestellt, das den Prozess von der Produkt- bzw. Geschäftsidee bis zum Serienanlauf abdeckt und die drei Hauptaufgabenbereiche Strategische Produktplanung, Produktentwicklung und Produktionssystementwicklung umfasst (vgl. Abb. 2.7). Die Produktionssystementwicklung beinhaltet im Prinzip die Fertigungsplanung bzw. Arbeitsplanung ergänzt um die Materialflussplanung. Der Produktentstehungsprozess wird nicht als stringente Folge von Phasen und Meilensteinen verstanden. Vielmehr handelt es sich um ein Wechselspiel von Aufgaben, die sich den drei Hauptaufgaben entsprechend in drei Zyklen gliedern lassen [8].

Erster Zyklus: Strategische Produktplanung

Dieser Zyklus charakterisiert das Vorgehen vom Finden der Erfolgspotenziale der Zukunft bis zur erfolgversprechenden Produktkonzeption – der sog. prinzipiellen Lösung. Er umfasst die Aufgabenbereiche Potenzialfindung, Produktfindung, Geschäftsplanung und Produktkonzipierung. Das Ziel der *Potenzialfindung* ist das Erkennen der Erfolgspotenziale der Zukunft sowie die Ermittlung entsprechender Handlungsoptionen. Es werden Methoden wie die Szenario-Technik, Delphi-Studien oder Trendanalysen eingesetzt [8].

Basierend auf den erkannten Erfolgspotenzialen befasst sich die *Produktfindung* mit der Suche und der Auswahl neuer Produkt- und Dienstleistungsideen zu deren Erschließung. Wesentliches Hilfsmittel zur Ideenfindung sind Kreativitätstechniken wie das laterale Denken nach DE BONO oder TRIZ und Technologie-Roadmaps [8].

In der *Geschäftsplanung* geht es zunächst um die Geschäftsstrategie, d. h. um die Beantwortung der Frage, welche Marktsegmente wann und wie bearbeitet werden sollen. Auf dieser Grundlage erfolgt die Erarbeitung der Produktstrategie. Diese enthält Aussagen zur Gestaltung des Produktprogramms, zur wirtschaftlichen Bewältigung der vom Markt geforderten Variantenvielfalt, zu eingesetzten Technologien, zur Programmpflege über den Produktlebenszyklus etc. Die Produktstrategie mündet in einen Geschäftsplan, der den Nachweis erbringt, ob mit dem neuen Produkt bzw. mit einer neuen Produktoption ein attraktiver Return on Investment zu erzielen ist. Obwohl aus aufbauorganisatorischer Sicht die Produktkonzipierung wohl kaum der Strategischen Produktplanung zuzuordnen ist, ist es außerordentlich wichtig, die Produktkonzipierung sowie auch die Produktionssystemkonzipierung in diesem ersten Zyklus zu integrieren [8].

In der *Konzipierung* erarbeiten die Beteiligten der Fachdisziplinen Mechanik, Elektrik/Elektronik, Regelungs- und Softwaretechnik gemeinsam die Prinziplösung des Systems. Diese legt den grundsätzlichen Aufbau sowie die Wirkungsweise des Systems fest. Bei der Entwicklung selbstoptimierender Systeme können zudem auch Experten der mathematischen Optimierung sowie des maschinellen Lernens eingebunden sein [8, 10].

Das übergeordnete Ziel des ersten Zyklus – eine aus unternehmerischer und technischer Sicht erfolgversprechende Produktkonzeption – erfordert die Zusammenarbeit von Fachleuten aus den Bereichen Produktplanung, Vertrieb, Entwicklung/Konstruktion und Fertigungsplanung/Fertigung [8].

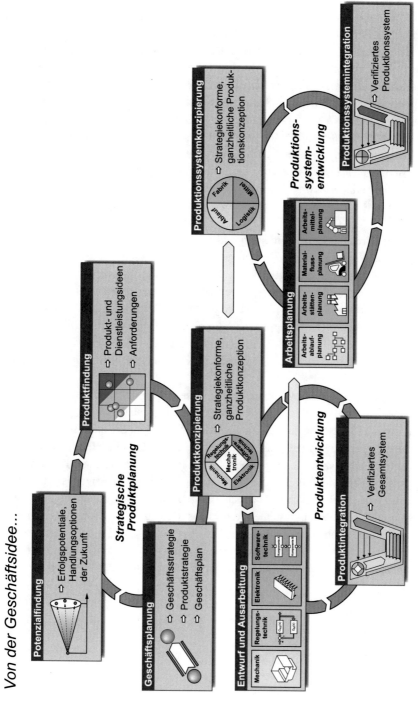

Abb. 2.7 3-Zyklen-Modell der Produktentstehung [8]

Zweiter Zyklus: Produktentwicklung

Dieser Zyklus nimmt die Produktkonzeption als Ausgangspunkt und umfasst den fachge-
bietsspezifischen Entwurf und die entsprechende Ausarbeitung sowie die Integration der
Ergebnisse der einzelnen Fachgebiete zu einer Gesamtlösung. Die Entwicklung in *Entwurf
und Ausarbeitung* erfolgt, in dem die involvierten Fachdisziplinen die sie betreffenden
Aspekte ausarbeiten. Hierbei werden fachdisziplinspezifischen Methoden, Werkzeuge und
Beschreibungssprachen genutzt. Die Phase Entwurf und Ausarbeitung ist durch einen hohen
Abstimmungs- und Koordinationsaufwand geprägt. Die Ergebnisse werden kontinuierlich
im Rahmen der *Produktintegration* integriert und synchronisiert. In diesen Schritt werden
zudem die Experten der mathematischen Optimierung sowie des maschinellen Lernens maßgeblich involviert, da hier die Umsetzung der Selbstoptimierung erfolgt. Da in der Produktentwicklung die Bildung und Analyse von rechnerinternen Modellen eine wichtige Rolle
spielt, hat sich der Begriff Virtuelles Produkt bzw. Virtual Prototyping verbreitet [8, 10].

Dritter Zyklus: Produktionssystementwicklung

Den Ausgangspunkt bildet die Konzeption des Produktionssystems, die im Wechselspiel
mit der Produktkonzeption zu erarbeiten ist. Die Produktionssystementwicklung hat die
vier Fachgebiete Arbeitsablaufplanung, Arbeitsstättenplanung, Arbeitsmittelplanung und
Produktionslogistik sowie Materialflussplanung zu behandeln und zu integrieren. Die Begriffe Virtuelle Produktion bzw. Digitale Fabrik drücken aus, dass in diesem Zyklus ebenfalls rechnerinterne Modelle gebildet und analysiert werden – Modelle von den geplanten
Produktionssystemen bzw. von Subsystemen des Gesamtsystems wie Fertigungslinien und
Arbeitsplätze [8].

Produkt- und Produktionssystementwicklung sind parallel und eng aufeinander
abgestimmt voranzutreiben. Nur so wird sichergestellt, dass auch alle Möglichkeiten der
Gestaltung eines leistungsfähigen und kostengünstigen Erzeugnisses ausgeschöpft werden.
Gerade bei mechatronischen Erzeugnissen, die sich durch die räumliche Integration von Mechanik und Elektronik auszeichnen, sowie beim Einsatz neuer Hochleistungswerkstoffe, wird
bereits das Produktkonzept durch die in Betracht gezogenen Fertigungstechnologien
determiniert. Ferner können auch neue Produktkonzepte die Entwicklung von Fertigungstechnologien und Produktionssystemen erfordern. Demzufolge sehen wir eine enge
Verbindung und einen hohen Abstimmungsbedarf von Produkt- und Produktionssystementwicklung bereits in der Konzipierung, welcher im Verlauf der weiteren Konkretisierung in
Entwurf und Ausarbeitung weiterbesteht. Die beiden waagerechten Pfeile in Abb. 2.7 sollen
das verdeutlichen [8].

2.3.2 Behandlung der Selbstoptimierung in der Strategischen Planung und integrativen Entwicklung

Im Folgenden werden die verschiedenen Vorgehensweisen aus dem Kontext der Selbstoptimierung in den Hauptaufgabenbereichen der Produktentstehung erläutert. Zu den Vorgehensweisen gehören:

- Potenzialanalyse zur Steigerung der Intelligenz mechatronischer Systeme (vgl. Abschn. 3.2)
- Leitfaden zum Einsatz von maschinellen Lernverfahren (vgl. Abschn. 4.5)
- Leitfaden zum Einsatz mathematischer Optimierungsverfahren (vgl. Abschn. 5.2)
- Leitfaden für den Entwurf von intelligenten Steuerungen und Regelungen (vgl. Abschn. 6.2)
- Vorgehen zur Steigerung der Verlässlichkeit (vgl. Abschn. 7.2)
- Vorgehen zur integrativen Planung des Verhaltens eines selbstoptimierenden Produktionssystems (vgl. Abschn. 8.1)

Abb. 2.8 zeigt eine Zuordnung dieser Vorgehensweisen in das 3-Zyklenmodell der Produktentstehung. So ist z. B. zu sehen, dass die Potenzialanalyse zur Steigerung der Intelligenz mechatronischer Systeme bereits im Rahmen der Produktfindung eingesetzt wird (Produktfindung und Produktkonzipierung).

Strategische Produktplanung: Im Rahmen der Strategischen Produktplanung kommt die Potenzialanalyse zur Steigerung der Intelligenz mechatronischer Systeme zum Einsatz. Diese unterstützt zum einen die Identifikation des Modifikationsbedarfs bestehender System, die Spezifikation von Lösungsideen für intelligentes Verhalten sowie zur Bewertung und Auswahl Erfolg versprechender Lösungsideen. Die resultierenden Lösungsideen bilden die Grundlage für die die nachfolgenden Schritte im Rahmen der Produktentwicklung.

Produktentwicklung: Im Rahmen der Produktentwicklung kommen die Leitfäden zum Einsatz maschineller Lernverfahren, mathematischer Optimierungsverfahren und zum Entwurf von intelligenten Regelungen sowie die Vorgehen zum Erstellen von Prozessmodellen selbstoptimierender Regelungen und zur Steigerung der Verlässlichkeit zum Einsatz. Auf Basis eines erstellten Produktkonzepts, werden die verschiedenen Leitfäden und Vorgehen eingesetzt. Dies erfolgt insbesondere in den Phasen Entwurf und Ausarbeitung sowie in der Produktintegration.

Produktionssystementwicklung: Im Rahmen der Produktionssystementwicklung kommen die Leitfäden zur Verwendung maschineller Lernverfahren zum Einsatz. Das Vorgehen zur Auswahl potenzieller Verbesserungsmethoden unterstützt den Schritt der Arbeitsplanung in

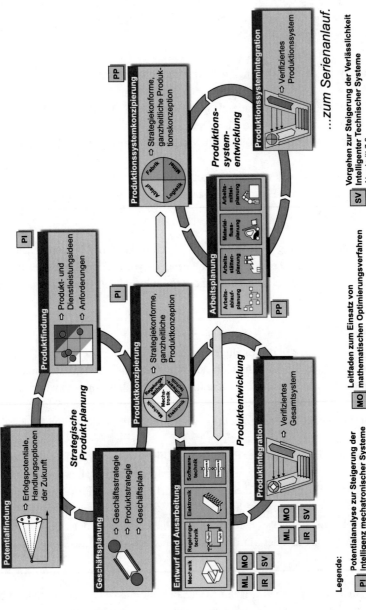

Abb. 2.8 Einordnung der Vorgehensweisen aus dem Kontext der Selbstoptimierung in das 3-Zyklen-Modell der Produktentstehung in Anlehnung an [8]

den jeweiligen Fachgebieten bis hin zur Produktionssystemintegration sowie die bedarfsgerechte Verbesserung bestehender Produktionssysteme.

2.4   Selbstoptimierung in der Anwendung

Im Rahmen des Spitzenclusters gab es zahlreiche Kooperationen mit den sogenannten Innovationsprojekten bzw. den damit verbundenen Kernunternehmen. In diesen Kooperationen
wurden verschiedenen Zielstellungen verfolgt, die sich im Wesentlichen an den Zielsetzungen des Cluster-Querschnittsprojekts Selbstoptimierung orientieren. Eine Auswahl dieser
Kooperationen ist in Abb. 2.9 dargestellt. Nachfolgend werden die Kooperationen kurz erläutert. Eine detaillierte Betrachtung der Ergebnisse (z. B. zu Vorgehensweisen) wird in den
nachfolgenden Kapiteln gezeigt.

In Kooperation mit *Venjakob Maschinenbau* wurden Potenziale zur Steigerung der Intelligenz in einer Lackieranlage identifiziert. Die identifizierten Potenziale liefern Lösungsideen,
um zukünftig situationsspezifisch verbessertes Verhalten der Lackieranlagen zu realisieren.
Die erkannten Potenziale bilden neben den firmeninternen FuE-Vorhaben Grundlage für
die Weiterentwicklung der Lackieranlagen. Hierdurch sollte der hervorragende Ruf von
Venjakob im Markt gefestigt, sowie die Führerschaft in den bearbeiteten Marktsegmenten
gesichert und weiter ausgebaut werden.

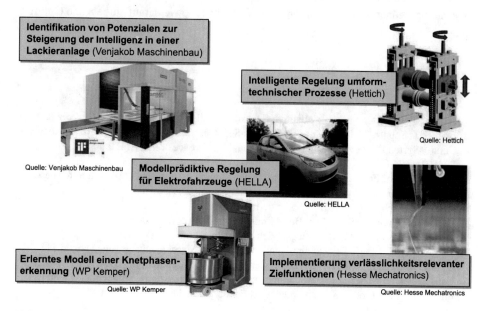

Abb. 2.9 Beispiele für Kooperationen zur Selbstoptimierung im Rahmen des Spitzenclusters it's
OWL

Die sensorische Erkennung des Teigzustands ist ein wichtiger Erfolgsfaktor für eine Automatisierung des Knetprozesses. In dem durch die Firma *WP Kemper* geleiteten Projekt, wurde eine solche Teigphasenerkennung maschinell gelernt. Basierend auf der Teigtemperatur, den Drehmomenten des Knethakens und Teigbottichs, sowie weiteren abgeleiteten Größen bestimmt ein maschinell trainierter Klassifikator die aktuelle Knetphase, sodass der Knetprozess automatisch nach Erreichen der gewünschten Teigqualität vom System beendet werden kann.

In Zusammenarbeit mit der *HELLA KGaA Hueck & Co.* wurden moderne Mehrzieloptimierungsverfahren auf ein realistisches Simulationsmodell eines Elektrofahrzeugs angewendet, um in Abhängigkeit von einem vorgegebenen Höhenprofil der zu fahrenden Strecke Gaspedalstellungsverläufe zu ermitteln. Diese sind optimal bezüglich mehrerer verschiedener Zielvorgaben. Dabei konnte eine Verringerung der Entladetiefe von ca. 3–6 % gegenüber vorherigen Strategien erreicht werden.

In Zusammenarbeit mit *Hettich* wurde eine Regelung für das Walzprofilieren erarbeitet, die Abweichungen der Profilmaße aus einem vorgegebenen Toleranzbereich durch eine aktive Verstellung einzelner Umformstationen ausregelt. Auf der Grundlage von bereits ermittelten Prozesssensitivitäten wurde hierzu ein lineares parametervariantes Prozessmodell erarbeitet, welches in einer intelligenten Regelung auf Basis inverser Prozessmodelle verwendet wurde.

Gemeinsam mit *Hesse Mechatronics* wurden Konzepte aus dem Bereich der Selbstoptimierung zur Steigerung der Verlässlichkeit analysiert und zudem Zielfunktionen von zu betrachtenden Größen bestimmt. In diesem Zuge wurden insbesondere verlässlichkeitsrelevante Zielfunktionen in einen Prototypen implementiert sowie darauf aufbauende Optimierungen durchgeführt.

Literatur

1. Åström, K.J., Wittenmark, B.: Adaptive Control, 2. Aufl. Dover Publications, Mineola (2008)
2. Böcker, J., Schulz, B., Knoke, T., Fröhleke, N.: Self-Optimization as a Framework for Advanced Control Systems. Proceedings of the 32nd Annual Conference of the IEEE Industrial Electronics S. 4672–4676 (2006)
3. Dumitrescu, R.: Entwicklungssystematik zur Integration kognitiver Funktionen in fortgeschrittene mechatronische Systeme. Dissertation, Fakultät für Maschinenbau, Universität Paderborn, HNI-Verlagsschriftenreihe, Bd. 286, Paderborn (2011)
4. Feldhusen, J., Grote, K.H.: Pahl/Beitz Konstruktionslehre: Methoden und Anwendung erfolgreicher Produktentwicklung. Springer Vieweg, Berlin, Heidelberg (2013)
5. Gausemeier, J. (Hrsg.): Selbstoptimierende Systeme des Maschinenbaus. Heinz Nixdorf Institut, Universität Paderborn, HNI-Verlagsschriftenreihe, Bd. 155, Paderborn (2004)
6. Gausemeier, J., Ebbesmeyer, P., Kallmeyer, F.: Produktinnovation: Strategische Planung und Entwicklung der Produkte von morgen. Carl Hanser, München (2001)

7. Gausemeier, J., Iwanek, P., Vaßholz, M., Reinhart, F.: Selbstoptimierung im Maschinen- und Anlagenbau: Durch Selbstoptimierung intelligente technische Systeme des Maschinen- und Anlagenbaus entwickeln. Industriemanagement (6/2014), 55–58 (2014)

8. Gausemeier, J., Plass, C.: Zukunftsorientierte Unternehmensgestaltung: Strategien, Geschäftsprozesse und IT-Systeme für die Produktion von morgen. Carl Hanser, München (2014)

9. Gausemeier, J., Rammig, F. J., Schäfer, W. (Hrsg.): Selbstoptimierende Systeme des Maschinenbaus. Heinz Nixdorf Institut, Universität Paderborn, HNI-Verlagsschriftenreihe, Bd. 234, Paderborn (2009)

10. Gausemeier, J., Rammig, F. J., Schäfer, W. (Hrsg.): Design Methodology for Intelligent Technical Systems. Springer, Berlin, Heidelberg (2013)

11. Harashima, F., Tomizuka, M., Fukuda, T.: Mechatronics – „What Is It, Why, and How?". IEEE/ASME Transactions on Mechatronics (Vol. 1, No. 1), 1–4 (1996)

12. Hestermeyer, T., Oberschelp, O., Giese, H.: Structured Information Processing for Self-Optimizing Mechatronic Systems. In: 1st International Conference on Informatics in Control, Automation and Robotics. Setubal, PT (2004)

13. Isermann, R.: Mechatronische Systeme: Grundlagen. Springer, Berlin, Heidelberg (2008)

14. Isermann, R., Lachmann, K.H., Matko, D.: Adaptive Control Systems. Prentice Hall, New York (1992)

15. Iwanek, P.: Systematik zur Steigerung der Intelligenz mechatronischer Systeme im Maschinen- und Anlagenbau. Dissertation, Fakultät für Maschinenbau, Universität Paderborn, HNI-Verlagsschriftenreihe, Bd. 366, Paderborn (2017)

16. Iwanek, P., Dumitrescu, R., Gausemeier, J.: Identifikation von Potentialen zur Integration von Lösungen im Kontext der Selbstoptimierung für technische Systeme des Maschinen- und Anlagenbaus. Tagungsband der VDI Mechatroniktagung 2015, 12.–13. März 2015, Dortmund S. 185–190 (2015)

17. Mori, T.: Mecha-tronics. Yaskawa Internal Trademark Application, Tech. Rep. Memo 21(01) (1969)

18. Naumann, R.: Modellierung und Verarbeitung vernetzter intelligenter mechatronischer Systeme. Dissertation, Fachbereich 10 Maschinentechnik, Universität-Gesamthochschule Paderborn, Paderborn (2000)

19. Reinhardt, H., Bongards, M.: Spezielle Formen der Regelung. In: K.H. Grote, J. Feldhusen (Hrsg.) Dubbel. Springer, Berlin, Heidelberg (2011)

20. Schulze, K.P., Rehberg, K.J.: Entwurf von adaptiven Systemen: Eine Darstellung für Ingenieure. VEB, Berlin (1988)

21. Strube, G.: Modelling Motivation and Action Control in Cognitive Systems. In: Mind Modelling, S. 89–108. Pabst, Berlin (1998)

22. Verein Deutscher Ingenieure: Entwicklungsmethodik für mechatronische Systeme. Beuth, Berlin (2004)

Potenzialanalyse zur Steigerung der Intelligenz mechatronischer Systeme

3

Peter Iwanek, Jürgen Gausemeier und Roman Dumitrescu

Zusammenfassung

Die absehbaren Entwicklungen der Informations- und Kommunikationstechnik ermöglichen zunehmend die Entwicklung von technischen Systemen mit inhärenter Teilintelligenz. Diese Systeme können als Intelligente Technische Systeme bezeichnet werden. Schlagworte, die in diesem Kontext stets genannt werden sind: „Cyber-Physical Systems", „Industrie 4.0" oder „Selbstoptimierung". Die Ansätze in den Bereichen weisen hohes Potenzial zur Weiterentwicklung bestehender mechatronischer Systeme auf, jedoch werden diese von den Unternehmen nicht systematisch berücksichtigt. Es bedarf einer Potenzialanalyse, mit der die Intelligenz mechatronischer Systeme gesteigert werden kann. Vor diesem Hintergrund werden zunächst die Herausforderungen bei der Steigerung der Intelligenz mechatronischer Systeme aufgezeigt. Nachfolgend wird ein Stufenmodell vorgestellt, welches die Möglichkeiten zur Weiterentwicklung mechatronischer Systeme adressiert. Der Einsatz des Stufenmodells erfolgt im Rahmen einer Potenzialanalyse, die ebenfalls Gegenstand dieses Kapitels ist. Die Anwendung der Potenzialanalyse wird zudem beispielhaft an einem System aus dem Bereich der Lackiertechnik gezeigt.

P. Iwanek (✉) · J. Gausemeier
Heinz Nixdorf Institut, Strategische Produktplanung und Systems Engineering,
Universität Paderborn, Paderborn, Deutschland
E-Mail: peter.iwanek@hni.uni-paderborn.de

J. Gausemeier
E-Mail: Juergen.Gausemeier@hni.uni-paderborn.de

R. Dumitrescu
Lehrstuhl für Advanced Systems Engineering,
Universität Paderborn, Paderborn, Deutschland
E-Mail: roman.dumitrescu@uni-paderborn.de

© Springer-Verlag GmbH Deutschland, ein Teil von Springer Nature 2018
A. Trächtler und J. Gausemeier (Hrsg.), *Steigerung der Intelligenz
mechatronischer Systeme*, Intelligente Technische Systeme – Lösungen
aus dem Spitzencluster it's OWL, https://doi.org/10.1007/978-3-662-56392-2_3

3.1   Grundlagen der Potenzialanalyse

3.1.1   Herausforderungen bei der Potenzialanalyse

Zahlreiche Beispielanwendungen zeigen die Nutzenpotenziale Intelligenter Technischer Systeme auf. Beispiel ist u. a. ein Teigkneter der Fa. WP Kemper. Bei der Bedienung von Knetmaschinen zur Herstellung von Teig (z. B. für Brötchen) ist Expertenwissen von geschulten Bäckern notwendig. Der Bäcker weiß in Abhängigkeit der eingesetzten Zutaten und der eingestellten Parameter am Teigkneter, wie lange der Knetvorgang stattfinden muss, um eine optimale Qualität des Teigs zu erzielen. Hierdurch wird sowohl eine Überknetung als auch eine zu geringe Knetung vermieden [13]. Dieses Wissen über die Zusammenhänge ist beim Bäcker in Form von impliziten Wissen vorhanden, welches mit Hilfe von Ansätzen der theoretischen Modellbildung (auf Basis von physikalischen Gesetzen) nur schwer abbildbar ist. Zur erhöhten Automatisierung bedarf es der Externalisierung des Expertenwissens sowie der Integration des Wissens in die Maschine. Die Externalisierung und Integration ist mit Hilfe von maschinellen Lernverfahren aus dem Bereich der experimentellen Modellbildung möglich. Das erlernte Modell analysiert eingehende Sensorwerte und schließt automatisiert Rückschlüsse auf den Teigzustand [13, 21].

Obwohl die Integration solcher Funktionen hohes Potenzial aufweist, werden z. B. die Ansätze aus dem Bereich der künstlichen Intelligenz u. a. im Maschinen- und Anlagenbau kaum berücksichtigt, um die Leistungsfähigkeit der technischen Systeme zu steigern [27]. Gleiches betrifft auch den Einsatz von mathematische Optimierungsverfahren zur Verbesserung des Systemverhaltens. Dies kann sowohl an einer fehlenden Sensibilisierung der Unternehmen bezüglich der zu erschließenden Nutzenpotenziale liegen, als auch an fehlenden Kompetenzen in diesen Bereichen [21].

Die systematische Weiterentwicklung von Systemen (z. B. auf Basis von maschinellen Lern- oder mathematischen Optimierungsverfahren) basiert im Wesentlichen auf drei Aufgaben: 1) Identifikation des Bedarfs zur Modifikation bestehender Systeme, 2) Spezifikation von intelligenten Lösungsideen sowie 3) Bewertung und Auswahl Erfolg versprechender Lösungsideen. Darüber hinaus gilt es den Kunden frühzeitig und bedarfsgerecht in diese Aufgaben einzubinden, um den Markterfolg abzusichern. Diese Aufgaben stellen für die Unternehmen eine Herausforderung dar. Vor diesem Hintergrund ergeben sich folgende Fragestellungen [21]:

- Wie kann der Bedarf zur Weiterentwicklung bestehender Systeme systematisch identifiziert werden?
- Welche Möglichkeiten im Kontext der Selbstoptimierung existieren, um zukünftige Systeme intelligenter zu realisieren?
- Wie kann eine geeignete Bewertung und Auswahl von intelligenten Lösungsideen sichergestellt werden?

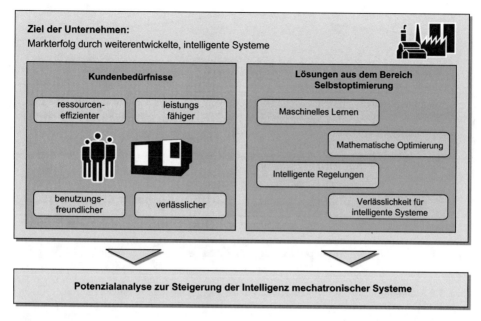

Abb. 3.1 Notwendigkeit einer Potenzialanalyse zur Steigerung der Intelligenz mechatronischer Systeme [21]

- In welcher Art und Weise kann der Kunde bedarfsgerecht in die Weiterentwicklung eingebunden werden?
- Welche Hilfsmittel sind zur Verfügung zu stellen, um Unternehmen bei den genannten Aufgaben und Herausforderungen zu unterstützen?

Die dargestellten Herausforderungen führen zu der Notwendigkeit, eine Potenzialanalyse Steigerung der Intelligenz mechatronischer Systeme methodisch zu unterstützen. Abb. 3.1 visualisiert diesen Sachverhalt sowie die daraus resultierende Notwendigkeit einer Potenzialanalyse zur Steigerung der Intelligenz mechatronischer Systeme.

Aus der beschriebenen Notwendigkeit lassen sich Handlungsfelder definieren. Diese sind in Abb. 3.2 visualisiert. Es bedarf an Möglichkeiten, aktuelle Systeme ganzheitlich und disziplinübergreifend abzubilden und nachfolgend systematisch auf Potenziale hin zu analysieren. Die Motivation zur Identifikation dieser Potenziale ist die Steigerung der Intelligenz. Zudem gilt es das Lösungswissen aus dem Bereich der Selbstoptimierung zu externalisieren und für die Weiterentwicklung des Systems bereitzustellen. Ferner sind geeignete Methoden und Hilfsmittel zur Verfügung zu stellen, mit denen Lösungsideen für intelligentes Systemverhalten spezifiziert, bewertet und ausgewählt werden können. Die resultierenden Ergebnisse sollen zudem eine bedarfsgerechte Einbindung des Kunden ermöglichen sowie für den praxistauglichen Einsatz in den Unternehmen geeignet sein.

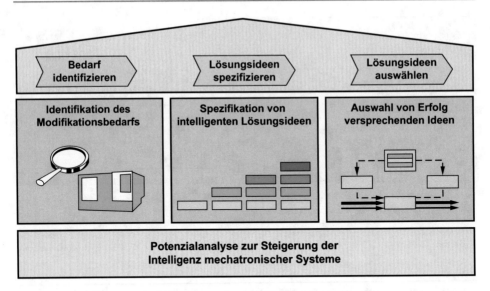

Abb. 3.2 Handlungsfelder der Potenzialanalyse zu Steigerung der Intelligenz mechatronischer Systeme [21]

Identifikation des Modifikationsbedarfs

Es bedarf an Möglichkeiten, aktuelle Systeme systematisch auf Potenziale zur Weiterentwicklung hin zu analysieren. Die Potenziale zeigen auf, wie eine Optimierung des Produktwertes umgesetzt werden kann. Zudem ist hervorzuheben, dass die Entstehung eines weiterentwickelten Systems verstärkt z. B. durch Phasen der Nutzung einer vorangegangenen Generation des Systems (z. B. Informationen aus dem After-Sales Bereich) beeinflusst wird. Die Informationen aus der Anwendung können im Sinne eines Reuse zur Weiterentwicklung genutzt werden. Daraus resultierend ist u. a. eine frühzeitige Einbindung des Kunden zu berücksichtigen, um z. B. den Bedarf des Marktes zur Automatisierung zu identifizieren sowie eine Absicherung des Markterfolgs für das zukünftige System sicherzustellen [21].

Spezifikation von intelligenten Lösungsideen

Auf Basis des identifizierten Modifikationsbedarfs gilt es nachfolgend die Lösungen zur Verbesserung des Systems zu spezifizieren. In diesem Zusammenhang gilt es insbesondere die Lösungs-möglichkeiten im Kontext der Selbstoptimierung bedarfsgerecht einzusetzen. Der bedarfsgerechte Einsatz soll die Vision eines selbstoptimierenden Systems aufzeigen, jedoch auch eine schrittweise Umsetzung unterstützen. Die Lösungen sowie die dazugehörigen Potenziale sind in einer Lösungsidee zusammenzufassen. Die Lösungsideen sind zu dokumentieren, um einen Wissensaustausch im Unternehmen sowie mit den Kunden zu unterstützen [21].

Auswahl von Erfolg versprechenden Ideen

Die spezifizierten Lösungsideen geben einen Überblick über die Optionen zur Weiterentwicklung bestehender Systeme. Die Entscheidung, welche Lösungsidee mit den ge-gebenen Ressourcen (Kompetenzen im Unternehmen, finanzielle und zeitliche Rahmenbedingungen etc.) zu welchem Zeitpunkt konkretisiert wird, ist jedoch nicht ohne eine Bewertung und Priorisierung möglich. Neben dem Aufwand ist auch der Nutzen aus Kundensicht zu bewerten. Infolgedessen bedarf es einer Analyse der Lösungsideen unter Berücksichtigung des Kunden [21].

3.1.2 Stufenmodell zur Steigerung der Intelligenz mechatronischer Systeme

Fortgeschrittene mechatronische Systeme (z. B. selbstoptimierende Systeme) weisen eine vergleichbare Grundstruktur wie mechatronische Systeme auf. Sie bestehen aus einem Grundsystem, Sensorik, Aktorik und der Informationsverarbeitung [33]. Die Steigerung der Intelligenz mechatronischer Systeme kann vor diesem Hintergrund in allen genannten Elementen erfolgen. Im Rahmen der Potenzialanalyse liegt der Fokus vorranging auf den Möglichkeiten zur Steigerung der Intelligenz durch Ansätze der Selbstoptimierung, welche in der Informationsverarbeitung Anwendung finden. Da die Steigerung der Intelligenz in der Informationsverarbeitung auch Verbesserungen der eingesetzten Sensorik und Aktorik erfordern können, sind diese ebenfalls im Stufenmodell berücksichtigt. Einen Überblick über das erarbeitete *Stufenmodell* liefert Abb. 3.3 [21].

Das Stufenmodell umfasst die Funktionsbereiche der Sensorik (Messen), der Aktorik (Agieren) sowie der Informationsverarbeitung. Hinsichtlich der Informationsverarbeitung existieren die Funktionsbereiche Steuern und Regeln, Identifizieren und Adaptieren sowie Optimieren [21].

Messen: Kenntnisse über das System selbst oder über Umfeldbedingungen bilden die Basis für jegliche Aktionen des Systems oder des Benutzers. Bei mechatronischen Systemen ermitteln Sensoren funktionsrelevante Messgrößen. Auf Basis der Messgrößen werden nachfolgend z. B. Führungsgrößen zur Anpassung des Systemverhaltens weitergegeben [3]. Da im Rahmen der Arbeit insbesondere die lösungsneutrale Aufgabe der Sensorik im Vordergrund steht, wird der Begriff des Messens verwendet [21].

Agieren: Anpassungen des technischen Prozesses erfolgen in der Regel über Stelleinrichtungen bzw. Aktoren, die bestimmte Prozesseingangsgrößen verändern. Die Eingangsgrößen der Stelleinrichtungen oder Aktoren können von einer Steuerung oder Regelung oder aber auch vom Bediener verstellt werden [20]. Unter dem Funktionsbereich Agieren werden daher Funktionen zum Anpassen des Prozesses verstanden [21].

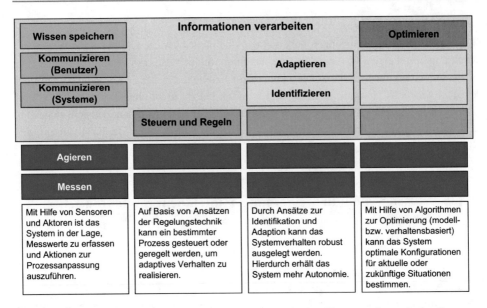

Abb. 3.3 Überblick über das Stufenmodell zur Steigerung der Intelligenz mechatronischer Systeme sowie die darin enthaltenen Funktionsbereiche [21]

Steuern und Regeln: Die Integration von Funktionen zum Messen und Agieren ermöglichen Funktionen aus dem Bereich Steuern und Regeln. Dabei können auf Basis von gemessenen Größen mit Hilfe von Steuerungen und Regelungen sowie Aktoren technische Prozesse beeinflusst werden (z. B. Geschwindigkeiten, Temperaturen oder Dämpfungen) [20]. Dabei hat eine Regelung das Ziel, eine funktionelle Größe im Prozess (Regelgröße) trotz des Einflusses äußerer Störungen (Störgrößen) auf die Sollgröße (Führungsgröße) zu führen. Dabei erfolgt eine Rückführung von Prozess- und/oder Störgrößen. Im Unterschied zur Regelung ist die Wirkungsweise einer Steuerung nicht in sich geschlossen (offene Wirkkette). Eine Rückführung von Regelgrößen (oder auch Prozessgrößen) findet somit nicht statt [3, 21].

Identifizieren: Reale Systeme weisen in der Regel Abweichungen von den Modellen auf, die z. B. im Rahmen des Entwurfs der Steuerung oder Regelung eingesetzt wurden. Hierdurch verbleibt ein gewisser Unbekanntheitsgrad der Strecke, auf dem nur bedingt mit der Steuerung und Regelungen reagiert werden kann. Daher ist es ggf. notwendig diese Abweichungen zu identifizieren, um z. B. die Regelung anzupassen oder das System in einen sicheren Zustand zu überführen [8]. Die dafür notwendigen Funktionen werden im Bereich Identifizieren zusammengefasst [21].

Adaptieren: Funktionen aus dem Bereich Identifizieren erkennen ungewünschte Verhaltensweisen, denen mit der aktuellen Steuerung und Regelung nur bedingt entgegengewirkt werden kann. Auf Basis dieser Erkenntnisse wird jedoch eine Adaption des Systems ermöglicht. Dabei können z. B. Reglerparameter im Sinne einer Parameteranpassung verstellt werden oder das System wird mit Hilfe von Notfall-Mechanismen in einen sicheren Zustand überführt [8, 21].

Optimieren: Der Funktionsbereich Optimieren beschreibt Funktionen, die das Systemverhalten im laufenden Betrieb hinsichtlich definierter Zielfunktionen bzw. Gütekriterien optimiert (im Sinne der Selbstoptimierung). Hierdurch werden z. B. die Modelle des dynamischen Verhaltens des Systems nicht nur im Rahmen des Entwurfs, sondern auch im Betrieb zur Optimierung verwendet [16, 17]. In diesem Zusammenhang kommen auch modellbasierte Mehrzieloptimierungsverfahren zum Einsatz, wie auch Ansätze der verhaltensbasierten Selbstoptimierung [17, 21].

Die Funktionsbereiche zeigen die verschiedenen funktionellen Möglichkeiten zur Weiterentwicklung mechatronischer Systeme schrittweise auf (vgl. Abb. 3.3). Dabei können die definierten Funktionsbereiche auch in die Struktur der Informationsverarbeitung selbstoptimierender Systeme eingegliedert werden [21].

Diese Zuordnung ist in Abb. 3.4 dargestellt. Das Messen und Agieren findet außerhalb der eigentlichen Informationsverarbeitung statt, wenngleich Temperaturkompensationen etc. auch auf der Informationsverarbeitung stattfinden können. Der Controller realisiert Funktionen aus dem Bereich Steuern und Regeln. Der reflektorische Controller identifiziert Abweichungen im Verhalten der Steuerung und Regelung. Nachfolgend können Notfall-Mechanismen oder Anpassungen der Regler oder der Struktur im Sinne des Adaptierens initiiert werden. Der kognitive Operator realisiert die Funktionen zum Optimieren. Dabei werden z. B. modellbasierte oder verhaltensbasierte Ansätze eingesetzt. Die Funktionsbereiche Wissen speichern, Kommunizieren mit dem Benutzer und Kommunizieren mit anderen Systemen sind Teil der Informationsverarbeitung, jedoch lassen sich diese keiner Ebene zuordnen. Sie werden in den jeweiligen Ebenen anwendungsfallspezifisch eingesetzt [21].

Die genannten Funktionsbereiche setzen gemäß Abb. 3.3 im Wesentlichen aufeinander auf. So erfordert der Ansatz von Regelungen auch die Integration von Sensoren und Aktoren. Ansätze zum Identifizieren und Adaptieren prüfen bzw. adaptieren wiederum die realisierte Regelung. Diese Darstellung ist jedoch nur idealtypisch und muss stets für die jeweilige Anwendung analysiert werden. Zudem adressiert das Modell ausschließlich mechatronische Systeme. Hierdurch können z. B. mechanisch umgesetzte Regelungen nicht ohne weiteres im Stufenmodell eingeordnet werden (z. B. Thermostatventil zur Temperaturregelung). Zur Einschätzung des aktuellen Leistungsstands in den jeweiligen Funktionsbereichen wurden darüber hinaus sogenannte *Leistungsstufen* erarbeitet. Mithilfe der Leistungsstufen kann z. B. spezifiziert werden, wie z. B. der Funktionsbereich Messen aus aktueller Sicht umgesetzt ist. Abb. 3.5 visualisiert die vorgestellten Funktionsbereiche sowie die dazugehören Leistungsstufen. Hervorzuheben ist, dass für den Funktionsbereich Steuern und Regeln eine weitere Unterteilung erfolgt. Dies ist in den vielfältigen Möglichkeiten der Umsetzung begründet [21].

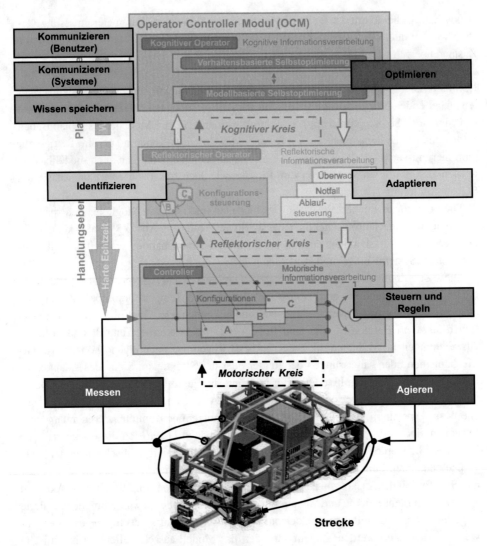

Abb. 3.4 Zuordnung der Funktionsbereiche zu den Ebenen der Informationsverarbeitung selbstoptimierender Systeme (vgl. Operator Controller Module, Abb. 2.6) [16, 17, 21]

Die dargestellten Leistungsstufen sind von links nach rechts zu lesen. Dabei steigt mit jeder Stufe die Möglichkeit zur Steigerung der Intelligenz des Systems. Die tatsächliche Intelligenz ist jedoch von der Anwendung abhängig. Beispielsweise kann durch eine stetige Messung von Messwerten (z. B. Temperaturmessung im Prozess), eine stetige Regelung zur Anpassung der Temperatur realisiert werden. Falls in der zu analysierenden Anwendung der Zweck der bereits implementierten Sensorik ausschließlich die Erfassung von

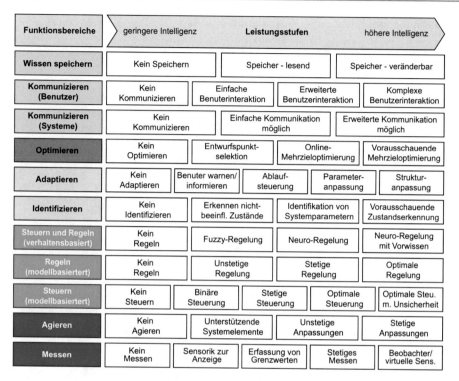

Abb. 3.5 Leistungsstufen der verschiedenen Funktionsbereiche [21]

Grenzzuständen ist, stiften Sensoren zur stetigen Messung keinen zusätzlichen Nutzen im Sinne der Eigenschaften *adaptiv, robust, vorausschauend* und *benutzungsfreundlich* [21].

3.2 Methodik der Potenzialanalyse

In diesem Abschnitt wird das Vorgehensmodell der Potenzialanalyse zur Steigerung der Intelligenz mechatronischer Systeme vorgestellt. Ziel sind Erfolg versprechende Lösungsideen zur Steigerung der Intelligenz bestehender Systeme. Abb. 3.6 visualisiert das Vorgehensmodell. Im Rahmen der Potenzialanalyse werden das Stufenmodell zur Steigerung der Intelligenz mechatronischer Systeme (vgl. Abschn. 3.1.2) sowie unterstützenden Hilfsmittel eingesetzt. Die zusätzlichen unterstützenden Hilfsmittel werden in den jeweiligen Phasen vorgestellt. Das Vorgehensmodell ist in vier Phasen gegliedert, die nachfolgend erläutert werden. Bei dem Vorgehensmodell ist hervorzuheben, dass alle Prozesse eine Kooperation und Kommunikation der Beteiligten (Mitarbeiter des Unternehmens sowie Kunden) ermöglichen sollen [21, 22].

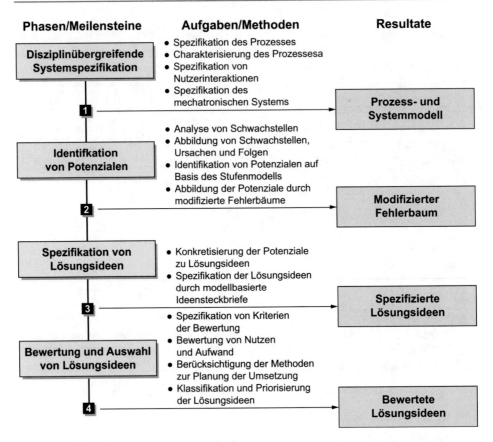

Abb. 3.6 Vorgehensmodell der Potenzialanalyse zur Steigerung der Intelligenz mechatronischer Systeme [21–23]

3.2.1   Disziplinübergreifende Systemspezifikation

In der ersten Phase gilt es eine disziplinübergreifende Beschreibung des Systems zu erstellen. Dabei wird die Einbettung des mechatronischen Systems auch bei Bedarf als Betriebsmittel in einem Gesamtprozess sowie das betrachtete System selbst betrachtet. Die Einbettung des mechatronischen Systems ist insb. bei maschinenbaulichen Systemen sinnvoll. Durch die Spezifikation des Prozesses sowie des Systems entsteht ein übergreifendes Kommunikations- und Kooperationsmittel für das unternehmensinterne Projektteam sowie den Kunden [21, 23].

Für die Spezifikation des Prozesses ist es sinnvoll, sowohl die kundennahen Fachdisziplinen im Unternehmen (z. B. Vertrieb und Service) als auch den Kunden selbst zu berücksichtigen. Dies ist relevant, da z. B. maschinenbauliche Systeme selbst nur eine Teilfunktion in einem m Gesamtprozess ausführt und Anforderungen an intelligentere Systeme aus der

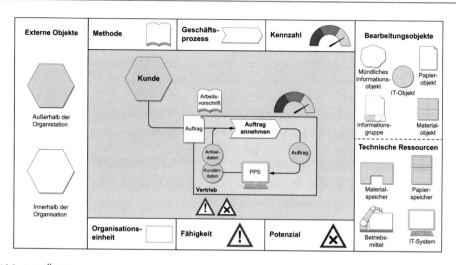

Abb. 3.7 Überblick über die Konstrukte der Methode OMEGA nach [15]

Einbettung resultieren. Beispielsweise ist es nicht unbedingt erforderlich, ein Betriebsmittel leistungsfähiger im Sinne der Schnelligkeit zu realisieren, wenn die nachgelagerten Prozesse langsamer ablaufen. Hierzu wird die Methode OMEGA verwendet [21].

Die Methode OMEGA ermöglicht einerseits die vollständige Modellierung einer Ablauforganisation in einem Modell und andererseits eignet sie sich durch ihre einfache und prägnante Visualisierung als Instrument zur anschaulichen Analyse und Planung von Leistungserstellungsprozessen [15]. Abb. 3.7 zeigt die Konstrukte der Methode OMEGA.

Die Prozessschritte werden über Eingangs- und Ausgangsgrößen (Bearbeitungsobjekte), technische Ressourcen, Methoden, Kennzahlen sowie die ausführende Organisationseinheit konkretisiert. Über die Konstrukte Betriebsmittel, Materialspeicher und Materialobjekt besteht die Möglichkeit, ein Produktionssystem zu modellieren [31].

Im Rahmen der Potenzialanalyse erfüllt die Methode OMEGA vier Aufgaben. Diese werden nachfolgend beschrieben [21]:

- Die resultierenden Prozessmodelle fördern das Verständnis für den Gesamtprozess und zeigen auf, welchen Zweck z. B. Maschinen in einem Prozess des Kunden erfüllen müssen. Hierdurch werden die Abhängigkeiten zwischen dem System als Betriebsmittel und der Einbettung in den Gesamtprozess für alle Beteiligten sichtbar [26].
- Die Modellierungsmethode OMEGA ermöglicht das Hinzufügen von Kommentaren bzw. Notizen an den Prozess [15]. Dabei können z. B. Einstellparameter am mechatronischen System spezifiziert werden. Hierdurch erhalten alle Beteiligten einen Überblick über verstellbare Parameter, die zur Anpassung des Systems genutzt werden können.
- Mithilfe des Konstrukts Kennzahlen können Informationen zur Messung der Leistungsfähigkeit eines Prozesses spezifiziert werden [15]. Im Rahmen der Potenzialanalyse wird

dieses Konstrukt zusätzlich genutzt, um den Prozess hinsichtlich der umgesetzten Leistungsstufen zu charakterisieren (vgl. Abschn. 3.1.2). So kann z. B. spezifiziert werden, dass der Gesamtprozess durch eine binäre Steuerung gesteuert wird und z. B. keine Sensorik zur Überwachung und Anpassung des Prozesses integriert ist.

- Die Methode OMEGA eignet sich ebenfalls zur Abbildung von Nutzerinteraktionen mit dem System. So kann z. b. spezifiziert werden, wie eine Wartung, Qualitätsprüfung oder ein Eingreifen in den laufenden Prozess (z. B. Zufuhr von Verbrauchsmaterialen) erfolgt. In Anlehnung an Metzler repräsentieren diese Nutzerinteraktionen Potenziale zur Automatisierung [30]. Fragen in diesem Zusammenhang sind z. B.: Kann diese Nutzerinterkation auch automatisiert erfolgen? Welche Funktionsbereiche (z. B. Messen oder Adaptieren) und Leistungsstufen sind dafür notwendig? Die Antworten auf diese Fragen repräsentieren wiederum Ideen zur Steigerung der Intelligenz des mechatronischen Systems.

Abb. 3.8 zeigt den Einsatz der Modellierungsmethode OMEGA im Rahmen der Potenzialanalyse. In dem genutzten Beispiel wird der Prozessschritt Druckplatte stanzen dargestellt. Die entsprechende Stanzanlage führt den Prozessschritt Druckplatte stanzen im Rahmen der Druckplattenherstellung auf Basis der Computer-to-Plate-Technologie durch (z. B. im Zeitungsdruck) [2]. Die Druckplatten werden zuvor belichtet und gummiert, um eine Übertragung der Farbe von der Druckplatte auf die Zeitung zu erreichen. Bevor dies jedoch passiert, gilt es die Druckplatten zu stanzen und abzukanten, um druckfertige Druckplatten zu erhalten [2, 21].

In dem gezeigten Beispiel wird das Betriebsmittel *Stanzanlage* als auszuführende Organisationseinheit spezifiziert, die den Prozess *Druckplatte stanzen* ausführt. Des Weiteren werden die Eingangs- sowie Ausgangsgrößen des Prozessschrittes (z. B. *entwickelte Druckplatte, gestanzte Druckplatte*) abgebildet. In den Kommentaren zum Prozess werden die Parameter in tabellarischer Form spezifiziert, die z. B. vom Anlagenhersteller eingestellt wurden oder durch den Benutzer eingestellt werden können. Diese sind relevant, um einen Überblick über Eingriffsmöglichkeiten (Funktionsbereich *Agieren*) sowie integrierte Sensorik (Funktionsbereich *Messen*) zu erhalten. Das Konstrukt Kennzahlen wird in diesem Zusammenhang im Detail betrachtet. So werden z. B. klassische Kennzahlen bzgl. des betrachteten Prozesses spezifiziert, wie die *Positionierungsgenauigkeit der Druckplatten* sowie *Geschwindigkeit des Prozesses*. Darüber hinaus wird im Rahmen der Potenzialanalyse das Konstrukt Kennzahlen zur Charakterisierung des Prozesses im Sinne der Leistungsstufen genutzt (vgl. Abschn. 3.1.2). So ist zu sehen, dass das betrachtete Betriebsmittel Sensorik zum Erfassen von Grenzzuständen umfasst *(Erfassen der Endposition für das Stanzen)*. Dies ist insb. für die Kennzahl *Positionierungsgenauigkeit der Druckplatten* relevant. Dies bildet zudem die Basis für eine unstetige Regelung bzgl. der Positionierung (Antrieb zum Transport der Druckplatte wird durch diese Sensorik geregelt) [21].

Nach der Spezifikation und Charakterisierung des Prozesses wird nachfolgend das mechatronische System detaillierter betrachtet. Hierzu ist das System disziplinübergreifend

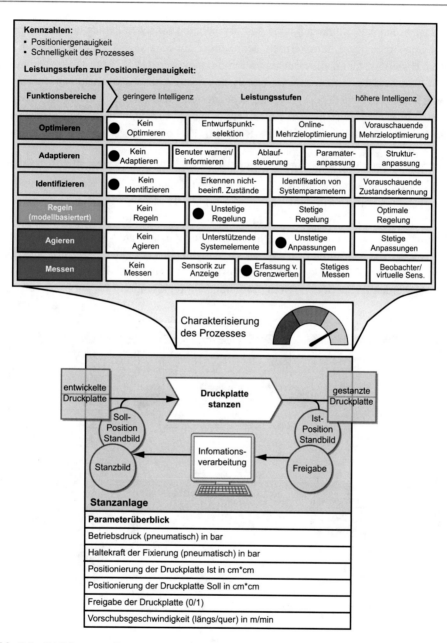

Abb. 3.8 Abbildung von Prozessen und Charakterisierung dieser auf Basis des Stufenmodells am Beispiel einer Stanzanlage in Anlehnung an [15, 21]

abzubilden, um eine Kommunikation und Kooperation zwischen den an der Entwicklung beteiligten Abteilungen, dem Vertrieb, dem Service sowie dem Kunden zu realisieren. Vor diesem Hintergrund wird ein sogenanntes Systemmodell erstellt [10, 24]. Dieses beschreibt den Aufbau und die Funktionsweise des Systems ganzheitlich und disziplinübergreifend. Hierzu werden verschiedene Aspekte des Systems modelliert, wie z. B. die Funktionsweise und die Struktur des Systems. Die Modellierung des Systems kann mit Hilfe verschiedener Modellierungssprachen erfolgen, wie z. B. SysML [34] oder mit der Spezifikationstechnik CONSENS [6, 21].

Im Rahmen der Potenzialanalyse wird die *Spezifikationstechnik CONSENS* zur Modellierung des Systemmodells verwendet. CONSENS ist eine am HEINZ NIXDORF INSTITUT entwickelte Spezifikationstechnik zur fachdisziplinübergreifenden Beschreibung multidisziplinärer technischer Systeme [6, 9, 11, 12]. Die Spezifikationstechnik besteht aus einer Modellierungssprache und einer zugehöriger Methode. Dabei sind Sprache und Methode stark aufeinander abgestimmt, so dass die zu erarbeitenden Aspekte (z. B. Anforderungen, Anwendungsszenarien, Wirkstruktur) das Ausdrucksmittel der Methode darstellen [24]. Die Aspekte werden rechnerintern durch Partialmodelle repräsentiert [11]. Abb. 3.9 zeigt die

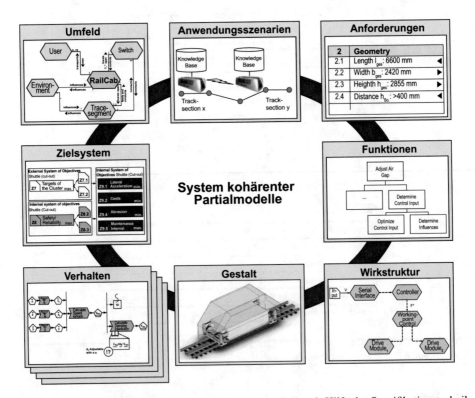

Abb. 3.9 Partialmodelle zur Beschreibung des Systemmodells mit Hilfe der Spezifikationstechnik CONSENS [6, 9]

Partialmodelle der Spezifikationstechnik. Weiterführenden Informationen zu der Spezifikationstechnik CONSENS können [6] entnommen werden [21].

Für komplexe mechatronische Systeme ist zudem eine Unterstützung durch ein Softwarewerkzeug sinnvoll und erforderlich. Vor diesem Hintergrund wird das *SysML4CONSENS-Profil* im Software-Werkzeug Enterprise Architect eingesetzt [24]. Das Profil ermöglicht eine CONSENS-konforme Modellierung unter Verwendung von SysML-Werkzeugen [21].

Im Rahmen der Potenzialanalyse werden insbesondere die Aspekte Umfeld und Wirkstruktur verwendet. Dabei werden z. B. die einzelnen Systemelemente des mechatronischen Systems sowie deren Wechselwirkungen untereinander sowie mit der Umwelt spezifiziert, um Zusammenhänge zwischen den Systemelementen des Systems abzubilden. Auf Basis des Systemmodells können nachfolgend Analysen zur Identifikation von Schwachstellen und Potenzialen erfolgen [21, 23].

Zusammenfassend werden in dieser Phase folgende Hilfsmittel eingesetzt [21]:

- Stufenmodell zur Steigerung der Intelligenz mechatronischer Systeme zur Charakterisierung der Prozesse (vgl. Abschn. 3.1.2)
- Methode OMEGA zur Abbildung von Prozessen sowie Nutzerinteraktionen
- Spezifikationstechnik CONSENS (SysML4CONSENS-Profil) zur Spezifikation des mechatronischen Systems

Resultate dieser Phase sind die Spezifikation der Einbettung des mechatronischen Systems in den Gesamtprozesses (z. B. beim Kunden) sowie die Charakterisierung des auszuführenden Prozesses, die Beschreibung von Nutzerinterakationen sowie die disziplinübergreifende Abbildung des mechatronischen Systems im Sinne des MBSE [21].

3.2.2 Identifikation von Potenzialen

In der zweiten Phase werden die Potenziale zur Weiterentwicklung des mechatronischen Systems identifiziert. Die Potenziale repräsentieren abstrakte Beschreibungen von Lösungsideen, die es in der nachfolgenden Phase zu konkretisieren gilt. Bei der Identifikation von Potenzialen sind die kundennahen Fachdisziplinen (z. B. Service und Vertrieb) von besonderer Bedeutung, da diese meist wissen, wo der Bedarf zur Modifikation bestehender Systeme besteht. Nach Möglichkeit kann in diese Phase aber auch der Kunde eingebunden werden. Dabei kann der Kunde mitteilen, welches ungewünschte Verhalten ein System aufweist sowie welche funktionalen Anforderungen sich an zu-künftige Systemgenerationen ergeben und gewünscht sind [21–23].

Die Schwachstellen können mit Hilfe von Methoden aus dem Bereich der Sicherheits- und Zuverlässigkeitstechnik (z. B. FMEA oder FTA) identifiziert werden. Die Identifikation kann z. B. im Rahmen von Workshops gemeinsam mit dem Kunden erfolgen oder auf Basis von Erfahrungswissen aus den Bereichen Service oder Vertrieb. Der Kunde gilt hierbei als

wichtige Wissensquelle, da er bereits durch den Einsatz von bestehenden Systemgenerationen weiß, welche ungewünschten Verhaltensweisen ein System aufweist, welche physikalischen Ursachen dieses hat und was die resultierenden Folgen des Verhaltens sind (z. B. im
Gesamtprozess beim Kunden). Darüber hinaus kann der Kunde Wünsche und Forderungen
hinsichtlich funktionalen Anforderungen an zukünftige Systemgenerationen spezifizieren
[21].

Im Rahmen der Potenzialanalyse erfolgt die Aufnahme von Schwachstellen und Potenzialen in Anlehnung an eine FMEA auf Basis von abgebildeten Prozessen [15, 26] sowie
auf Basis eines Systemmodells [14, 23]. Insbesondere für die Analyse in kleineren Gruppen wurden FMEA-Moderationskarten erarbeitet, die eine Spezifikation von Potenzialen
unterstützten [23]. Eine vereinfachte Form der FMEA-Moderationskarten ist in Abb. 3.10
dargestellt [21].

Für den Einsatz der FMEA-Moderationskarten im Rahmen der Potenzialanalyse zur
Steigerung der Intelligenz mechatronischer Systeme wird nachfolgende Reihenfolge vorgeschlagen. Zunächst gilt es das betrachtete Systemelement/Betriebsmittel und die damit
verbundene Funktion bzw. den Prozess zu dokumentieren, um eine eindeutige Zuordnung
sicherzustellen. Nachfolgend wird die mögliche Fehlerart bzw. Schwachstelle dokumentiert. Im nächsten Schritt werden für diese Schwachstelle, die mögliche Fehlerfolge sowie
die mögliche Fehlerursache spezifiziert. Die Dokumentation zwischen Ursache, Schwachstelle und Folge ermöglicht zudem das Aufstellen von Ursache-Wirkzusammenhängen
(angelehnt an die Fehlerbaumanalyse). Wie bei einer klassischen FMEA werden zudem

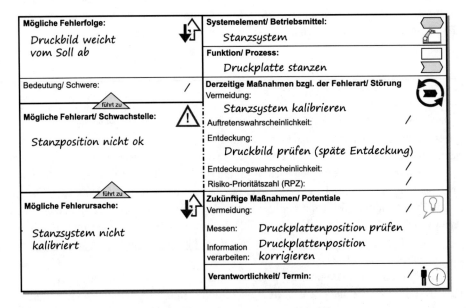

Abb. 3.10 Vereinfachte Form von FMEA-Moderationskarten [21, 23]

aktuelle Maßnahmen bzgl. der Fehlerart bzw. Störung definiert. Dabei werden Maßnahmen zur Vermeidung sowie Entdeckung dokumentiert. Darüber hinaus gilt es mögliche zukünftige Maßnahmen im Sinne von Potenzialen zu spezifizieren. Diese werden in der Karte den Kategorien Vermeidung, Entdeckung und Reaktion zugeordnet. Insbesondere zukünftige Maßnahmen zur Entdeckung und Reaktion sind für die weitere Analyse entscheidend. Hier werden z. B. Maßnahmen geprüft, wie z. B. die Entdeckung automatisiert erfolgen kann (durch Leistungsstufen aus dem Funktionsbereich Messen) oder wie eine Reaktion durch die weiteren Leistungsstufen und Funktionsbereiche des Stufenmodells unterstützt werden kann [21, 23].

Wie bei einer klassischen FMEA können zudem auch die Kennzahlen zur Risikobewertung dokumentiert werden. So werden z. B. folgende Kennzahlen qualitativ festgelegt: die Schwere der möglichen Fehlerfolge (S), die Entdeckungswahrscheinlichkeit der Fehlerart (E) und die Auftretenswahrscheinlichkeit der Fehlerart (A). Aus den drei Kennzahlen wird durch die Multiplikation von S, A und E die sogenannte Risikoprioritätszahl (RPZ) gebildet [1, 5, 21].

Für die Aufbereitung und Abbildung der aufgenommenen Ergebnisse wird eine modifizierte Fehlerbaumanalyse verwendet [14, 26, 32]. Es gilt es aus den identifizierten möglichen Folgen von Schwachstellen bzw. Fehlerarten die oberste Schwachstelle auszuwählen und nachfolgend Ursachen für deren Auftreten hierarchisch abzubilden. Diese werden über Gatter (und, oder etc.) miteinander verknüpft [4, 21].

Nachfolgend wird erneut das Beispiel einer Druckplattenherstellung zur Erklärung des modifizierten Fehlerbaums verwendet (vgl. Abb. 3.11). In diesem Zusammenhang kann z. B. als oberste Störung eine *unzureichende Produktqualität* (z. B. *Druckbild weicht vom Soll ab*) ausgewählt werden. Nachfolgend wird auf Basis der dokumentierten Ursache-Wirkzusammenhänge analysiert, welche Ursachen diese Schwachstellen hervorrufen können (z. B. Ursachen im Bereich der Belichtungsmaschine, Ursachen im Bereich der Stanzanlage). Neben diesen Schwachstellen, werden jeweils die aktuell umgesetzten Maßnahmen abgebildet sowie zukünftige Maßnahmen, um den Schwachstellen entgegenzuwirken. Beispielsweise wird aktuell die Störung *Schaden am Stanzwerkzeug* durch die Maßnahme *Stanzwerkzeug austauschen* durch den Maschinenbediener durchgeführt. Diese Maßnahme ist jedoch nur reaktiv. Vor diesem Hintergrund besteht der Bedarf, ein verbessertes Systemverhalten hinsichtlich dieser Störung zu realisieren. Um z. B. proaktiv zu handeln, könnten Funktionen aus dem Funktionsbereich *Messen* integriert werden, um nicht kritische Schädigungen des Stanzwerkzeugs autonom zu erkennen, und Wartung frühzeitig zu initiieren. Als Resultat der Analyse liegt ein modifizierter Störungsbaum vor, der sich an dem modellierten Prozess bzw. Systemelementen orientiert und aktuelle und zukünftige Maßnahmen beschreibt [26]. Die zukünftigen Maßnahmen stellen hierbei abstrakte Potenziale dar, die es im Folgenden zu spezifizieren gilt. Eine Möglichkeit zur Konkretisierung dieser im Sinne von Lösungsideen wird im nächsten Abschnitt erläutert [21].

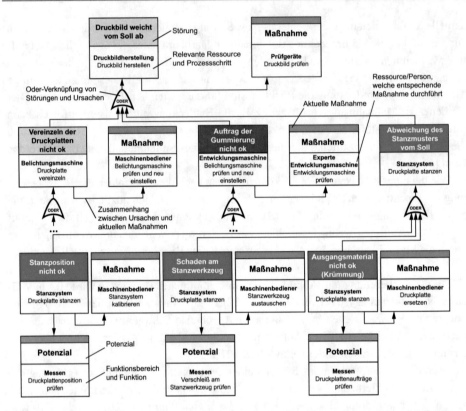

Abb. 3.11 Modifizierter Fehlerbaum mit Störungen sowie aktuellen und potenziellen Maßnahmen [21, 26]

Zusammenfassend werden in dieser Phase folgende Hilfsmittel eingesetzt [21]:

- Stufenmodell zur Steigerung der Intelligenz mechatronischer Systeme zur Identifikation von Potenzialen (vgl. Abschn. 3.1.2)
- FMEA-Moderationskarten zur Dokumentation von Schwachstellen und Potenzialen
- Modifizierte Fehlerbaumanalyse zur Visualisierung der erarbeiteten Ergebnisse

Als Resultat liegt ein modifizierter Fehlerbaum vor, der einen Überblick über Schwachstellen, Ursachen und Folgen sowie daraus abgeleitete Potenziale gibt. Die Potenziale haben dabei stets einen Bezug zu den Leistungsstufen aus dem Stufenmodell zur Steigerung der Intelligenz mechatronischer Systeme.

3.2.3 Spezifikation von Lösungsideen

Nach der Identifikation der Potenziale auf Basis der Leistungsstufen des Stufenmodells sind die Potenziale zu sogenannten Lösungsideen zu konkretisieren und zu spezifizieren. Die Spezifikationen der Lösungsideen bilden die Grundlage zur Bewertung und Auswahl von Ideen sowie für die nachfolgende Umsetzung der Ideen durch die Entwicklung. Vor diesem Hintergrund gilt es die Spezifikation von Lösungsideen verständlich und intuitiv zu gestalten, um den Dialog zwischen den Beteiligten zu fördern [21].

Im Rahmen der Potenzialanalyse zur Steigerung der Intelligenz mechatronischer Systeme wird ein sogenannter modellbasierter Ideensteckbrief verwendet [23]. Dieser entstand im Rahmen von Industriekooperationen zur Identifikation von Potenzialen der Selbstoptimierung. Es zeigte sich, dass die Ideensteckbriefe für Workshops geeignet sind, in dessen Rahmen einer Bewertung der Ideen erfolgen soll, da die Ideen schnell nachvollzogen werden konnten. Abb. 3.12 zeigt den modellbasierten Ideensteckbrief sowie die dort verwendeten Konstrukte. Der Ideensteckbrief umfasst folgende Bereiche: Beschreibung der Idee, Motivation der Idee, Nutzen sowie kritische Umsetzungspunkte und Möglichkeiten zur Weiterentwicklung der Idee. Nachfolgend werden diese im Detail erläutert [21].

Die Beschreibung der Idee umfasst die Modellierung der Idee als Anwendungsfall (angelehnt an die SysML und UML [34]). Bei der Beschreibung wird die Idee zunächst benannt (im Beispiel Virtuelle Sensorik zum Erfassen der Position der Druckplatte) sowie dem zu betrachtenden System (Betriebsmittel Stanzanlage) zugeordnet. Bei der Benennung ist darauf zu achten, sowohl die Lösungsmöglichkeit im Sinne der Leistungsstufen (wird als Link abgebildet), als auch das Potenzial zu berücksichtigen. Um eine bessere Vorstellung bzgl. der Idee zu erhalten, wird diese noch mit Hilfe von Aktivitäten konkretisiert. Im Rahmen von Industriekooperationen zeigten sich ca. drei bis vier Aktivitäten als geeignete Anzahl zur Abbildung. Durch eine textuelle Kurzbeschreibung kann die Idee zudem charakterisiert werden [21, 23].

Die Motivation der Idee gliedert sich in zwei Einzelelemente. Dies ist zum einen die Schwachstelle (bzw. Störung), die der Ursprung der Idee war. In dem vorliegenden Beispiel ist dies die Schwachstelle Stanzposition nicht ok. Zum anderen gehört zur Motivation der Idee das zugehörige Potenzial. Im vorliegenden Beispiel ist dies das Potenzial Durchplattenposition prüfen aus dem Funktionsbereich Messen [23]. Die Dokumentation der Motivation ist sinnvoll, da in späteren Phasen der Produktentstehung besser nachvollzogen werden kann, warum das System diese Funktionen überhaupt aufweist. Dies erhöht die Akzeptanz von Veränderungen am System [21].

In ergänzenden Notizen werden zudem noch Informationen zu Nutzen sowie kritischen Umsetzungspunkten beschrieben. Die Beschreibungen liegen ausschließlich in Textform vor und können bei Bedarf noch durch weiterführende Informationen (z. B. tiefer gehenden Analysen) angereichert werden [23]. Durch diese Dokumentation ist eine bessere Bewertung von Nutzen und Aufwand möglich [21].

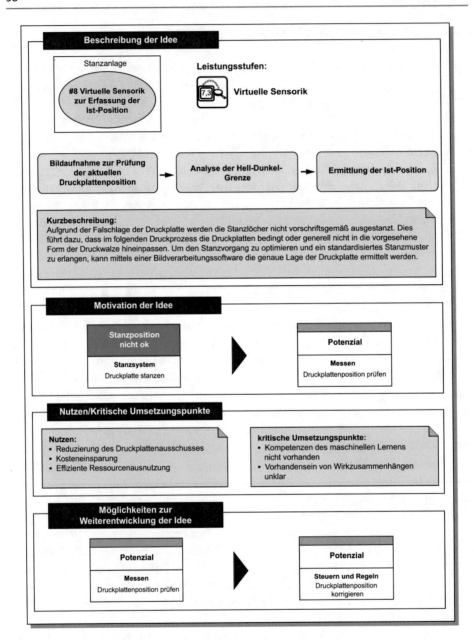

Abb. 3.12 Modellbasierter Ideensteckbrief zur Ideenspezifikation [21, 23]

Darüber hinaus können in diesem Steckbrief auch noch Möglichkeiten zur Weiterentwicklung der Idee spezifiziert werden. Beispielsweise ermöglicht die Integration von Funktionen aus dem Bereich Messen eine automatisierte Anpassung des Prozesses. Für das vorliegende Beispiel kann z. B. die Virtuelle Sensorik genutzt werden, um eine unstetige Regelung zu ermöglichen. In diesem Rahmen wird die Position der Druckplatte so lange verändert, bis eine gewünschte Endposition erreicht ist [21].

Somit sind die Steckbriefe zur Spezifikation der Potenziale das Hilfsmittel, das im Rahmen dieser Phase verwendet wird. Als Resultat dieser Phase liegen spezifizierte Lösungsideen vor, die auf Basis des modellbasierten Ideensteckbriefs aufbereitet wurden [21].

3.2.4 Bewertung und Auswahl von Lösungsideen

Die spezifizierten intelligenten Lösungsideen geben einen Überblick über die Optionen zur Weiterentwicklung bestehender Systeme. Die Entscheidung, welche Lösungsidee mit den gegebenen Ressourcen (z. B. Kompetenzen im Unternehmen, finanzielle und zeitliche Rahmenbedingungen) konkretisiert wird, erfordert eine Bewertung und Auswahl. Neben dem Aufwand ist zudem auch der Nutzen aus Kundensicht zu bewerten [21].

Zur Bewertung von alternativen Lösungsideen existiert eine Vielzahl an Methoden. Diese bewerten Eigenschaften auf Basis festgelegter Kriterien. Idealerweise wird quantitativ bewertet. Jedoch kann im Rahmen der Strategischen Produktplanung wegen des niedrigen Konkretisierungsgrads häufig nur qualitativ bewertet werden. Im Rahmen der Potenzialanalyse zur Steigerung der Intelligenz mechatronischer Systeme erfolgt die Bewertung und Auswahl in zwei Schritten. Zunächst werden aus einer Vielzahl von möglichen Optionen die Wichtigsten ausgewählt. Hierzu hat sich eine Zahl an Lösungsideen von fünf bis maximal zehn als geeignet herausgestellt. Nachfolgend werden diese priorisiert, um eine Entscheidungsgrundlage (z. B. für die Geschäftsführung) zu erstellen [21].

Für die erste Bewertung der Lösungsideen gilt es zunächst Kriterien zu definieren, hinsichtlich derer die Lösungsideen bewertet werden. Eine Auswahl möglicher Kriterien liefert KÜHN [28]. Die Kriterien können zudem in zwei Gruppen unterschieden werden: Nutzen sowie Aufwand der Umsetzung. Zur weiteren Erklärung werden unter der Gruppe Nutzen die Begeisterungsfähigkeit, eine Bewertung hinsichtlich des Alleinstellungsmerkmals sowie bzgl. der Steigerung der Leistungsfähigkeit (z. B. Schnelligkeit, Verlässlichkeit) bewertet. Der Aufwand der Umsetzung wird im Rahmen der Erklärung nicht weiter unterteilt [21].

Darüber hinaus besteht noch die Möglichkeit, den Nutzen und Aufwand noch weiter zu unterteilen und ggf. mit einer Gewichtung zu versehen. Hierdurch kann bei weiter konkretisierten Ideen eine tiefer gehende Analyse durchgeführt werden. Hierzu ist es sinnvoll, das Konzept einer Nutzwertanalyse (z. B. nach ZANGEMEISTER) zu verwenden [7, 35]. Im Folgenden wird auf die Erklärung zur Bewertung der Konzepte auf Basis einer Nutzwertanalyse verzichtet [21].

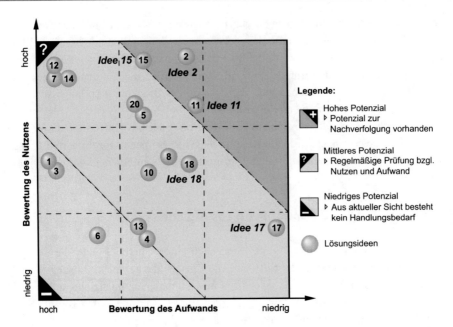

Abb. 3.13 Portfolio als Basis für die Klassifikation der Ideen in Anlehnung an [15, 21, 23]

Für die Bewertung eignen sich Workshops sowohl mit den Experten in den Unternehmen als auch mit dem Kunden. Die Rolle des Kunden ist insb. für die Bewertung des Nutzens entscheidend. Die Bewertung kann direkt gemeinsam mit allen Beteiligten erfolgen oder die Bewertung erfolgt zunächst aus Sicht der Beteiligten einzeln und eine Zusammenführung (z. B. Mittelwertbildung) wird nachfolgend durchgeführt [21].

Neben der Abbildung der quantitativen Bewertung in tabellarischer Form kann eine ergänzende Visualisierung der Ergebnisse auf Basis eines Portfolios genutzt werden [15]. Hierdurch kann eine Klassifikation der Ideen in drei Gruppen erfolgen. Als geeignet haben sich im Rahmen von Industriekooperationen folgende drei Gruppen herausgestellt: Hohes Potenzial, Mittleres Potenzial und Niedriges Potenzial. Ein entsprechendes Portfolio wird in Abb. 3.13 dargestellt [21].

Nach der Klassifikation der Ideen in die drei genannten Klassen kann zudem eine Priorisierung der verbleibenden Ideen erfolgen. Die Priorisierung kann zum einen bereits auf Basis der Positionierung im Portfolio erfolgen. Zum anderen können Erfolg versprechende Ideen aber auch durch eine zusätzliche Auswahl-Runde explizit priorisiert werden. Hierzu eignet sich insbesondere die Methode Punktekleben aus der Gruppe der ganzheitlichen Methoden zur Bewertung [18]. Dies kann z. B. im Rahmen eines Workshops erfolgen, bei dem die Teilnehmer jeweils zwei Punkte zur Priorisierung von Ideen erhalten. Darüber hinaus können die Argumente zur Auswahl dieser zwei Ideen in kurzen Stichworten spezifiziert werden. Hierdurch kann die Grundlage geschaffen werden, um z. B. der Geschäftsführung

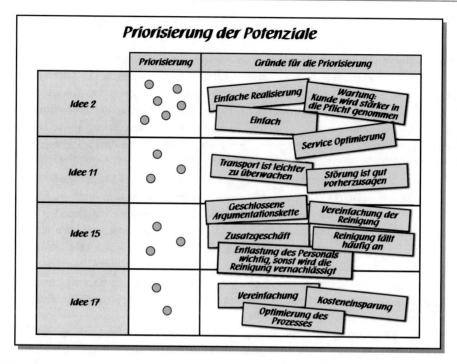

Abb. 3.14 Priorisierung der Potenziale auf Basis der ganzheitlichen Methode Punktekleben in Anlehnung an [18, 21, 23]

in prägnanter Weise das Ergebnis der Analyse vorzustellen. Ein Beispiel einer solchen Priorisierung ist in Abb. 3.14 dargestellt [21].

Zusammengefasst werden folgende Hilfsmittel im Rahmen dieser Phase benötigt [21]:

- Vorlagen zur Bewertung von Nutzen und Aufwand
- Portfolio zur Visualisierung der Ergebnisse
- Methode des Punkteklebens zur Priorisierung von Lösungsideen

Als Resultat liegen bewertete Lösungsideen vor, mit denen die Intelligenz bestehender mechatronischer Systeme gesteigert werden kann. Diese bilden die Basis, um zukünftig Entwicklungsprojekte für die Realisierung zu initiieren.

3.3   Einsatz der Potenzialanalyse im Bereich der Lackiertechnik

Die Vorstellung des Vorgehens der Potenzialanalyse (vgl. Abschn. 3.2) erfolgt beispielhaft an einer Lackieranlage bzw. an ausgewählten Betriebsmitteln in der Lackieranlage.
Lackieranlagen stellen komplexe Systeme dar, die aus mehreren sequentiell angeordneten
Betriebsmitteln mit eigener Funktionalität bestehen. Eine Lackieranlage umfasst maßgeblich die Prozessschritte Fördern, Reinigen und Vorbehandeln, Beschichten sowie Trocknen
[29]. Durch die starke Verkettung der einzelnen Prozessschritte kann die Lackieranlage auch
als vernetztes System verstanden werden [21, 25].

Die hohe Varianz der zu lackierenden Werkstücke sowie immer kleiner werdende Losgrößen erfordern verstärkt anpassungsfähige Lackieranlagen, die stets optimale Ergebnisse hinsichtlich der Qualität und Ausbringungsmenge beim Kunden erzielen. Vor diesem
Hintergrund können die Ansätze aus dem Kontext der Selbstoptimierung dazu beitragen,
intelligente Lackieranlagen zu realisieren. Die zahlreichen prinzipiellen Möglichkeiten resultieren jedoch in einer unüberschaubaren Anzahl an Handlungsoptionen. Somit besteht der
Bedarf zunächst zu prüfen, wo Modifikationen des bestehenden Systems sinnvoll erscheinen
(z. B. aus Marktsicht) und welche Leistungsstufen aus den Funktionsbereichen des Stufenmodells zur Lösung dieser geeignet sind [21, 25].

Vor dem Hintergrund der Komplexität von Lackieranlagen wird im Rahmen der Er-
läuterungen der Fokus auf die Komponente Entstaubung/Ionisierung sowie den damit verbundenen Prozessschritt Werkstück entstauben gelegt, wenngleich die zentrale Bedeutung
dieser Komponenten im Gesamtsystems aufgezeigt wird. Um ein besseres Verständnis über
das System zu erhalten, visualisiert Abb. 3.15 die prinzipielle Wirkweise einer Entstau-
bung/Ionisierung [25, 29]. An diesem Beispiel wird nachfolgend gezeigt, wie eine Steigerung der Intelligenz im maschinenbaulichen System realisiert werden kann. Ziel ist es, Erfolg
versprechende Ideen auszuwählen, die eine Weiterentwicklung des Systems darstellen [21].

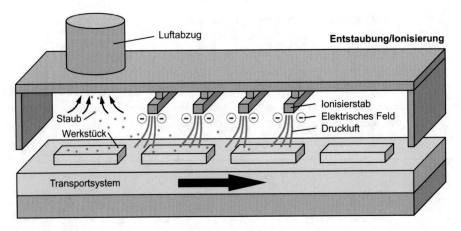

Abb. 3.15 Wirkweise der Entstaubung/Ionisierung [19, 21, 23]

3.3.1 Disziplinübergreifende Systemspezifikation

In der Phase disziplinübergreifende Beschreibung des Systems gilt es zunächst das System sowie die Einbettung dessen im Gesamtprozess zu spezifizieren. Dies erfolgt im Rahmen von Workshops, an denen Experten der Fachdisziplinen Mechanik-Konstruktion, Automatisierung, Service und Vertrieb beteiligt sind. Hierzu wird zunächst die *Methode OMEGA* eingesetzt, um die Prozessschritte der Lackieranlage (z. B. Werkstück entstauben, Werkstück beflammen und Werkstück lackieren) sowie Nutzerinteraktionen (z. B. Lacktank austauschen, Werkstücke zuführen und Parameter an Werkstück anpassen) zu spezifizieren (vgl. Abschn. 3.2.1) [21].

In Workshops werden zudem die wesentlichen Wirkzusammenhänge analysiert, um eine tiefer gehendes Verständnis über das System zu erhalten. So dient der Prozessschritt Werkstück entstauben dazu, ein mögliches Einlackieren von Staubpartikeln zu vermeiden. Erforderlich macht dies, die oft elektrostatisch geladene Oberfläche von Kunststoffwerkstücken: Staubpartikel werden angezogen und setzen sich fest. Abhilfe schaffen sogenannte Ionisierstäbe (auch Ionisationsstäbe genannt) in dem Betriebsmittel Entstaubung/Ionisierung. Durch die Ionisierstäbe werden die Staubpartikel auf der Oberfläche neutralisiert. Die Partikel werden anschließend problemlos von der Oberfläche ab-geblasen; eine einwandfreie Lackierung ist möglich [21, 25, 29].

Die Modellierung dieser Zusammenhänge erfolgt mit Hilfe der *Spezifikationstechnik CONSENS*. Die rechnerinterne Repräsentation der Aspekte der Spezifikationstechnik CONSENS erfolgt mit Hilfe des sogenannten SysML4CONSENS-Profils und unter Verwendung des Werkzeugs Enterprise Architect [24] (vgl. Abschn. 3.2.1). Abb. 3.16 zeigt die erarbeitete Wirkstruktur der Lackieranlage sowie ausgewählte Systemelemente des Betriebsmittels Entstaubung/Ionisierung. Hier ist zu sehen, dass die Ionisierstäbe in Wechselwirkung mit dem Werkstück stehen, indem sowohl eine mechanische (Luftdruck), als auch eine elektrostatische Wirkung (elektrisches Feld) ausgeübt wird. Um diese Funktionalität zu realisieren, bedarf es u. a. der Übertragung der elektrischen Leistung (Energiefluss) durch ein Netzteil zum Ionisierstab [21, 25].

Als Resultat entsteht ein Prozess- und Systemmodell, das sowohl die Struktur als auch das Verhalten des Systems Disziplin übergreifend abbildet. Der Vorteil dieser Vorgehensweise: alle Experten erhalten eine verständliche Sicht auf das System.

3.3.2 Identifikation von Potenzialen

In der Phase Identifikation von Potenzialen werden auf Basis der modellierten Wirkzusammenhänge zunächst die Schwachstellen des Systems identifiziert. Nachfolgend wird geprüft, welche Ursachen die Schwachstellen und Störungen bewirken bzw. welche Folgen das Eintreten der Störung aufweist. Basierend auf diesen Kenntnissen werden Potenziale

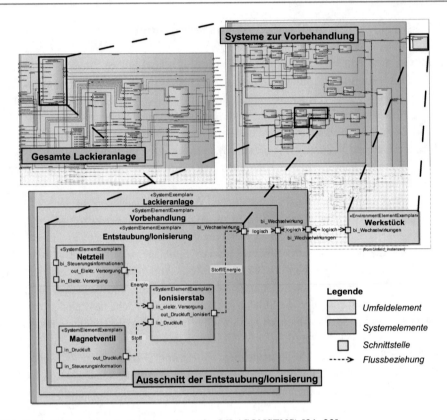

Abb. 3.16 Wirkstruktur der Lackieranlage (SysML4CONSENS) [21, 23]

zur Steigerung der Intelligenz spezifiziert. Hierzu wird auf das Stufenmodell zur Steigerung der Intelligenz zurückgegriffen (vgl. Abschn. 3.1.2) [21].

Die Identifikation der Potenziale erfolgt im Rahmen von Workshops; insb. mit den kundennahen Abteilungen oder mit dem Kunden selbst. Hierdurch kann sichergestellt werden, dass Schwachstellen identifiziert werden, die hohe Relevanz hinsichtlich der Betriebsphase des Systems aufweisen. Der Workshop zur Identifikation der Potenziale für das Anwendungsbeispiel erfolgt mit Experten der Service-Abteilung sowie der Entwicklung (Mechanik-Konstruktion und Automatisierung). Zur Unterstützung werden die FMEA-Moderationskarten zur Dokumentation eingesetzt werden (vgl. Abschn. 3.2.2). Ein Ausschnitt der Workshop-Ergebnisse ist in Abb. 3.17 zu sehen [21].

Fokus des Workshops ist die Identifikation von Potenzialen für das Betriebsmittel Ionisierung/Entstaubung. Zunächst wird die Schwachstelle Keine Ionisation/schwache Wirkung dokumentiert. Diese Schwachstelle führt dazu, das Staubpartikel auf dem Werkstück bleiben, einlackiert werden und dadurch das Werkstück unbrauchbar wird. Das Auftreten der Schwachstelle wird erst entdeckt, wenn das Werkstück bei der Endkontrolle manuell geprüft

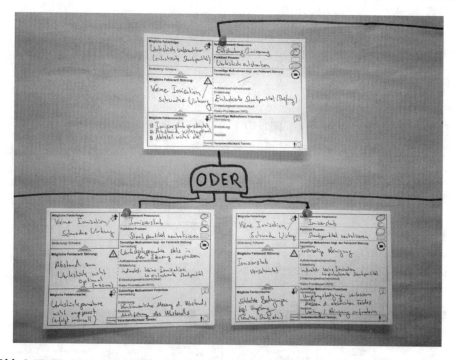

Abb. 3.17 Workshop-Ergebnisse mit FMEA-Moderationskarten (Ausschnitt) [21]

wird. Die Folge: Ausschuss wird in der Zwischenzeit produziert. Daher sind nachfolgend die Ursachen zu analysieren. So können z. B. folgende Ursachen identifiziert werden: Ionisierstab verschmutzt, Abstand zum Werkstück nicht optimal und Netzteil nicht ok. Die Ursachen können wiederum als Schwachstellen formuliert werden [21].

Bei der Analyse der Schwachstelle *Abstand zum Werkstück nicht optimal* kann dokumentiert werden, dass die Schwachstelle aus aktueller Sicht nur vermieden werden kann, wenn der Benutzer zuvor den richtigen Abstand am System einstellt (Nutzerinteraktion *Parameter an Werkstück anpassen*). Dieser manuelle Eingriff kann u. U. fehlerhaft sein und das Potenzial zur Automatisierung besteht. So kann bei den Potenzialen dokumentiert werden, dass durch eine Messung des Abstandes (z. B. mit Lichtschranken oder Abstandssensoren aus dem Funktionsbereich *Messen*) eine automatisierte Nachführung der Höhe der Ionisierstäbe möglich wäre (Kombination der Funktionsbereiche *Steuern und Regeln* und *Agieren*). Die dokumentierten Ergebnisse werden mit Hilfe des modifizierten Fehlerbaums abgebildet (vgl. Abschn. 3.2.2). Ein Ausschnitt daraus ist in Abb. 3.18 zu sehen [21].

Neben der Abbildung von Potenzialen, die auf Basis der Schwachstellen abgeleitet wurden, können auch darauf aufbauende Potenziale im Sinne einer Weiterentwicklung abgebildet werden. So ist in Abb. 3.18 zu sehen, dass bei der Schwachstelle Ionisierstab verschmutzt zunächst das Potenzial aus dem Funktionsbereich Messen identifiziert wer-den kann:

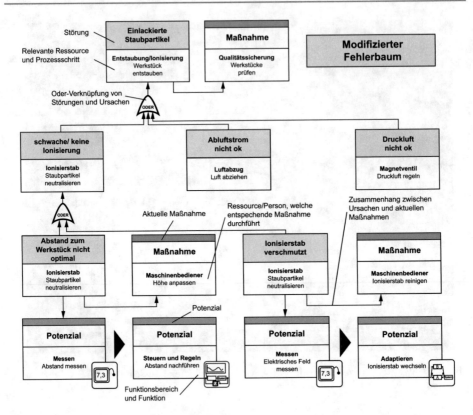

Abb. 3.18 Modifizierter Fehlerbaum für die Ionisierung/Entstaubung (Ausschnitt) [21, 26]

Elektrisches Feld messen. Basierend auf diesen Informationen könnten aber auch Funktionen aus dem Funktionsbereich Adaptieren realisiert werden. So könnte u. a. die Funktion Ionisierstab wechseln umgesetzt werden (Leistungsstufe Strukturanpassung). So wird auf Basis einer redundanten Auslegung ein zusätzlicher Ionisierstab eingeschaltet, um eine Reinigung erst im nächsten geplanten Wartungsintervall durchzuführen. Die Produktion wird fortgesetzt, abweichende Produktqualität bzw. ein Stillstand wird vermieden [21].

Als Resultat der Identifikation liegt ein modifizierter Fehlerbaum vor, der einen Überblick über Schwachstellen, Ursachen und Folgen sowie daraus abgeleitete Potenziale gibt. Die Potenziale haben stets Bezug zu den Leistungsstufen aus dem Stufenmodell zur Steigerung der Intelligenz mechatronischer Systeme [21].

3.3.3 Spezifikation von Lösungsideen

Die identifizierten Potenziale werden nachfolgend als Lösungsideen spezifiziert. Dies erfolgt mit Hilfe der modellbasierten Ideensteckbriefe (vgl. Abschn. 3.2.3). Die Steckbriefe bilden die Grundlage für die Bewertung und Auswahl der Potenziale. In der Phase Identifikation von Potenzialen wurde z. B. das Potenzial identifiziert, dass der Abstand zum Werkstück basierend auf einer Messung kontinuierlich erfolgen kann. In Abb. 3.19 ist der modellbasierte Ideensteckbrief für dieses Potenzial dargestellt. Der Steckbrief unterteilt sich in die vier Bereiche Beschreibung der Idee, Motivation der Idee, Nutzen und kritische Umsetzungspunkte sowie Weiterentwicklungsmöglichkeiten der Idee. Bei den Weiterentwicklungsmöglichkeiten ist zu sehen, dass basierend auf der stetigen Messung des Abstandes eine autonome Anpassung der Höhe des Ionisierstabs realisiert werden kann. Eine manuelle Anpassung ist vor diesem Hintergrund nicht mehr notwendig: Fehler können vermieden werden [21].

Als Resultat dieser Phase liegen spezifizierte Lösungsideen vor, die auf Basis des modellbasierten Ideensteckbriefs aufbereitet wurden. Hierdurch ist eine effiziente Analyse und Bewertung der Ideen in nachfolgenden Schritten sichergestellt.

3.3.4 Bewertung und Auswahl von Lösungsideen

In der Phase Bewertung und Auswahl der Lösungsideen werden Erfolg versprechende Ideen priorisiert, um z. B. nachfolgend eigenständige FuE-Projekte zu initiieren. Für die Bewertung sind zunächst Bewertungskriterien für den Aufwand und den Nutzen zu definieren. Im Rahmen des vorliegenden Projekts werden bzgl. des Nutzens folgende Kriterien festgelegt: *Alleinstellungsmerkmal/Begeisterungsfähigkeit, Marktpotenzial* und *Verbesserung des Kundenprozesses.* Der Aufwand der Umsetzung wird beschrieben durch: Kosten zur Prüfung der Serienreife, Kompetenzen zum Realisieren, Kosten für zusätzliche Systemelemente sowie Kosten zur Anpassung des aktuellen Systems. Aufgrund der Vielfalt der Kriterien wurde eine Gewichtung der Kriterien definiert. Vor diesem Hintergrund erfolgt die Bewertung mit Hilfe einer Nutzwertanalyse [21, 35].

Für die Bewertung der Ideen wird ein Workshop durchgeführt, bei dem Experten unterschiedlicher Abteilungen beteiligt sind. Dies ist sinnvoll, da die Bewertung hinsichtlich Alleinstellungsmerkmal/Begeisterungsfähigkeit z. B. sehr gut durch die Experten aus dem Vertrieb sowie dem Marketing erfolgen kann. Bei der Bewertung der Kosten von zusätzlichen Systemelementen kann die Entwicklung (Mechanik-Konstruktion und Automatisierung), aber auch der Einkauf unterstützen. Der Workshop wird so geplant, dass zunächst die Ideen vorgestellt werden und nachfolgend jede einzelne Person die Idee vollständig bewertet. Nach der Bewertung aller Ideen werden die Ergebnisse der Einzelpersonen diskutiert. Ziel ist es, eine einheitliche Bewertung der Ideen zu erhalten. Im Rahmen der Diskussion werden weitere Nutzen- und kritische Umsetzungsaspekte stets mit protokolliert. Das

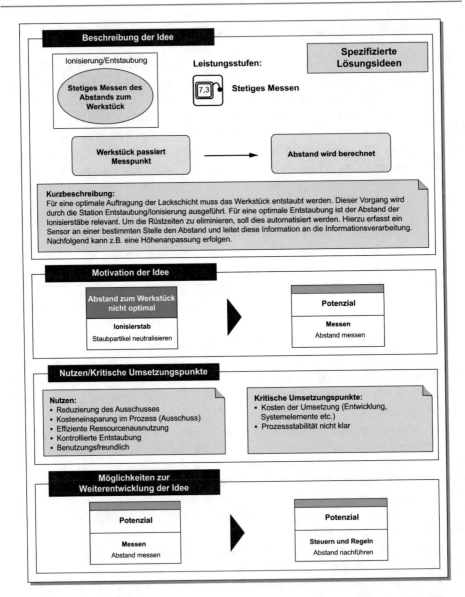

Abb. 3.19 Modellbasierter Ideensteckbrief zu einer stetigen Messung des Abstandes [21, 23]

Ergebnis des Workshops ist eine Nutzwertmatrix hinsichtlich Nutzen sowie Aufwand. Die resultierende Nutzwertmatrix ist in Abb. 3.20 dargestellt [21].

Beim Nutzen wird das *Messen des elektrischen Feldes (#2)* mit relativ geringem Nutzen bewertet, da eine Prozessverbesserung wiederum manuell erfolgen muss. Lediglich die Information, dass eine Reinigung erfolgen muss, könnte vom System kommen.

Bewertungskriterien (Zielsystem)	Gewichtung [in %]	Lösungsideen					
		#1 Regelung der Höhe		#2 Messen des elektrischen Feldes		#3 Strukturanpassung der Ionisierstäbe	
		Bew.	Wert	Bew.	Wert	Bew.	Wert
Nutzen	(100)						
1. Alleinstellungsmerkmal/ Begeisterungsfähigkeit	30	7	2,1	7	2,1	10	3,0
2. Marktpotenzial	40	8	3,2	5	2,0	7	2,8
3. Prozessverbesserung	30	7	2,1	2	0,6	6	1,8
Gesamtwert Nutzen			7,4		4,7		7,6
Aufwand	(100)						
1. Prüfung Serienreife	15	4	0,6	4	0,6	8	1,2
2. Kompetenzen	15	2	0,3	4	0,6	4	0,6
3. Kosten Systemelemente	20	3	0,6	6	1,2	8	1,6
4. Kosten Anpassung	50	2	1,0	4	2,0	7	3,5
Gesamtwert Aufwand			2,5		4,4		6,9

Abb. 3.20 Nutzwertmatrix zur Bewertung der Ideen (Entstaubung/Ionisierung) in Anlehnung an [15, 21, 35]

Eine *Strukturanpassung der Ionisierstäbe (#3)* (z. B. bei hoher Verschmutzung) wird mit relativ hohem Nutzen bewertet. Dies erfolgte u. a. weil eine solche Lösung ein Alleinstellungsmerkmal darstellen würde. Der Aufwand der Umsetzung dieser Lösung wird jedoch als hoch erachtet. Dies ist darin begründet, dass zusätzliche Sensorik integriert werden müsste und ein weiterer Ionisierstab benötigt wird (aufgrund redundanter Auslegung). Der Aufwand der Umsetzung bei der *Regelung der Höhe des Ionisierstabes (#1)* wird als gering erachtet. Dies liegt darin begründet, da z. B. eine Anpassung der Höhe mit Hilfe der bereits verbauten Antriebsmotoren erfolgen kann. Lediglich die Abstandssensoren müssten neu integriert werden. Der Preis für diese wird als gering bewertet [21].

Die Ergebnisse der Analyse werden zur besseren Visualisierung in einem Portfolio dargestellt (vgl. Abschn. 3.2.4). Im Rahmen der Analyse wurden für die Entstaubung/Ionisierung neun Potenziale identifiziert. Auf Basis der Port-folio-Darstellung kann nachfolgend eine Klassifikation der Ideen erfolgen. Hierzu werden folgende drei Klassifikationen verwendet: Hohes Potenzial, Mittleres Potenzial und Niedriges Potenzial. Das resultierende Portfolio ist in Abb. 3.21 dargestellt. Ziel der Klassifikation ist es, die identifizierten Potenziale auf die drei Klassen zu verteilen, um die Auswahl der Ideen zu unterstützen [21].

Nach der Klassifikation der Ideen in die drei oben genannten Klassen kann zudem eine Priorisierung der Erfolg versprechenden Ideen durchgeführt werden (vgl. Abschn. 3.2.4). Dies kann ebenfalls im Rahmen eines Workshops erfolgen, bei dem die Teilnehmer jeweils zwei Punkte zur Priorisierung von Ideen erhalten sowie prägnante Argumente zur Auswahl dieser zwei Ideen äußern. Dies kann in Ergänzung auch mit dem Kunden durchgeführt werden, um seine Priorisierung zu erfahren. Hierdurch wird die Grundlage geschaffen, der Geschäftsführung die Ergebnisse der Analyse vorzustellen [21].

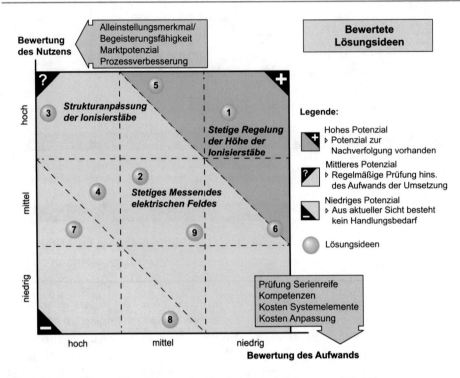

Abb. 3.21 Portfolio zur Visualisierung der Ergebnisse in Anlehnung an [15, 21]

Als Resultat liegen bewertete Lösungsideen vor, mit denen die Intelligenz bestehender mechatronischer Systeme gesteigert werden kann. Diese bilden die Basis, um zukünftig Entwicklungsprojekte für die Realisierung zu initiieren [21].

Literatur

1. Bertsche, B., Lechner, G.: Zuverlässigkeit in Maschinenbau und Fahrzeugtechnik: Ermittlung von Bauteil- und System-Zuverlässigkeiten. Springer, Berlin (2004)
2. Böhringer, J., Bühler, P., Schlaich, P.: Kompendium der Mediengestaltung. Springer, Berlin, Heidelberg (2011)
3. Czichos, H.: Mechatronik: Grundlagen und Anwendungen technischer Systeme. Springer Fachmedien, Wiesbaden (2015)
4. Deutsches Institut für Normung e. V. (Hrsg.): Fehlzustandsbaumanalyse (IEC 61025:2006): Deutsche Fassung EN 61025:2007. Beuth, Berlin (2007)
5. Dorociak, R.: Systematik zur frühzeitigen Absicherung der Sicherheit und Zuverlässigkeit fortschrittlicher mechatronischer Systeme. Dissertation, Fakultät für Maschinenbau, Universität Paderborn, HNI-Verlagsschriftenreihe, Band 340, Paderborn (2015)

6. Dorociak, R., Dumitrescu, R., Gausemeier, J., Iwanek, P.: Specification Technique CONSENS for the Description of Self-optimizing Systems. In: J. Gausemeier, F. Rammig, W. Schäfer (Hrsg.) Design Methodology for Intelligent Technical Systems, S. 119–127. Springer, Berlin (2014)
7. Feldhusen, J., Grote, K.H.: Pahl/Beitz Konstruktionslehre: Methoden und Anwendung erfolgreicher Produktentwicklung. Springer Vieweg, Berlin, Heidelberg (2013)
8. Föllinger, O., Dörrscheidt, F.: Regelungstechnik: Einführung in die Methoden und ihre Anwendung. Studium. Hüthig, Heidelberg (2008)
9. Frank, U.: Spezifikationstechnik zur Beschreibung der Prinziplösung selbstoptimierender Systeme. Dissertation, Fakultät für Maschinenbau, Universität Paderborn, HNI-Verlagsschriftenreihe, Bd. 175, Paderborn (2006)
10. Friedenthal, S., Moore, A., Steiner, R.: A practical guide to SysML: Systems Model Language. Elsevier/Morgan Kaufmann, Burlington, Mass. (2008)
11. Gausemeier, J., Frank, U., Donoth, J., Kahl, S.: Spezifikationstechnik zur Beschreibung der Prinziplösung selbstoptimierender Systeme des Maschinenbaus (Teil 2). Konstruktion (9), 91–99, 108 (2008)
12. Gausemeier, J., Frank, U., Donoth, J., Kahl, S.: Specification Technique for the Description of Self-Optimizing Mechatronic Systems. Research in Engineering Design 20 (4), 201–223 (2009)
13. Gausemeier, J., Iwanek, P., Vaßholz, M., Reinhart, F.: Selbstoptimierung im Maschinen- und Anlagenbau: Durch Selbstoptimierung intelligente technische Systeme des Maschinen- und Anlagenbaus entwickeln. Industriemanagement (6/2014), 55–58 (2014)
14. Gausemeier, J., Kaiser, L., Pook, S.: FMEA von komplexen mechatronischen Systemen auf Basis der Spezifikation der Prinziplösung. ZWF Zeitschrift für wirtschaftlichen Fabrikbetrieb **104**(11), 1011–1017 (2009)
15. Gausemeier, J., Plass, C.: Zukunftsorientierte Unternehmensgestaltung: Strategien, Geschäftsprozesse und IT-Systeme für die Produktion von morgen. Carl Hanser, München (2014)
16. Gausemeier, J., Rammig, F. J., Schäfer, W. (Hrsg.): Selbstoptimierende Systeme des Maschinenbaus. Heinz Nixdorf Institut, Universität Paderborn, HNI-Verlagsschriftenreihe, Bd. 234, Paderborn (2009)
17. Gausemeier, J., Rammig, F. J., Schäfer, W. (Hrsg.): Design Methodology for Intelligent Technical Systems. Springer, Berlin, Heidelberg (2013)
18. Geschka, H.: Kreativitätstechniken und Methoden der Ideenbewertung. In: T. Sommerlatte (Hrsg.) Innovationskultur und Ideenmanagement. Symposion, Düsseldorf (2006)
19. Homolka, S.U.: Funktionsweise aktiver Ionisatoren: HAUG Ionisation (Juni 2005)
20. Isermann, R.: Mechatronische Systeme: Grundlagen. Springer, Berlin, Heidelberg (2008)
21. Iwanek, P.: Systematik zur Steigerung der Intelligenz mechatronischer Systeme im Maschinen- und Anlagenbau. Dissertation, Fakultät für Maschinenbau, Universität Paderborn, HNI-Verlagsschriftenreihe, Bd. 366, Paderborn (2017)
22. Iwanek, P., Dumitrescu, R., Gausemeier, J.: Identifikation von Potenzialen zur Integration von Lösungen im Kontext der Selbstoptimierung für technische Systeme des Maschinen- und Anlagenbaus. Tagungsband der VDI Mechatroniktagung 2015, 12.-13. März 2015, Dortmund S. 185–190 (2015)
23. Iwanek, P., Gausemeier, J., Bansmann, M., Dumitrescu, R.: Integration of Intelligent Features by Model-Based Systems Engineering. Proceedings of the ISERD, 15. Nov. 2015, Tokyo, Japan S. 31–38 (2015)
24. Iwanek, P., Kaiser, L., Dumitrescu, R., Nyßen, A.: Fachdisziplinübergreifende Systemmodellierung mechatronischer Systeme mit SysML und CONSENS. Tag des Systems Engineering 2013, Carl Hanser, München (2013)
25. Iwanek, P., Kühn, A.: Die sich selbst optimierende Lackieranlage. JOT Journal für Oberflächentechnik 56(3) S. 28–31 (2016)

26. Iwanek, P., Reinhart, F., Dumitrescu, R., Brandis, R.: Expertensystem zur Steigerung der Effizienz im Bereich der Produktion: Verbesserte Prozessteuerung durch das Extrahieren von Wissen aus den Daten in der Produktion. Productivity (4), 57–59 (2015)
27. Kreimeier, N.: Digitalisierung spaltet die Wirtschaft. Capital (04/2015) (2015)
28. Kühn, A.: Systematik des Ideenmanagements im Produktentstehungsprozess. Dissertation, Fakultät für Maschinenbau, Universität Paderborn, HNI-Verlagsschriftenreihe, Bd. 130, Paderborn (2003)
29. Lake, M. (Hrsg.): Oberflächentechnik in der Kunststoffverarbeitung: Vorbehandeln, Beschichten, Funktionalisieren und Kennzeichnen von Kunststoffoberflächen. Carl Hanser, München (2009)
30. Metzler, T.: Models and Methods for the Systematic Integration of Cognitive Functions into Product Concepts. Dissertation, Produktentwicklung, TU München, München (2016)
31. Michels, J.S.: Integrative Spezifikation von Produkt- und Produktionssystemkonzeptionen. Dissertation, Fakultät für Maschinenbau, Universität Paderborn, HNI-Verlagsschriftenreihe, Bd. 196, Paderborn (2006)
32. Pook, S.: Eine Methode zum Entwurf von Zielsystemen selbstoptimierender mechatronischer Systeme. Dissertation, Fakultät für Maschinenbau, Universität Paderborn, HNI-Verlagsschriftenreihe, Bd. 296, Paderborn (2011)
33. Verein Deutscher Ingenieure (VDI): VDI 2206 – Entwicklungsmethodik für mechatronische Systeme. Beuth, Berlin (2004)
34. Weilkiens, T.: Systems Engineering mit SysML-UML. dpunkt, Heidelberg (2006)
35. Zangemeister, C.: Nutzwertanalyse in der Systemtechnik: Eine Methodik zur multidimensionalen Bewertung u. Auswahl von Projektalternativen. Dissertation, Fakultät für Maschinenwesen, TU Berlin, Berlin (1970)

Maschinelles Lernen in technischen Systemen

4

Felix Reinhart, Klaus Neumann, Witali Aswolinskiy, Jochen Steil und Barbara Hammer

Zusammenfassung

Statistische und maschinelle Lernverfahren extrahieren Regelmäßigkeiten aus Daten. Sie ermöglichen die effiziente Abbildung von Wirkzusammenhängen in komplexen technischen Systemen, welche nur schwer oder gar nicht durch klassische Modellierungsansätze abgebildet werden können. Im Selbstoptimierungsprozess sind maschinelle Lernverfahren besonders für die Online-Analyse des Betriebszustands, sowie für die

F. Reinhart (✉)
Produktentstehung, Senior Experte Maschinelles Lernen und Data Analytics, Fraunhofer IEM, Paderborn, Deutschland
E-Mail: felix.reinhart@iem.fraunhofer.de

K. Neumann
Software Development Machine Learning, Beckhoff Automation GmbH & Co. KG, Verl, Deutschland
E-Mail: k.neumann@beckhoff.de

W. Aswolinskiy
Research Institute for Cognition and Robotics (CoR-Lab), Universität Bielefeld, Bielefeld, Deutschland
E-Mail: waswolinskiy@cor-lab.uni-bielefeld.de

J. Steil
Institut für Robotik und Prozessinformatik, Technische Universität Braunschweig, Braunschweig, Deutschland
E-Mail: jsteil@rob.cs.tu-bs.de

B. Hammer
CITEC Center of Excellence, Universität Bielefeld, Bielefeld, Deutschland
E-Mail: bhammer@techfak.uni-bielefeld.de

© Springer-Verlag GmbH Deutschland, ein Teil von Springer Nature 2018
A. Trächtler und J. Gausemeier (Hrsg.), *Steigerung der Intelligenz mechatronischer Systeme*, Intelligente Technische Systeme – Lösungen aus dem Spitzencluster it's OWL, https://doi.org/10.1007/978-3-662-56392-2_4

Modellbildung zur Regelung relevant. Durch den Einsatz von Lernverfahren eröffnen sich neue Perspektiven für die Automatisierung und Optimierung technischer Systeme. In dieser Anwendungsdomäne stehen allerdings oft nur relativ wenige Daten zur Verfügung, da die Datenakquisition in komplexen technischen Systemen meist hohe Kosten verursacht. Von entscheidender Bedeutung ist auch die zuverlässige Generalisierung der gelernten Modelle in technischen Systemen. Dieses Kapitel stellt Arbeiten im Rahmen des Spitzenclusters it's OWL vor, welche diese Herausforderungen adressieren. Es umfasst eine kurze Einführung zum Hintergrund maschineller Lernverfahren und ausgewählter Verfahren, die Integration von Vorwissen in den Lernprozess, sowie Leitfäden zur Anwendung maschineller Lernverfahren in technischen Systemen. Die entwickelte Methodik wird an mehreren Anwendungsfällen aus dem Spitzencluster demonstriert.

4.1 Grundlagen des maschinellen Lernens

Die Anwendung moderner Datenverarbeitungs- und Analyseverfahren in technischen Systemen gewinnt vor dem Hintergrund der fortschreitenden Digitalisierung von Produktion und Produkten an Relevanz. Das maschinelle Lernen bezeichnet die computergestützte Extraktion von Regelmäßigkeiten aus Daten [5]. Im Gegensatz zu klassischen analytischen Modellierungsansätzen zielt das maschinelle Lernen auf eine empirische, datengetriebene Modellbildung ab. Aus Daten erlernte Modelle eröffnen ein weites Anwendungsspektrum im Kontext technischer Systeme, welches von der Visualisierung hochdimensionaler Daten, Zustandsüberwachung, Anomalieerkennung, Prozesssteuerung und Regelung, über die Prozessoptimierung bis hin zur vorausschauenden Instandhaltung reicht.

Obwohl die Anwendung von statistischen und maschinellen Lernverfahren im Finanzwesen und Controlling (z. B. *Credit Scoring* und Trendanalysen) sowie im Handel (z. B. *Recommender und Churn Prediction Systeme im eCommerce*), meist unter Bezeichnungen wie *Business Intelligence, Data Analytics,* oder *Big Data,* weiter fortschreitet, blieb die breite Anwendung maschineller Lernverfahren im Kontext industrieller, technischer Systeme wie z. B. in Produktionssystemen bisher aus. Dies hat verschiedene Gründe. Zum einen musste sich zunächst die technische Grundlage für moderne Datenanalyseverfahren im Feld, wie bspw. die Aufnahme, Speicherung und Bereitstellung großer Datenmengen, entwickeln. Andererseits besteht ein Mangel an Anwendungsindikatoren, Vorgehensmodellen, Leitfäden und Best-Practice Beispielen für maschinelles Lernen im industriellen Kontext, sodass der Einsatz besonders in kleinen und mittelständischen Unternehmen (KMU) herausfordernd bleibt. Zusätzlich muss sich die technologische sowie methodische Basis entsprechend den Anforderungen für die industrielle Anwendung weiterentwickeln. Hierzu zählt insbesondere die Berücksichtigung von Anforderungen wie die Zuverlässigkeit gelernter Modelle im Sinne der Einhaltung vordefinierter Rahmenbedingungen. Weiter sind typischerweise wenige Daten in Relation zu der Anzahl von Einflussfaktoren, die dem zu modellierenden Zusammenhang zugrunde liegen, vorhanden. Die Akquisition neuer Daten ist meist sehr kostenintensiv. Um einen effizienten und erfolgreichen Entwicklungsprozess zu erreichen, ist das Vorgehen bei der Anwendung maschineller Lernverfahren in technischen Systemen wichtig.

Im Folgenden wird zunächst eine kurze Einführung in grundlegende Konzepte des maschinellen Lernens gegeben und einige ausgesuchte Verfahren werden erläutert. Diese bilden die methodische Grundlage für vertiefende Betrachtungen zur Integration von Vorwissen in den Lernprozess (Abschn. 4.2) und zu dateneffizientem Lernen im Modellraum (Abschn. 4.3). Das methodische Vorgehen wird in Abschn. 4.5 adressiert. Die eingeführten Verfahren und Methoden finden Anwendung in den in Abschn. 4.6 aufgeführten Beispielen.

4.1.1 Paradigmen des Maschinellen Lernens

Das maschinelle Lernen umfasst mathematische und statistische Verfahren für die datengetriebene Modellierung und das Erkennen von Mustern in Daten. Es wird zwischen überwachten und unüberwachten Lernverfahren unterschieden. Beim *überwachten Lernen* (engl. *supervised learning*) stehen Datenpaare bestehend aus Eingaben und Sollausgaben zum Training bereit. Ziel ist das Lernen einer geeigneten Abbildung von Eingaben auf Ausgaben, sodass der Zusammenhang aus den Trainingsdaten auf neue Eingaben übertragen werden kann. Die Fähigkeit geeignete Ausgaben für neue Eingaben zu generieren, die nicht Teil der Trainingsmenge waren, nennt man *Generalisierung*. Das überwachte Lernen basiert meist auf einem parametrisierten Modell, dessen Parameter so adaptiert werden, dass der Fehler auf den Trainingsdaten minimiert wird. Je nach Beschaffenheit der Ein- und Ausgaben kann die zu lernende Abbildung weiter charakterisiert werden. Meist liegen multivariate Eingaben und Ausgaben vor. Im Falle reellwertiger Ein- und Ausgaben spricht man von Regression. Die Klassifikation, oder auch Musterklassifikation, hingegen bezeichnet die Abbildung der Eingaben in eine diskrete und disjunkte Menge von Klassen, beispielsweise die Klassifikation von Gesichtern in Pixelbildern.

Beim *unüberwachten Lernen* (engl. *unsupervised learning*) stehen Daten ohne Sollausgaben zur Verfügung. Ziel des unüberwachten Lernens ist es versteckte Strukturen und Muster in den Daten aufzudecken. So werden beispielsweise bei einer Clusteranalyse Datenpunkte anhand eines Distanzmaßes, welches die Ähnlichkeit zwischen Datenpunkten charakterisiert, in Cluster gruppiert. Auf diese Weise können größere Strukturen in den Daten identifiziert und modelliert werden. Außerdem werden Verfahren zur Dichteschätzung, Dimensionsreduktion und Datenkompression den unüberwachten Lernverfahren zugeordnet.

Neben dem über- und unüberwachtem Lernen gibt es noch weitere Paradigmen des maschinellen Lernens, wie beispielsweise das verstärkende Lernen (*reinforcement learning* [37]), oder Kombination von über- und unüberwachtem Lernen (*semi-supervised learning* [42]). Im Folgenden beschränken wir uns auf die Betrachtung überwachter Lernverfahren.

4.1.2 Überwachtes Lernen mit Neuronalen Netzwerken

Wie betrachten Neuronale Netzwerke, wie sie in Abb. 4.1 gezeigt sind. Ein *Multi-Lagen Perzeptron* (MLP) ist ein mehrschichtiges, neuronales Netzwerk. Es besitzt eine Eingabeschicht, eine bis mehrere versteckte Schichten, und eine Ausgabeschicht. Die Verknüpfungen zwischen den einzelnen Modellneuronen in den Schichten ist strikt vorwärts gerichtet (von den Eingaben zu den Ausgaben). Die Modellneuronen agieren dabei als nichtlineare Berechnungseinheiten. Daher implementieren MLPs nichtlineare Eingabe-Ausgabe Abbildungen $y = f(x, \theta)$, die durch θ parametrisiert sind. Die Parameter θ stellen dabei die Verbindungsstärken zwischen den Modellneuronen dar und werden meist Gewichte genannt. Die Gewichte θ bestimmen die genaue Form der Abbildung $f(x)$.

Das Lernen einer Abbildung wird durch die automatisierte Adaption der Gewichte θ erreicht. Ziel des Lernens ist die Minimierung eines Fehlerkriteriums auf gegebenen Trainingsdatenpaaren $D = (x_k, y_k)_{k=1,...,K}$ von Eingaben x_k und Sollausgaben y_k. Meist wird zum Training der mittlere quadratischen Fehler

$$E_Q(\theta) = \frac{1}{2K} \sum_{k=1}^{K} (y_k - f(x_k, \theta))^2 \qquad (4.1)$$

verwendet. Dabei sind y_k die Sollausgaben für die jeweilige Eingabe x_k, hier jeweils eindimensional. Die Generalisierung auf multivariate Daten erfordert dann die Verwendung einer geeigneten Norm im Fehlerkriterium. Da der Fehler (4.1) im Falle eines MLPs nichtlinear

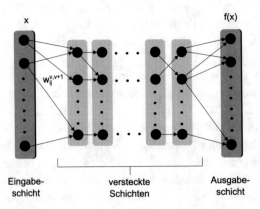

Abb. 4.1 Multi-Lagen Perzeptron (MLP) mit vorwärtsgerichteter Verschaltung der Neuronen von der Eingabe- zur Ausgabeschicht. Jedes Neuron berechnet eine gewichtete Summe über alle eingehenden Verbindungen. Die Verbindungen zwischen den Neuronen werden deshalb als Gewichte w bezeichnet, wobei $w_{ij}^{\nu, \nu+1}$ das Gewicht für die Verbindung von Neuron i in Schicht ν zu Neuron j in der darauf folgenden Schicht ist. Die Menge aller Gewichte $\theta = \{w_{ij}^{\nu, \nu+1}\}$ parametrisiert die Eingabe-Ausgabe Abbildung $f(x)$

von den Gewichten θ abhängt und keine geschlossene Berechnungsvorschrift für optimale Gewichte θ^* im Sinne einer Minimierung von (4.1) möglich ist, wird zum Training von MLPs ein Gradientenabstiegsverfahren benutzt. Gradientenabstieg für MLPs führt zu der sogenannten *Error Backpropagation* Lernregel [5, 31].

Um die Generalisierungsfähigkeit von Lernverfahren zu verbessern (vgl. Abschn. 4.1.4), wird häufig ein sogenannter Regularisierungsterm zu der Fehlerfunktion (4.1) hinzugefügt. Wir erhalten

$$E(\theta) = \frac{1}{2}\sum_{k=1}^{K}(y_k^* - f(x_k,\theta))^2 + \frac{\alpha}{2}||\theta||^2, \qquad (4.2)$$

wobei $\alpha \geq 0$ den Beitrag des Regularisierungsterms bestimmt. Je größer der Regularisierungsparameter α gewählt wird, desto stärker gehen betragsmäßig große Gewichte θ in den Fehler (4.2) ein und werden daher bei der Minimierung quasi bestraft. Dies führt zu kleineren Gewichten θ, die glattere Funktionen implementieren und das übermäßige Anpassen des Modells bspw. an verrauschte Trainingsdaten vermeidet *(Overfitting)*. Es kann mathematisch gezeigt werden, dass MLPs mit einer versteckten Neuronenschicht universelle Funktionsapproximatoren sind [8].

4.1.3 Extreme Learning Machine (ELM)

Die *Extreme Learning Machine* (ELM [12]) ist eine spezielle MLP-Architektur mit einer Schicht von versteckten Neuronen und ebenfalls stirkter, vorwärts gerichteter Verbindungsstruktur. Die Netzwerkstruktur ist in Abb. 4.2 gezeigt und besteht aus folgenden Schichten: Eingabeschicht $\mathbf{x} \in \mathbb{R}^D$, wobei D die Anzahl der Eingabedimensionen ist. Versteckte Schicht $\mathbf{h} \in \mathbb{R}^N$ mit N Neuronen und Ausgabeschicht $\mathbf{y} \in \mathbb{R}^O$ mit O Neuronen. Die Gewichte zwischen zwei Schichten werden zur kompakteren Notation in Form von Matrizen zusammengefasst. Die Gewichte $W^{\mathbf{inp}} \in \mathbb{R}^{N \times D}$ führen von der Eingangsschicht zu der versteckten Schicht und die Gewichte $W^{\mathbf{out}} \in \mathbb{R}^{O \times N}$ von der versteckten Schicht zu der Ausgangsschicht. Für eine gegebene Eingabe $\mathbf{x}$ wird die i-te Komponente f_i der Ausgabe mithilfe der folgenden Formel berechnet:

$$f_i(\mathbf{x}) = \sum_{j=1}^{N} W_{ij}^{\mathbf{out}} h\left(\sum_{k=1}^{I} W_{jk}^{\mathbf{inp}} x_k + b_j\right), \qquad (4.3)$$

wobei b_j den Bias eines Neurons j in der versteckten Schicht und $h(a) = (1 + e^{-a})^{-1}$ eine nichtlineare Aktivierungsfunktion bezeichnet, die komponentenweise angewendet wird. W_{ij} bezeichnet das Gewicht von Neuron j in der Vorgängerschicht zu Neuron i in der darauf folgenden Neuronenschicht.

Der entscheidende Unterschied von ELMs zu MLPs liegt nicht in der Netzwerkstruktur, sondern im Ansatz des Lernverfahrens. ELMs verwenden zufällig gewählte Verbindungsgewichte $W^{\mathbf{inp}}$ von der Eingabeschicht zur einzigen versteckten Schicht. Diese zufällige,

Abb. 4.2 Extreme Learning
Machines (ELMs) sind MLPs
mit nur einer versteckten
Schicht und zufällig
initialisierter Gewichtsmatrix
$W^{\mathbf{inp}}$. Das Lernen ist auf die
Ausgabegewichtsmatrix $W^{\mathbf{out}}$
beschränkt

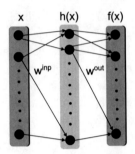

nichtlineare Projektion der Eingaben in den Raum der Neuronenaktivitäten kann als eine
neuronale Merkmalsberechnung interpretiert werden. Das Lernen beschränkt sich auf die
Verbindungen $W^{\mathbf{out}}$ von der versteckten Neuronenschicht zur Ausgabeschicht. Mit dem
Ziel den quadratischen Fehler (4.1) zu minimieren, kann $W^{\mathbf{out}}$ effizient mittels linearer
Regressionsverfahren berechnet werden. Hierdurch ist das Lernen von ELMs sehr effizient,
da die optimalen Ausgangsgewichte in einem einzigen Schritt berechnet werden können
und ein Gradientenabstieg im Gegensatz zum herkömmlichen Training vom MLPs nicht
notwendig ist. Interessanterweise kann ebenfalls für ELMs die Eigenschaft eines universellen Funktionsapproximators gezeigt werden [9]. Ähnliche Netzwerkarchitekturen, welche
die Eigenschaften von Zufallsprojektionen ausnutzen, wurden bereits zuvor z. B. in [33]
vorgeschlagen.

Das Training einer ELM beinhaltet folgende Schritte:

1. *Auslegung des Neuronalen Netzwerks:* Spezifikation der Anzahl von Eingaben D, ver-
   steckter Neuronen N und Ausgaben O.
2. *Initialisierung:* Die Komponenten der Eingangsmatrix $W^{\mathbf{inp}}$ und die Werte b_j der Bias-
   neuronen werden zufällig aus einer meist uniformen Verteilung gezogen und bleiben
   nach der Initialisierung unverändert.
3. *Training:* Sei ein Datensatz $\mathscr{D} = (\mathbf{X}, \mathbf{Y}) = (\mathbf{x}_k, \mathbf{y}_k)$ mit $k = 1 \ldots K$ Eingaben $\mathbf{x}_k$ und
   Sollausgaben $\mathbf{y}_k$ für das Training gegeben. Die Zahl K bezeichnet die Anzahl der Trai-
   ningsbeispiele. Die Matrix $\mathbf{X} \in \mathbb{R}^{D \times K}$ fasst alle Eingaben $\mathbf{x}_k$ reihenweise zusammen
   und $\mathbf{Y}$ ist entsprechend die Matrix der zu approximierenden Zielwerte $\mathbf{y}_k$. Die Ausgangsgewichte werden durch die Minimierung der quadratischen Fehlerfunktion gelernt:

$$W^{\mathbf{out}} = \underset{\mathbf{W}}{\arg\min} \left(\|\mathbf{W} \cdot \mathbf{H}(\mathbf{X}) - \mathbf{Y}\|^2 + \alpha \|\mathbf{W}\|^2 \right), \tag{4.4}$$

hierbei ist $\mathbf{H}(\mathbf{X}) \in \mathbb{R}^{N \times K}$ eine Sammlung der Zustände $\mathbf{h}(\mathbf{x}_k)$ der versteckten Schicht
für alle Eingangssignale $\mathbf{x}_k$. Der letzte Term der Gleichung bestraft große Gewichte und
erhöht dadurch die Generalisierungsfähigkeit des Modells. Dieses Verfahren ist als *Ridge*

Regression bzw. *Tikhonov-Regression* [39] bekannt und besitzt die Lösung:

$$W^{\mathbf{out}} = \mathbf{Y} \cdot \mathbf{H(X)}^T \cdot \left(\mathbf{H(X)} \cdot \mathbf{H(X)}^T + \alpha \mathbb{I} \right)^{-1} , \tag{4.5}$$

wobei $\mathbb{I} \in \mathbb{R}^{N \times N}$ die Einheitsmatrix ist. Die Stärke der Regularisierung bestimmt der Regularisierungsparameter $\alpha > 0$.

Vor dem Lernen werden die Eingaben $\mathbf{x}_k$ üblicherweise normalisiert, z. B. durch eine lineare Transformation in den Bereich $[-1, 1]$.

4.1.4 Generalisierungsfähigkeit

Die Verlässlichkeit datengetriebener Modelle hängt von ihrer Fähigkeit ab, mit neuen, bisher ungesehenen Eingangssignalen umzugehen. Dies wird im Kontext maschineller Lernverfahren als Generalisierungsfähigkeit bezeichnet. Insbesondere wenn nur wenige Daten zum Trainieren verfügbar sind, besteht die Gefahr, dass die Fehlerminimierung zur übermäßigen Anpassung des Modells an einzelne u. U. mit Rauschen und anderen Artefakten behaftete Datenpunkte führt. In diesem Fall ist das Modell zu sehr an die Besonderheiten der Trainingsdaten angepasst (engl. *Overfitting*) und die grundlegende Struktur des datengenerierenden Prozesses wird nicht korrekt abgebildet. Dies führt zu ungenauen Modellausgaben für neue, nicht in den Trainingsdaten vorhandene Eingaben. Das Overfitting und eine gute Generalisierung sind beispielhaft für eine Regressionsaufgabe in Abb. 4.3 dargestellt.

Mit der Generalisierungsfähigkeit verbinden sich zwei entscheidende Fragestellungen für das maschinelle Lernen:

1. Wie kann die Generalisierungsfähigkeit systematisch abgeschätzt werden, um eine Einschätzung der Modellgüte im Testfall abzuleiten?
2. Wie kann die Tendenz zum Overfitting beim Training eines Modells vermieden werden?

Abb. 4.3 Übermäßige Anpassung eines Modells (gestrichelte Kurve) an die Trainingsdaten (Kreise) führt zu einer begrenzten Generalisierung auf neue Eingaben (Kreuze). Eine gute Generalisierung auf neue Eingaben erreicht das Modell, welches durch die durchgezogene Linie gezeigt ist

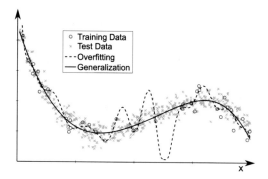

Abb. 4.4 Kreuzvalidierung: Die gesamte Datenmenge wird in Teilmengen aufgeteilt. Durch die Permutation der Trainings- und Testmengen wird die Generalisierungsfähigkeit unverzerrt abgeschätzt

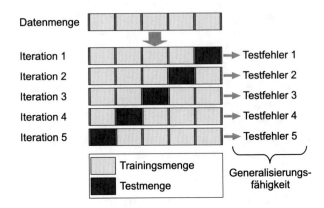

Ein Verfahren zur Messung der Generalisierungsfähigkeit ist die *Kreuzvalidierung*. Dabei wird der Datensatz in disjunkte Untermengen für das Training und den Test des Modells aufgespalten. Die Trainingsmenge dient der Parameteranpassung bspw. durch Fehlerminimierung. Zur Bestimmung der Genauigkeit des gelernten Modells wird dann ein geeignetes Fehlermaß sowohl auf der Trainings- als auch auf der Testmenge ausgewertet. Dieser Vorgang wird für permutierte Trainings- und Testmengen wiederholt und die Fehlerstatistik über diese Aufteilungen beschreibt dann die Güte der trainierten Modelle, wenn neue Eingaben präsentiert werden, die nicht Teil der Trainingsdaten waren. Abb. 4.4 illustriert das Kreuzvalidierungsverfahren.

Zur Beantwortung der zweiten Frage kann ein genereller Zusammenhang zwischen der Komplexität des Modells (z. B. gemessen durch die Anzahl freier Parameter des zu trainierenden Modells, z. B. die Anzahl der Gewichte eines MLPs) und der Komplexität des abzubildenden Zusammenhangs herangezogen werden (vgl. Abb. 4.5). Übersteigt die Modellkomplexität die Komplexität des Lernproblems, kann es leicht zu Overfitting kommen. Unterschreitet die Modellkomplexität die Komplexität des Lernproblems, kann der abzubildende Zusammenhang nicht genau genug approximiert werden *(Underfitting)*. In diesem Fall ist auch die übermäßige Anpassung an Besonderheiten der Trainingsdaten (Overfitting) unwahrscheinlich, wenn genügend Daten zur Verfügung stehen. Die Modellkomplexität muss folglich in etwa der Problemkomplexität entsprechen, um einerseits die Details des Zusammenhangs abzubilden und andererseits Overfitting zu vermeiden. Die kontinuierliche Einstellung der Modellkomplexität ist beispielsweise mit sogenannten Regularisierungsmethoden möglich (vgl. Abschn. 4.1.3). Mithilfe eines Generalisierungstests kann dann die Modellkomplexität mit entsprechenden Such- bzw. Optimierungsalgorithmen an die Problemkomplexität angepasst werden. Dieses Vorgehen zur Festlegung der Modellkomplexität wird Modellselektion genannt.

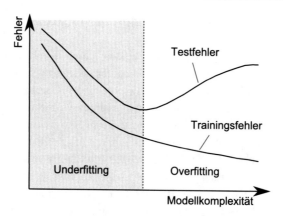

Abb. 4.5 Die Generalisierungsfähigkeit ist an der Beziehung des Trainings- und Testfehlers im Bezug zur Modellkomplexität abzulesen. Für Modelle mit niedriger Komplexität im Vergleich zur zu lernenden Abbildung werden hohe Trainings- und Testfehler erreicht. Die Modellkomplexität reicht nicht aus, um den zu lernenden Zusammenhang abzubilden (Underfitting). Für Modelle mit zu hoher Komplexität im Vergleich zur zu lernenden Abbildung werden zwar niedrige Trainingsfehler, aber erhöhte Testfehler erreicht. Das Modell hat Besonderheiten wie z. B. Rauschen in den Trainingsdaten gelernt (Overfitting). Im Bereich zwischen Under- und Overfitting wird die beste Generalisierungsleistung erzielt

Neben der klassischen Modellselektion mittels der Optimierung von Metaparametern des eingesetzten Lernverfahrens können auch andere Strategien zu einer verbesserten Generalisierungsfähigkeit führen. Auch maßgeblich für die Generalisierungsfähigkeit eines gelernten Modells ist die Qualität und Menge der zur Verfügung stehenden Trainingsdaten. Eine umfangreiche Datensammlung ist jedoch oft zeit- und kostenintensiv, insbesondere bei der Datenakquise in komplexen, technischen Systemen. Deshalb stellen wir hier zwei im Rahmen des Forschungsprojekts Selbstoptimierung des Spitzenclusters it's OWL entwickelte Methoden vor, die zur Verbesserung der Generalisierungsfähigkeit datengetriebener Modelle aus relativ wenigen Daten beitragen: Das Einbinden von Vorwissen über den zu modellierenden Zusammenhang in den Lernprozess wird in Abschn. 4.2 vorgestellt. Ein Verfahren zur datengetriebenen Modellierung parametrisierter Prozesse durch sogenannte Regression im Modellraum wird in Abschn. 4.3 präsentiert. Beide Ansätze machen von den spezifischen Eigenschaften der vorgestellten Extreme Learning Machines (Abschn. 4.1.3) Gebrauch.

4.2   Integration von Vorwissen in den Lernprozess

Maschinelle Lernverfahren haben sich in den letzten Jahren in zahlreichen Anwendungs-
gebieten als sehr nützlich erwiesen. Dazu zählen unter anderem Bildverarbeitung, Sprach-
erkennung und Robotik. Doch trotz der vielversprechenden Einsatzmöglichkeiten stehen
viele Ingenieure dem Einsatz maschineller Lernverfahren weiterhin skeptisch gegenüber.
Vor allem in sicherheitskritischen Anwendungen, beispielsweise aus dem Anlagen- oder
Maschinenbau, ist dies der Fall. Insbesondere die durch das Lernen entstehenden inhären-
ten Ungenauigkeiten sind das Hauptargument gegen den Einsatz von Lernalgorithmen. Ein
Grund ist, dass die Gewährleistung gewisser aufgabenbezogener Bedingungen ein stets uner-
lässlicher Teil des Anforderungsprofils ist. Maschinelle Lernverfahren im Allgemeinen und
Extreme Learning Machines im Speziellen sind demnach gefordert, diese Anforderungen
garantiert zu erfüllen, ohne dabei die Stärken datenbasierter Modellierung einzuschränken.

In vielen Fällen existiert Vorwissen über das zu modellierende oder zu steuernde System und es ist oft möglich, dieses in mathematischen Gleichungen zu formulieren. Das
ist wichtig, um eine Integration in den Lernprozess auf eine systematische Weise zu
ermöglichen. Es ist anzunehmen, dass die Akzeptanz maschineller Lernverfahren mit dem
Grad der Zuverlässigkeit, die durch die Integration von Vorwissen zunimmt, skaliert. Zuverlässigkeit kann in diesem Kontext verschieden definiert werden, z. B als eine hohe Wahrscheinlichkeit oder sogar als mathematisch beweisbare Garantie, dass das gelernte Modell
gewisse Anforderungen erfüllt oder Eigenschaften besitzt.

Die Integration von Vorwissen bekommt eine noch größere Bedeutung, wenn man mitein-
bezieht, dass in vielen Fällen nur wenige und zudem verrauschte Trainingsdaten zugänglich
sind (vgl. Abschn. 4.1.4). Ein vollständiges Abtasten des Eingaberaumes ist insbesondere in
hochdimensionalen Anwendungen nicht möglich. Aber auch physikalischen Restriktionen,
z. B. Maximaldynamik oder Endlagen von Maschinen, verhindern dies. Zudem sind viele
Datensätze nichtlinear. Dann kann ein uniformes Abtasten des Eingaberaumes aufgrund der
nichtlinearen Transformationen trotzdem zu Datenlücken bzgl. der Ausgabe führen, die das
Lernen zusätzlich erschweren.

Eine Integration von Vorwissen in den Lernprozess ist allerdings nicht trivial. Eine Ein-
schränkung der universellen Abbildungseigenschaften des Lerners ist nicht erwünscht, eben-
sowenig wie ein Verringern der Modellkomplexität ohne direkten Aufgabenbezug. Daher
wurde im Rahmen des Cluster-Querschnittsprojektes Selbstoptimierung ein Verfahren entwickelt [25], mit dem sich Vorwissen bei Verwendung einer ELM effizient durch lineare
Nebenbedingungen bei der Optimierung der quadratischen Fehlerfunktion integrieren lässt.
Damit können eine große Anzahl an komplexen Anforderungen systematisch in den datengetriebenen Lernprozess eingebracht werden.

Die zuverlässige Integration von Vorwissen in Form von kontinuierlichen Nebenbedingungen ist besonders wichtig und nach [23] in drei Schritte (siehe Abb. 4.6) aufgeteilt:

Abb. 4.6 Die Integration von Vorwissen in den Lernprozess durch lineare Nebenbedingungen ist durch drei Schritte gekennzeichnet: (1) die Integration der Nebenbedingung in den Lernalgorithmus in diskreten Punkten, (2) die Generalisierung der punktweise definierten Nebenbedingungen auf die kontinuierliche Region und (3) die nachträgliche Verifikation, dass das durch Nebenbedingung formulierte Vorwissen im gesamten kontinuierlichen Arbeitsraum abgebildet ist

1. Die *Implementierung* des Vorwissens in den Lernalgorithmus durch Nebenbedingungen in diskreten Punkten.
2. Die *Generalisierung* der diskreten punktförmigen Nebenbedingungen auf eine kontinuierliche Region des Eingaberaums durch die inhärente Generalisierungsfähigkeit des verwendeten Lerners.
3. Die nachträgliche *Verifikation,* dass die kontinuierliche Nebenbedingung für den gesamten Eingabebereich gültig ist.

Bei einer Implementierung einer oder mehrerer Nebenbedingungen in einem kontinuierlichen Eingangsbereich sind die Schritte (1), (2) und (3) durch Iteration wechselseitig miteinander verbunden. Diese Vorgehensweise hat sich bereits in unterschiedlichen Anwendungsbereichen als sehr erfolgreich herausgestellt. Dazu zählen Kupferbonding [41], dynamische Systeme [19, 20, 24] und die Regelung von Robotern [27, 30]. Im Folgenden werden die einzelnen Schritte zur Integration von kontinuierlichen Nebenbedingungen beschrieben.

4.2.1 Integration von diskreten Nebenbedingungen

Viele Arten von Vorwissen lassen sich als Ungleichungen bzgl. der Ausgabevariablen und ihren partiellen Ableitungen formulieren. Für ELMs wird eine diskrete Nebenbedingung $C(W^{\mathbf{out}}, \mathbf{u})$ für einen gegebenen Eingabepunkt $\mathbf{u} \in \Omega$ als Linearkombination von Ableitungen mit den Koeffizienten $\gamma_i \in R$ und einer Konstante $c \in R$ formuliert:

$$C(W^{\mathbf{out}}, \mathbf{u}) = \sum_i \gamma_i D^{\mathbf{m}^i} \hat{y}_i(\mathbf{u}) = \sum_i \gamma_i W_i^{\mathbf{out}} \cdot D^{\mathbf{m}^i} \mathbf{h}(\mathbf{u}) \leq c \; .$$

$D^{\mathbf{m}^i} = \partial^M / \partial u_{m_1^i} \ldots u_{m_M^i}$ bezeichnet den komponentenweise Differentialoperator. Der Vektor $\mathbf{m}^i = (m_1^i \ldots m_M^i) \in [1, 2, \ldots, I]^M$ definiert die Eingangsdimension, nach welcher differenziert wird. Zu beachten ist, dass C als Funktion linear in den Ausgabegewichten $W^{\mathbf{out}}$ und der versteckten Schicht $\mathbf{h}$ ist. Die partiellen Ableitungen der verschiedenen Ausgabedimensionen der ELM sind in geschlossener Form darstellbar:

$$\frac{\partial^M \hat{y}_i(\mathbf{u})}{\partial u_{m_1} \dots u_{m_M}} = \sum_j W_{ij}^{\text{out}} \frac{\partial^M h_j(\mathbf{u})}{\partial u_{m_1} \dots u_{m_M}}$$

$$= \sum_j W_{ij}^{\text{out}} f^{(M)} \left(a_j \sum_k W_{jk}^{\text{inp}} u_k + b_j \right) \cdot a_j^M W_{jm_1}^{\text{inp}} \dots W_{jm_M}^{\text{inp}},$$

Hierbei ist $f^{(M)}$ die M-te Ableitung der Nichtlinearität f. Die Ausgabe des neuronalen Netzes wird direkt mit der 0-ten Ableitung assoziiert. In diesem Fall muss $M = 0$ gesetzt werden. Diese geschlossen Lösung ist spezifisch für die ELM, da bei dieser nur die Gewichte der Ausgabeschicht veränderlich sind. Im Anschluss kann die Integration der Nebenbedingung während des Lernprozesses über die Definition eines quadratischen Programms erfolgen. Hierbei ist die Regularisierung der Ausgabegewichte zusätzlich integriert und durch den Faktor α skaliert:

$$\left\| \begin{pmatrix} \mathbf{H} \\ \sqrt{\alpha} \cdot \mathbb{I} \end{pmatrix} \cdot W^{\text{out}} - \begin{pmatrix} \mathbf{Y} \\ \mathbf{0} \end{pmatrix} \right\|^2 \to \min$$

$$\text{mit: } C(W^{\text{out}}, \mathbf{u}) \leq c. \tag{4.6}$$

Die Lösung des quadratischen Programms kann sehr effizient mit Standardverfahren berechnet werden und garantiert das Erfüllen der Nebenbedingung in sämtlichen diskreten Punkten $\mathbf{u} \in U$, für die eine solche Bedingung formuliert wurde.

4.2.2 Generalisierung der diskreten Nebenbedingungen

Im Prinzip kann eine Garantie für die Erfüllung der Nebenbedingung durch das quadratische Programm nur in den diskreten Punkten gegeben werden. Allerdings kann die Generalisierungsfähigkeit und die implizite Glattheit der ELM genutzt werden, um eine Implementierung der kontinuierlichen Nebenbedingung mit einer endlichen Anzahl an diskreten Punkten zu gewährleisten [23].

Dazu ist der nächste Schritt, Nebenbedingungen $C(W^{\text{out}}, \mathbf{x}) \leq c$ mit $\mathbf{x} \in \Omega$ zu implementieren, die in einer kontinuierlichen Region Ω des Eingaberaumes definiert sind. Dazu werden aus der kontinuierlichen Nebenbedingung mehrere diskrete Nebenbedingungen $C(W^{\text{out}}, \mathbf{u}^i) \leq c$ an Punkten $\mathbf{u}^i \in U \subset \Omega$ abgeleitet. Dabei ist U eine endliche Menge. Die Auswahl und Integration der einzelnen Nebenbedingungen in U wird durch eine iterative Methode [25] vorgenommen. Dabei werden diskrete Punktbedingungen Schritt für Schritt selektiert und, wie im vorangegangenen Abschnitt erläutert, implementiert. Das Lernverfahren reduziert sich dabei auf die Minimierung der quadratischen Fehlerfunktion unter Berücksichtigung linearer Nebenbedingungen aus U, siehe Gl. (4.6).

Ein Beispiel zur Integration einer kontinuierlichen Nebenbedingung wird in Abb. 4.7 gezeigt. In diesem Szenario wird das Vorwissen angenommen, dass die Daten (Kreuze) einer eindimensionalen streng monotonen Funktion (gestrichelte Linie) entstammen. Die

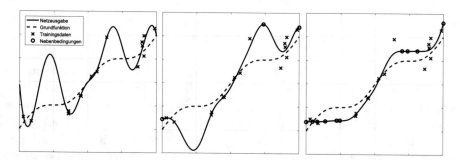

Abb. 4.7 Integration einer kontinuierlichen Nebenbedingung durch einen iterativen Algorithmus. Die Funktion wurde ohne das Vorwissen der Monotonie gelernt und hat ein schlechtes Generalisierungsverhalten (Links). Lediglich drei Nebenbedingungen wurden bereits implementiert; die Funktion weist weiterhin Overfitting-Effekte auf (Mitte). Bereits 10 diskrete Nebenbedingungen sind im Lernprozess implementiert worden; das Lernen war trotz weniger und verrauschter Daten erfolgreich (Rechts)

Abbildung visualisiert den iterativen Prozess des Hinzufügens diskreter Nebenbedingungen (Kreise). In jedem Schritt wird immer der Punkt $\mathbf{u} \in \Omega$ ausgewählt, bei dem eine Verletzung der Nebenbedingung am stärksten ist. Dies passiert solange, bis kein Punkt mehr die Annahme der Monotonie verletzt.

Zu Anfang liegen nur wenige und verrauschte Daten vor, die durch die gelernte Funktion (durchgezogene Linie) nicht gut generalisiert werden (s. Abb. 4.7 (Links)). Nach vier Iterationen weist die Funktion deutlich weniger starke Ausreißer auf (Abb. 4.7 (Mitte)). Allerdings ist der Lernprozess erst nach 10 Iterationen abgeschlossen. In diesem Fall ist keine Verletzung der kontinuierlichen Nebenbedingung mehr zu erwarten. Zudem ist die Generalisierung der Daten auf die gesamte kontinuierliche Region erfolgreich übertragen (s. Abb. 4.7 (Rechts)). Die Nebenbedingungen dienen hier auch dazu, den Mangel an Trainingspunkten auszugleichen.

4.2.3 Verifikation der kontinuierlichen Nebenbedingungen

Aufgrund der universellen Abbildungseigenschaften der ELM ist es nicht möglich, die Einhaltung einer kontinuierlichen Nebenbedingung in geschlossener Form zu überprüfen. In [23] wurde jedoch ein effizienter iterativer Algorithmus dazu vorgestellt, der auf einer Worst-Case-Analyse auf Basis einer Taylor-Approximation der ELM-Ausgabe basiert. Die Taylor-Approximation in $\mathbf{u}^0 \in \Omega$ ist definiert durch:

$$C(\mathbf{u}) = T(\mathbf{u}, \mathbf{u}^0) + rem(\mathbf{u}, \mathbf{u}^0)$$
$$= K + J^T(\mathbf{u} - \mathbf{u}^0) + \frac{1}{2}(\mathbf{u} - \mathbf{u}^0)^T H(\mathbf{u} - \mathbf{u}^0) + rem(\mathbf{u}, \mathbf{u}^0),$$

wobei $K = C(\mathbf{u}^0)$ den konstanten Term der Approximation, $J = \nabla C(\mathbf{u})|_{\mathbf{u}^0}$ den Jacobi-vektor im Punkt $\mathbf{u}^0$, $H = (\nabla \nabla^T) C(\mathbf{u})|_{\mathbf{u}^0}$ die Hessematrix im Punkt $\mathbf{u}^0$ und $rem(\mathbf{u}, \mathbf{u}^0)$ das Residuum bezeichnen.

Die Berechnung des Residuums ist für die Verifikation von besonderer Bedeutung, da es direkt in den Vergleich der Nebenbedingung einfließt. Aufgrund der speziellen Form der ELM ist es möglich, das Residuum in geschlossener Form abzuschätzen und damit die Berechnungskomplexität drastisch zu reduzieren [23]. Wiederum durch iterative Schritte erhöht sich die Genauigkeit der Approximation. Dies geschieht durch Aufteilung der zu verifizierenden Regionen. Dieser Prozess wird so lange wiederholt, bis entweder ein positives Resultat für alle Regionen oder ein negatives Resultat für wenigstens eine Region vorliegt.

Die geschickte Kombination der Schritte 1) diskrete Nebenbedingung definieren; 2) Nebenbedingung durch den Lerner generalisieren und 3) kontinuierliche Generalisierung der Nebenbedingung verifizieren; erlaubt es also, mithilfe einer kontinuierlichen Nebenbedingung Vorwissen effizient in den Lernprozess zu implementieren und nachzuweisen. Dabei zeigt sich, dass die spezielle Struktur einer ELM mit den festen Eingabegewichten und der hochdimensionalen versteckten Schicht besonders geeignet ist, um eine effiziente und flexible Integration von kontinuierlichen Nebenbedingungen bei maximaler Modellflexibi-lität zu gewährleisten. Zudem wurde in mehreren Studien [23, 25] systematisch nachgewie-sen, dass das Resultat eine verbesserte Generalisierungsfähigkeit der ELM ist, insbesondere wenn nur wenige und verrauschte Daten vorliegen.

4.3   Modellierung parametrisierter Prozesse

Das zuvor vorgestellte Verfahren erreicht eine verbesserte Generalisierung durch die Inte-gration von Vorwissen in den Lernprozess. Das Vorwissen wird dabei in Form von Nebenbe-dingungen bei der Fehlerminimierung behandelt. In diesem Abschnitt betrachten wir einen anderen Ansatz, um eine verbesserte Generalisierungsfähigkeit zu erreichen. Dieser Ansatz nutzt die Struktur parametrisierter Modellierungsprobleme aus.

4.3.1   Regression im Modellraum

Der Ablauf vieler technischer Prozesse hängt von Maschinen-Konfigurationen, Rohstoff-eigenschaften, Umgebungsbedingungen, etc. ab. Viele dieser Einflussgrößen können in einem kurzen Zeithorizont, beispielsweise in einem Fertigungstakt, als konstant angenom-men werden. Z. B. die Temperatur in einem Ofen, Luftfeuchtigkeit oder das Gewicht einer zu befördernden Last. Wir bezeichnen solche Einflussgrößen als *Prozessparameter*. Die einen Prozess steuernden, zeitveränderlichen Variablen bezeichnen wir als *Prozesseingaben*, z. B. die Zeit oder eine Phasenvariable, Positionen, etc. Der übliche Ansatz zur Modellierung solcher parametrisierten Prozesse besteht darin, die Prozesseingaben und Prozessparametern zu einem einzigen, höherdimensionalen Modelleingang zusammenzufassen. Die dadurch größere Anzahl von Eingangsvariablen führt jedoch zu einem erhöhten Bedarf an Trainingsdaten, um den kombinierten Eingaberaum abzutasten. Im Gegensatz zu diesem monolithischen Ansatz wird hier ein modulares Modellierungsverfahren vorgestellt, bei dem die Prozesseingaben und Prozessparameter separat gelernt und verarbeitet werden. Durch die Aufspaltung des Lernprozesses für die Prozessparameter und Prozesseingaben wird die Anzahl der Eingaben pro Lernproblem verringert und der Bedarf an Trainingsdaten entsprechend reduziert.

Abb. 4.8 stellt die monolithische und die modulare Architektur schematisch gegenüber. Die monolithische Architektur in Abb. 4.8 (links) führt Prozessparameter und Prozesseingaben zu einem kombinierten Modelleingang zusammen. Die modulare Architektur in Abb. 4.8 (rechts) separiert den Lernprozess in zwei Stufen, wobei das sogenannte *Spezialistenmodell* den Prozess für eine spezifische Parametrisierung des Prozesses modelliert. Das sogenannte *Generalistenmodell* erzeugt für eine gegebene Prozessparametrisierung geeignete Modellparameter, z. B. Gewichte eines Neuronalen Netzwerks, sodass das Spezialistenmodell immer an den jeweiligen Kontext angepasst ist. Die drei Graphen in Abb. 4.8 (unten) zeigen beispielhaft drei Parametrisierungen eines funktionalen Zusammenhangs. Dabei ist y die Prozessausgabe für die Prozesseingabe x, gegeben eine Parametrisierung p_i. Der Generalist bildet also Prozessparameter auf Modellparameter der Spezialisten ab, und die Spezialisten produzieren aus den Prozesseingaben die Prozessausgaben. Damit führt der Generalist eine Regression im Raum der Spezialistenmodelle durch. Diese Vorgehensweise wurde durch Klassifikation im Modellraum [7] und ein ähnliches Verfahren im Bereich Robotik [40] inspiriert. Im Folgenden bezeichnen wir diese modulare Architektur als *Model Space Regression* (MSR).

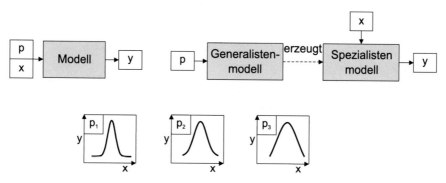

Abb. 4.8 Die klassische, monolithische Architektur (links) und die modulare Model Space Regression (MSR) Architektur (rechts). **x** bezeichnen die Prozesseingaben und **p** die Prozessparameter. Die unten stehenden Abbildungen zeigen beispielhaft die Parametrisierung eines funktionalen Zusammenhangs, wobei **y** die Prozessausgabe und **p**$_i$ die i-te Prozessparameterkombination ist

Der Vorteil dieses Vorgehens besteht darin den Eingaberaum zu reduzieren, wodurch das Lernen erleichtert wird. Wenn $\mathbf{x} \in \mathbb{R}^A$ und $\mathbf{p} \in \mathbb{R}^B$, dann hat der resultierende Eingaberaum der monolithischen Architektur die Dimensionalität $\mathbb{R}^{A+B}$. Für die modulare Architektur ergeben sich zwei Lernprobleme, wobei der Eingaberaum für das Spezialistenmodell A Dimensionen und für das Generalistenmodell B Dimensionen besitzt („$\mathbb{R}^A + \mathbb{R}^B$"). Die modulare Architektur fängt also die kombinatorische Explosion der möglichen Eingaben im Vergleich zum monolithischen Ansatz durch Ausnutzung der Eigenschaften parametrisierter Modellierungsprobleme ab. Im Folgenden wird gezeigt, dass der zweistufige Ansatz effizient umgesetzt und tatsächlich den Bedarf an Trainingsdaten reduzieren kann.

4.3.2 Vorgehen zur Regression im Modellraum

Das Vorgehen zur Regression im Modellraum beinhaltet zwei Phasen und ist in Abb. 4.9 dargestellt. In der *ersten Phase* werden für alle K Prozessparameterkonfigurationen $\mathbf{p}_i$ in den Daten einzelne Spezialisten trainiert, die Prozesseingaben auf Prozessausgaben für die jeweilige Konfiguration $\mathbf{p}_i$ abbilden (s. Phase 1 in Abb. 4.9). Als Modellierungsverfahren für die Spezialisten nutzen wir die ELM (siehe Abschn. 4.1.3), wobei für alle Spezialisten die gleiche Gewichtsmatrix $W^{\mathbf{inp}}$ von den Eingaben zur versteckten Schicht verwendet wird. Die Verwendung von ELMs hat für den MSR-Ansatz Vorteile. So ist die Ausgabematrix $W^{\mathbf{out}}_{S_i}$ für die jeweiligen Prozessparameterkonfiguration $\mathbf{p}_i$ mittels linearer Regression in einem Schritt berechenbar und eindeutig bestimmt. Die erste Phase resultiert in K ELM-Ausgangsgewichtsmatrizen $\mathbf{W}^{out}_{S_i}$.

In der *zweiten Phase* wird der Generalist trainiert (siehe Phase 2 in Abb. 4.9), der die Prozessparameter $\mathbf{p}$ auf entsprechende Modellparameter, hier die Ausgabegewichte $W^{\mathbf{out}}$ des

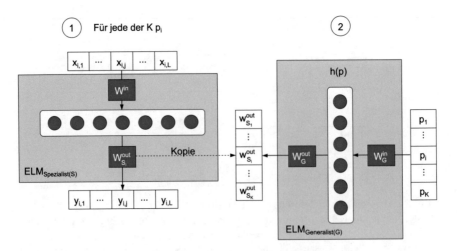

Abb. 4.9 Training von Model Space Regression (MSR) in zwei Phasen

ELM-Spezialisten, abbildet. Als Trainingsdaten dienen die K Prozessparameter $\mathbf{p}_i$ als Eingaben und die Modellparameter $W_{S_i}^{\mathbf{out}}$ des Spezialisten als Zielausgaben. Für den Generalist setzen wir ebenfalls eine ELM ein. Es sind aber auch andere Lernverfahren anwendbar [2, 3].

In der Anwendungsphase generiert der Generalist für neue Prozessparameter $\mathbf{p}$ dann die Parametrierung eines Spezialistenmodells, welches für die ELM durch die Ausgabegewichtsmatrix $W^{\mathbf{out}}$ gegeben ist und für die Berechnung der Prozessausgaben $\mathbf{y} = \mathbf{f}_{\mathbf{p}_i}(\mathbf{x})$ genutzt wird. Der Generalist implementiert auf diese Weise eine Regression im Raum der Modelle, der hier durch die Ausgabegewichte der ELM gegeben ist.

4.3.3 Verbesserte Generalisierung bei wenigen Daten

In diesem Abschnitt wird die Generalisierungsfähigkeit einer monolithischen ELM und von MSR-ELM anhand eines synthetischen Beispiels für einen parametrisierten Prozess gezeigt. Wir modellieren die parametrisierte Gauß-Funktion

$$f(x, \mu = 0, \sigma) = exp(-x^2/2\sigma^2)$$

mit x als Prozesseingabe und μ und σ als Prozessparameter. Zur Vereinfachung setzen wir $\mu = 0$ und variieren σ gleichmäßig im Bereich zwischen 1 und 3. Für die Ermittlung des Fehlers nutzen wir eine Leave-One-Out-Kreuzvalidierung, d. h. bei 4 σ-Werten werden in vier Iterationen jeweils drei der σ-Werte zum Trainieren und der vierte Wert zum Testen benutzt. Die Kreuzvalidierungsergebnisse für ELM und MSR in Abb. 4.10 (oben) zeigen deutlich die verbesserte Generalisierungsleistung von MSR.

Nun variieren wir die Anzahl der Datenbeispiele, d. h. die Anzahl der σ-Beobachtungen. Abb. 4.10 (unten) zeigt den Fehler in Abhängigkeit von der Anzahl der σ-Beobachtungen. Wenn nur wenige Daten zum Lernen vorhanden sind, weist MSR-ELM einen deutlich geringeren Fehler auf als die monolithische ELM. Wird die Anzahl der Daten erhöht, weisen beide Verfahren ein ähnliches Fehler-Niveau auf. Diese Ergebnisse zeigen, dass die Dekomposition der parametrisierten Modellierungsaufgabe bei MSR in diesem einfachen Beispiel zu einem geringeren Generalisierungsfehler bzw. einem geringeren Bedarf an Trainingsdaten führt. Dies wird durch das strukturelle Vorwissen über den parametrisierten Prozess und die darauf aufbauende Modularisierung des Lernansatzes erreicht. Dass dieses auch für praxisrelevante Beispiele funktioniert, ist in der Anwendung in Abschn. 4.6.2 gezeigt, wo der MSR-Ansatz für die Modellierung eines parametrisierten Bondprozesses verwendet wird. Ein weiteres Anwendungsbeispiel wurde in [1] publiziert.

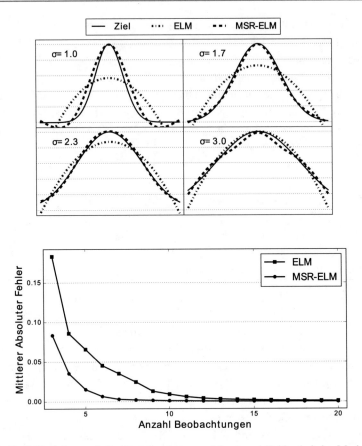

Abb. 4.10 Gauß-Funktion und die Modellvorhersage (oben) und Fehler bei der Modellierung in Abhängigkeit von der Anzahl σ-Beobachtungen (unten)

4.4 Relevance Learning

Eine besonders wichtige Fragestellung bei der Anwendung maschineller Lernverfahren ist die Relevanz der betrachteten Eingabekanäle für den zu erlernenden Zusammenhang. Welche Eingaben sind die stärksten Prädiktoren für die Sollausgaben? Diese Frage wird mit steigender Anzahl von Eingabekanälen und möglichen Wechselwirkungen der Kanäle immer kritischer und schwieriger. Tatsächlich handelt es sich bei der Frage der optimalen Auswahl von Eingangsgrößen um ein sogenanntes NP-hartes Problem, d. h. eine Aufgabe, für dessen Lösung in seiner Allgemeinheit kein effizienter Algorithmus bekannt ist. Das maschinelle Lernen bietet hier allerdings eine Fülle von in der Praxis hoch performanten Heuristiken an, die für viele praktische Aufgaben gute Approximationen erlauben [14]. Eine Reihe solcher Verfahren, die die Auswahl relevanter Eingaben adaptiv bestimmen, sind als *Relevanzlernen* bekannt.

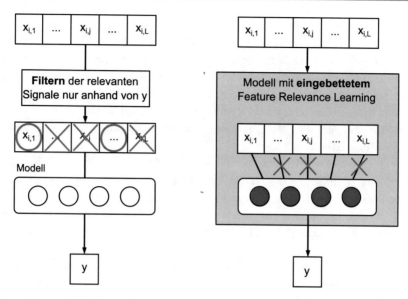

Abb. 4.11 Verschiedene Vorgehen zur Selektion relevanter Eingabekanäle für ein Modell. Links ist ein Filteransatz und rechts der eingebettete Ansatz schematisch gezeigt

Die Selektion relevanter Merkmale ist neben dem besseren Verständnis des gelernten Modells von herausragendem Interesse für die Produktentwicklung. Die Auswahl besonders geeigneter Prädiktoren erlaubt erstens, die notwendige Sensorik zur Messung von Eingangsgrößen zu reduzieren und so Kosten zu senken. Zweitens bedeutet eine geringere Anzahl von Eingaben einen geringeren Einfluss möglicher Störkomponenten in für die Klassifikation irrelevanten Eingaben und eine bessere Abdeckung des relevanten Eingaberaumes, da dieser weniger Dimensionen hat. In der Konsequenz werden weniger Daten benötigt, um eine gute Generalisierungsleistung zu erzielen. Drittens kann die Identifikation besonders relevanter Eingabekanäle fundamental zur Interpretierbarkeit des Systems und damit zum Vertrauen in seine Funktionalität beitragen, da die durch das Relevanzlernen extrahierte Information über die wesentlichen Eingabegrößen für das Modell dem menschlichen Betrachter zugänglich werden.

Im maschinellen Lernen unterscheidet man methodisch oft nach der Art der Kopplung des Klassifikators und des Relevanzlernens, wie in Abb. 4.11 dargestellt. Sogenannte *Filter-Methoden* bewerten jeden Eingabekanal separat anhand der Information für bzw. Korrelation mit der Ausgabe und wählen die gemäß dieser Bewertung signifikantesten Merkmale aus (s. Abb. 4.11 (links)). Auf Filtern beruhende Verfahren sind gut geeignet, um klare, singuläre Signale zu extrahieren und sie finden insbesondere bei sehr hochdimensionalen Signalen Einsatz. Beschränkungen ihrer Performanz sind zu erwarten, sofern Eingabekanäle nur in einer geeigneten Kombination Schlüsse für die Ausgabe erlauben und komplexe nichtlineare Gesetzmäßigkeiten vorliegen. Für das letztere Szenario haben sich eingebettete (engl.

embedded) Methoden durchgesetzt, welche die Gewichtung der Merkmale und das Erlernen eines geeigneten Models integrieren (s. Abb. 4.11 (rechts)). Solche integrierten Verfahren offerieren zudem den Vorteil, dass sie häufig sehr effizient trainiert werden können. Für lineare Verfahren etwa interpretiert man oft die Eingabegewichtung als Relevanz des Merkmals und reichert das Training eines linearen Modells um eine explizite Regularisierung an, die dünn besetzte Gewichtsvektoren erzwingt – d. h. wenige Merkmale sind mit Werten ungleich Null gewichtet. Eine der populärsten spärlichen linearen Verfahren etwa ist unter dem Akronym *Lasso* bekannt [38].

In der Praxis treten allerdings oft nichtlineare Zusammenhänge auf. Eingebettete Methoden, um signifikante Merkmale für solche Situationen herauszufinden, sind unter dem Stichwort des Relevanzlernens bekannt geworden. Ein besonders effizienter und intuitiver Ansatz kombiniert das Relevanzlernen mit Methoden der sogenannten überwachten *Vektorquantisierung*. Ein Beispiel einer Vektorquantisierung ist in Abb. 4.12 dargestellt: Der Klassifikator einer Vektorquantisierung ist durch eine Menge von Prototypen $\mathbf{w}_1, \ldots \mathbf{w}_k$ bestimmt, die im selben Raum wie die gemessenen Daten repräsentiert sind. In Abb. 4.12 sind diese je durch ein großes Symbol dargestellt. Diesen Prototypen ist je eine eindeutige Klasse $f(\mathbf{w}_i)$ zugeordnet, welche in Abb. 4.12 durch die Farbe des Symbols gekennzeichnet ist. Ein neuer Datenpunkt $\mathbf{x}$ wird der Klasse des nächstgelegenen Prototypen zugeordnet:

$$\mathbf{x} \mapsto f(\mathbf{w}_i) \text{ wobei } \|\mathbf{x} - \mathbf{w}_i\| \text{ minimal ist} \tag{4.7}$$

Damit wird de facto der Datenraum in Regionen aufgeteilt, die durch die Positionen der Prototypen $\mathbf{w}_i$ und ein Abstandsmaß definiert sind.

Für die überwachte Vektorquantisierung ausgelegte Lernverfahren stellen die Positionen der Prototypen $\mathbf{w}_i$ anhand gegebener Beispieldaten so ein, dass sie die Verteilung der Datenpunkte im Eingaberaum pro Klasse *prototypisch* repräsentiert wird. In Abb. 4.12 etwa sind die Positionen der dargestellten Prototypen anhand der durch kleine Kreise dargestellten Beispieldaten gelernt worden. Dabei sind hier zur besseren Visualisierung nur die Merkmale der Daten beschreibenden Dimensionen dargestellt. In realen Anwendungen liegen typischerweise höher dimensionale Signale vor. In der betrachteten Abb. 4.12 etwa stammen die Signale aus einer Klassifikationsaufgabe für die Bildsegmentierung: kleine Bereiche von Bildaufnahmen aus dem Außenbereich sollen in die dort abgebildeten Objekte (etwa Himmel, Gebäude, Fenster, Grünstreifen, …) klassifiziert erden. Die Bereiche selber sind dabei durch knapp zwanzig aus den lokalen Farbwerten des Bildes gewonnene statistische Merkmale beschrieben. In Abb. 4.12 sind nur die wesentlichen zwei Dimensionen der Daten dargestellt, welche durch Relevanzlernen erzeugt worden sind. In diesem Fall liefert das Relevanzlernen nicht nur eine Auswahl der wesentlichen Dimensionen, sondern auch eine Projektion der hochdimensionalen Daten in einen zweidimensionalen Raum. Dies erlaubt auch eine Visualisierung der (projizierten) Datenverteilung und des Klassifikators.

Die durch Formel (4.7) beschriebene Klassifikation basiert auf den Prototypen w_i und einem Abstandsmaß. Relevanzlernen erzetzt nun das häufig verwendete euklidische Abstandsmaß in der Formel (4.7) durch ein gewichtetes Abstandsmaß

$$\| \mathbf{x} - \mathbf{w}_i \|_\Lambda := \sqrt{(\mathbf{x} - \mathbf{w}_i)^\top \Lambda (\mathbf{x} - \mathbf{w}_i)} = \sqrt{(\Omega(\mathbf{x} - \mathbf{w}_i))^\top (\Omega(\mathbf{x} - \mathbf{w}_i))} \qquad (4.8)$$

mit einer positiv semidefiniten Matrix $\Lambda = \Omega^\top \Omega$. Diese Matrix skaliert den Raum der Eingabesignale so, dass irrelevante Dimensionen unterdrückt werden. Für die Klassifikation relevante Korrelationen der Eingabesignale werden andererseits stärker gewichtet und geeignet skaliert. Bemerkenswert ist dabei, dass diese Gewichtung der Eingaben dem Nutzer nicht bekannt sein müssen, sondern zusammen mit den Prototypen automatisch anhand gegebener Beispieldaten gelernt werden. Mathematisch wird dieses durch die gelernte Matrix Λ realisiert, die positiv definit ist und daher eine geeignete dem Problem angepasste Metrik definiert. Die Diagonalterme dieser Matrix entsprechen direkt einer Gewichtung der Eingabekanäle für die Klassifikation und sind für das Beispiel in Abb. 4.12 (rechts) gezeigt. Dementsprechend können für dieses Beispiel alle bis auf fünf Eingabekanäle ignoriert werden ohne die Klassifikation signifikant zu verändern. In Abb. 4.12 (links) ist die durch die Matrix Ω repräsentierte Projektion der Daten und Prototypen dargestellt. Diese gelernte Matrix, die die Relevanzen Λ definiert, hat in der Regel nur einen niedrigen Rang und erlaubt somit neben der expliziten Gewichtung der Eingabekanäle auch eine intuitive Visualisierung des Klassifikators für die gegebenen Beispieldaten in einem niedrigdimensionalen Scatterplot. Relevanzlernen wurde ursprünglich in dieser Form für die Klassifikation vorgeschlagen. Ähnliche Ansätze sind aber auch für Regressionsaufgaben umgesetzt worden.

Für die genaue Realisierung des Relevanzlernens stehen dabei Modellierungsansätze, wie etwa die generalisierte lernende Vektorquantisierung (GLVQ), zur Verfügung [4], die auch in öffentlich zugänglichen Toolboxen wie der SOM-Toolbox der *Aalto Universität* mit Beiträgen der Machine Learning Gruppe der *Universität Bielefeld* zur

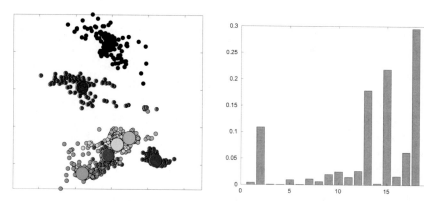

Abb. 4.12 Beispielklassifikation, die durch ein GMLVQ Netzwerk für eine Klassifikation im Rahmen der Bilderkennung gelernt wurde. Links: Darstellung der geometrischen Klassifikationsvorschrift nach einer Projektion auf den für die Klassifikation relevantesten zweidimensionalen Unterraum. Rechts: Relevanzprofil (Diagonalelemente der gelernten Matrix Λ aus Gl. (4.8)) für die 18 Eingabekanäle des Datensatzes

Vektorquantisierung, oder dem einfach zu benutzenden Beispielprogrammen der Intelligenten Systeme Gruppe der *Universität Groningen* enthalten ist. Aufgrund der Intuitivität und Lokalität dieses Verfahrens ist es besonders interessant für Anwendungen, wo ein interpretierbares und gegebenenfalls einfach nachjustierbares Modell erwünscht ist. Anwendungen erstrecken sich von der Klassifikation von Schadensfällen bei technischen Systemen [6], der Analyse biomedizinischer Daten [32], dem Computersehen [15], bis hin zum lebenslangen Lernen [16]. Im Rahmen von it's OWL wurde dieses Relevanzlernen in einem Innovationsprojekt zur Bestimmung der relevanten Eingabekanäle eingesetzt, wie in Abschn. 4.6.1 beschrieben wird.

4.5   Leitfaden für den Einsatz maschineller Lernverfahren

Die vorigen Abschnitte beschreiben grundlegende Zusammenhänge und einige Weiterentwicklungen maschineller Lernverfahren, die im Rahmen des Spitzenclusters Intelligente Technische Systeme it's OWL realisiert wurden, um den spezifischen Anforderungen bei der Anwendung datengetriebener Ansätze in technischen Systemen gerecht zu werden. In diesem Abschnitt liegt der Fokus auf dem Vorgehen bei der Umsetzung datengetriebener Modellierungsansätze, bevor die Anwendung der vorgestellten Methoden und Verfahren anschließend in Abschn. 4.6 berichtet wird. Insbesondere stehen Aspekte zur Nutzung von Domänenwissen und die Frage, wann ein datengetriebener Ansatz angezeigt ist, im Vordergrund.

4.5.1   Vorgehensmodelle

Das Vorgehen zur Wissensgewinnung und Modellbildung aus Daten wurde in einschlägigen Arbeiten formalisiert (s. [18] für eine Übersicht). Das Ziel ist, den Entwicklungsprozess besser zu strukturieren und den häufig interdisziplinären Charakter heutiger Entwicklungsprozesse abzubilden. Je nach Modell werden meist fünf bis neun Schritte vorgeschlagen, die auch wiederholt durchlaufen werden können.

Wir betrachten zunächst das verbreitete CRISP-DM Vorgehensmodell (*Cross-Industry Standard Process for Data Mining* [36]), welches eine industrie- und domänenübergreifende Gültigkeit beansprucht. Es berücksichtigt bereits eine domänenspezifische Formulierung des Lernziels, sowie Fragen zur späteren Nutzung der gelernten Modelle, etc. Auffällig ist jedoch, dass CRISP-DM eine Datenbasis als gegeben annimmt. Dies ist aber oft nicht der Fall und bildet eine erste Hürde zur Anwendung maschineller Lernverfahren. Die Bedeutung einer strukturierten und zielgerichteten Datenakquisition wird besonders vor dem Hintergrund deutlich, dass allein die Datenvorverarbeitung bei bereits vorhandenen Daten mit einem Entwicklungsaufwand von ca. 50–70 % angegeben wird [18]. In Abbildung Abb. 4.13

Abb. 4.13 Cross-Industry
Standard Process for Data
Mining (CRISP-DM) erweitert
um einen Schritt zur
Datenakquisition

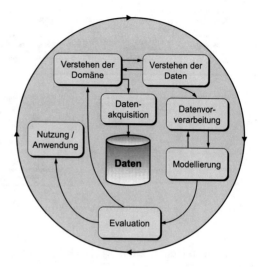

ist das um den Schritt der Datenakquisition erweiterte CRISP-DM Vorgehensmodell [28] schematisch dargestellt.

Insbesondere in technischen Systemen ist die Datenakquise ein entscheidender Schritt zum Erfolg und bedarf einer umsichtigen Planung, um Ressourcen effizient einzusetzen. Es müssen mindestens folgende Fragen adressiert werden: Welchen Haupteinflussgrößen unterliegt der zu betrachtende Prozess? Welche Sensorik steht zur Verfügung? Wie viele Daten werden benötigt? Wie werden die Daten annotiert? Details zum Vorgehen bei der Entwicklung eines Versuchsplans inklusive der Auslegung von Sensorik und einer Strategie zur Datenannotation ist in Abb. 4.14 gezeigt.

Für die Anwendung maschineller Lernverfahren in technischen Systemen, wie sie im Spitzencluster-Querschnittsprojekt Selbstoptimierung durchgeführt wurde, hat sich das in Abb. 4.15 gezeigte Vorgehen etabliert. Es umfasst fünf Phasen, die prinzipiell den Vorgehensmodellen in [18] ähneln. Jedoch integriert das Vorgehen nach Abb. 4.15 explizit die Versuchsplanung und Datenakquise, genau wie das erweiterte CRISP-DM Modell aus [28] und Abb. 4.13. Im Kontrast zum Vorgehen mit dem Ziel der Wissensgewinnung *(knowledge discovery)*, z. B. zur Unterstützung der Entscheidungsfindung, liegt bei der Anwendung maschineller Lernverfahren in technischen Systemen vielmehr der Fokus auf der Implementierung eines spezifizierten Funktionsumfangs. Beispielsweise die Modellierung eines Prozesses mit definierten Modellschnittstellen und zu erreichender Genauigkeit. Die gewünschte Funktion resultiert natürlicherweise aus der *Anwendungsdomäne,* welche im Spitzencluster it's OWL vorrangig der Maschinen- und Anlagenbau ist. Das Vorgehen in Abb. 4.15 ist auf diese Anwendungsdomäne zugeschnitten. Es beinhaltet bspw. explizit einen Schritt zur Identifikation relevanter Merkmale, sodass die Anzahl von Sensoren minimiert wird, da diese bei der Integration in ein Produkt oder dem Ausrollen auf eine Vielzahl von Fertigungslinien signifikante Kosten- und Komplexitätssteigerungen bedeuten kann.

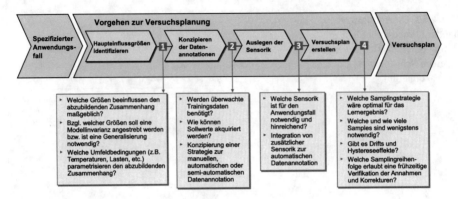

Abb. 4.14 Vorgehensmodell zur Versuchsplanung

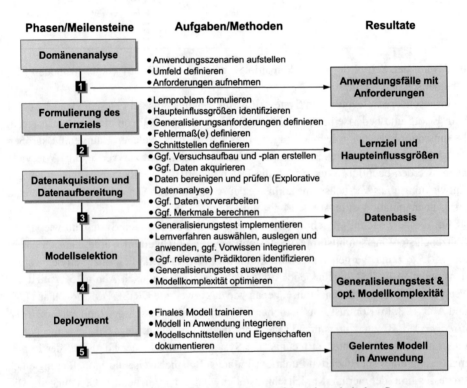

Abb. 4.15 Vorgehen zur Anwendung maschineller Lernverfahren in technischen Systemen

Die Anwendung des Vorgehens aus Abb. 4.15 wird in Abschn. 4.6.1 beispielhaft aufgezeigt. Zuvor diskutiert dieser Abschnitt jedoch zwei wichtige Aspekte tiefer, die vor und während der Anwendung datengetriebener Ansätze entsprechend Abb. 4.15 eine Rolle spielen: Wann ist ein datengetriebener Ansatz überhaupt geeignet? Und welche Rolle spielt die Nutzung von Vorwissen aus der Domäne?

4.5.2   Anwendungsindikatoren für maschinelle Lernverfahren

Grundlegende Eigenschaft datengetriebener Ansätze ist die empirische Wissensgewinnung und Modellbildung, die sich von der klassischen Ableitung von Modellen aus z. B. physikalischen Theorien unterscheidet. Im letzteren Fall wird ein möglichst kompaktes, mathematisches Modell gesucht, welches ein Phänomen beschreibt. Im ersteren Fall werden möglichst flexible Modelle an die Beobachtungen eines Phänomens angepasst (vgl. Abb. 4.16 links und rechts). Es stellt sich die Frage, in welchem Fall welcher Ansatz zu wählen ist.

Generell sind theoretische Modellierungsansätze zu bevorzugen, da für ihren gesamten Geltungsbereich akkurate Ergebnisse erwartet werden können und die kompakte Modellstruktur interpretierbar ist [21]. Maschinelle Lernverfahren können bis zu einem gewissen Maß auch über den Bereich, für den Daten verfügbar sind, hinaus extrapolieren. Allerdings kann nicht ohne weitere Maßnahmen eine umfassende Extrapolationsfähigkeit angenommen werden. In welchen Fällen sind dennoch Indikatoren für die Anwendung von datengetriebenen Ansätzen gegeben?

In vielen Fällen sind klassische Modellierungsansätze nur eingeschränkt anwendbar. Beispielsweise kann ein Prozess durch die Überlagerung mehrerer, nicht-linearer Effekte geprägt sein [41], die sich kaum durch einen theoretischen Ansatz abbilden lassen. Falls kein Ansatz zur systematischen Aufspaltung in einfachere Teilmodelle vorliegt, sind maschinelle Lernverfahren eine geeignete Alternative. Maschinelles Lernen ist ebenso sinnvoll, wenn die theoretischen Ansätze nur unzureichende Genauigkeiten erreichen, weil sie den tatsächlichen Zusammenhang zu stark vereinfachen [29, 35]. Offensichtlich ist auch ein Anwendungsindikator für maschinelle Lernverfahren gegeben, wenn der Prozess im engeren Sinne keinen direkten naturwissenschaftlichen Gesetzmäßigkeiten unterliegt. Hierzu

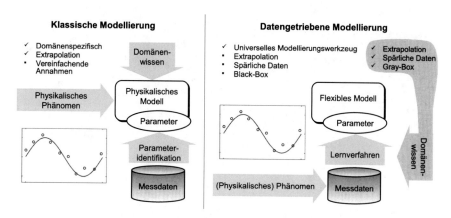

Abb. 4.16 Physikalische Modellierung (links) und datengetriebene Modellierung (rechts) im Vergleich. Zusätzlich ist die Integration von Vorwissen über die Anwendungsdomäne in den Lernprozess gezeigt

zählt insbesondere das Verhalten von Menschen. Die Modellierung und Vorhersage von Nutzerverhalten ist beispielsweise essenziell für Smart Services, um Betriebsmittel bedarfsgerecht bereitzustellen und Wartungsaufwände abzuschätzen. Ein anderes Beispiel ist die Konfiguration von Fertigungsprozessen, für die eine modellbasierte Optimierung aus Kostengründen nicht realisierbar ist und Erfahrungswissen nur implizit vorliegt. Maschinelle Lernverfahren können in solchen Fällen dazu eingesetzt werden das Erfahrungswissen der Maschinenbediener zu konsolidieren und explizit, z. B. in Form eines Experten- oder Assistenzsystems, darzustellen [13].

Ein Alleinstellungsmerkmal von maschinellen Lernverfahren ist die Visualisierung hochdimensionaler Daten, z. B. mittels Cluster- und Dimensionsreduktionsverfahren. Diese Verfahren können versteckte Strukturen in den Daten aufdecken, zum Erkenntnisgewinn über die Daten (bzw. über den zugrundeliegenden Prozess) beitragen, und zur visuellen Darstellung komplexer Zusammenhänge eingesetzt werden (vgl. auch Abschn. 4.4). Letzteres ist für die Überwachung z. B. von Fertigungsprozessen relevant und kann zu einer Anomalie- bzw. Fehlererkennung ausgebaut werden.

Zuletzt sei die Ableitung nicht direkt messbarer Größen aus korrelierten Sensorwerten erwähnt, z. B. zur Bestimmung von Produkteigenschaften. Dies wird als *virtuelle Sensorik* bezeichnet und kann als Alternative zu oder in Verbindung mit Beobachter-Konzepten aus der Regelungstechnik eingesetzt werden (z. B. [26] und Abschn. 4.6.1 und 6.3.3). Anwendungsindikatoren für virtuelle Sensoren sind gegeben, wenn z. B. aus Platzmangel oder Umgebungsbedingungen eine Messung nicht oder erst später im Prozess möglich ist. Abb. 4.17 zeigt eine Auswahl typischer Anwendungsfälle von maschinellen Lernverfahren in technischen Systemen und verknüpft diese mit Verfahren und Indikatoren.

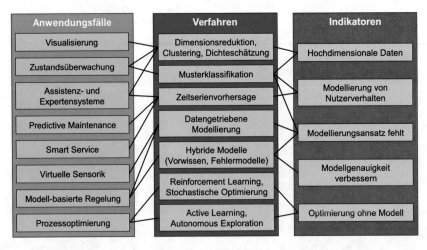

Abb. 4.17 Typische Anwendungsfälle für maschinelle Lernverfahren in technischen Systemen. Gezeigt sind die Relationen zu datengetriebenen Verfahren und Indikatoren für die Anwendung datengetriebener Ansätze

4.5.3 Domänenwissen nutzen

Eine Stärke maschineller Lernverfahren ist die hohe Flexibilität dieser Ansätze. Die einge-setzten flexiblen Modelle haben meist die Eigenschaft, universelle Funktionsapproximatoren (vgl. Abschn. 4.1) zu sein. D. h. sie können theoretisch jede Funktion beliebig genau approxi-mieren, auch wenn das praktisch oft komplexe Modelle und aufwendiges Training erfordert. Dabei sind Lernverfahren agnostisch gegenüber dem Prozess, dem die Daten entstammen. Dies ist das markanteste Unterscheidungsmerkmal zu analytischen, z. B. physikalischen, Modellierungsansätzen.

Jedoch bedeutet eine hohe Modellflexibilität auch einen gesteigerten Bedarf an Trainings-daten (vgl. Abschn. 4.1.4), um das Modell an die Daten zu fitten. Wenn die Datenakquise nicht in den normalen Betriebsablauf integriert werden kann, impliziert ein solcher erhöhter Datenbedarf auch erhöhte Kosten.

Die Flexibilität führt auch zu *Anwendungshemmnissen,* wenn es zu Designentscheidun-gen bei der Entwicklung technischer Systeme, z. B. bei der Wahl eines Modellierungsansatz beim Reglerentwurf, kommt. Da es je nach Lernverfahren nicht direkt möglich ist, einzelnen Modellparametern eine interpretierbare Rolle zuzuordnen, wird dieser Black-Box Charakter schnell zum Ausschlusskriterium und eine evtl. ungenauere Lösung mit interpretierbaren Parametern bevorzugt.

Zuverlässige Modelle im Sinne von definiertem Modellverhalten und ein sparsamer Da-tenbedarf sind deshalb häufige Anforderungen bei der Anwendung maschineller Lernver-fahren in technischen Systemen. Diese Anforderungen wurden durch einschlägige Arbeiten aus dem Cluster-Querschnittsprojekt Selbstoptimierung adressiert. Neben den Ansätzen, die in Abschn. 4.2 und 4.3 beschrieben sind, bietet sich auch das Lernen von Fehlermodellen an [29, 35], falls bereits ein z. B. physikalisches Modell vorhanden ist. Dieser Ansatz ist immer dann relevant, wenn die Steigerung der Modellgenauigkeit direkt zu Kosteneinsparungen oder zur Gewinnmaximierung führt.

Die zuvor beschriebenen Ansätze basieren alle auf der geschickten Ausnutzung von Vorwissen über den zu erlernenden Zusammenhang. Ein schematischer Vergleich von ana-lytischen und datengetriebenen Modellierungsansätzen ist in Abb. 4.16 dargestellt, wobei die Integration von Domänenwissen in beiden Ansätzen gezeigt ist. Abschließend lässt sich festhalten, dass Domänenwissen insbesondere bei der Anwendung maschineller Lernver-fahren in technischen Systemen des Maschinen- und Anlagenbaus, der Robotik, aber auch für physische Produkte für den Endanwender, ein wichtiger Faktor für die erfolgreiche Entwicklung und Integration datengetriebener Modelle ist.

4.5.4 Auswahl von Lernverfahren

Abschließend wird in diesem Abschnitt die Auswahl eines der vorgestellten sowie wei-terer Lernverfahren kurz diskutiert. Abb. 4.18 gibt Hilfestellung bei der Auswahl eines

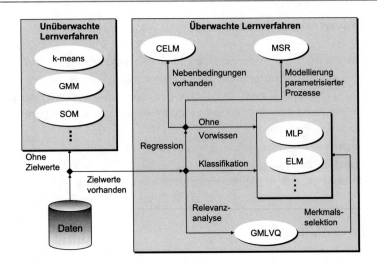

Abb. 4.18 Hilfestellung zur Auswahl von Lernverfahren mit Fokus auf die vorgestellten Verfahren ELM, CELM, MSR und GMLVQ. Weitere Lernverfahren sind wie folgt abgekürzt: Gauß'sches Mischungsmodell (GMM), Selbstorganisierende Merkmalskarten (SOM)

Lernverfahrens. Ausgehend von den vorliegenden Daten und dem Lernziel können folgende Kriterien zur Auswahl eines Lernverfahrens genutzt werden:

Falls keine Zielwerte oder Labels zu den Daten vorliegen, können unüberwachte Lernverfahren eingesetzt werden. Z. B. kann mittels k-means [11] eine Clusterung der Daten durchgeführt werden. Die Dichteverteilung der Daten kann bspw. mittels eines Gauß'schen Mischungsmodells (GMM [5]) approximiert werden. Dimensionsreduktionsverfahren, wie z. B. die Hauptkomponentenanalyse oder Selbstorganisierende Merkmalskarten (SOM [17]), können der visuellen Exploration hochdimensionaler Daten und der Berechnung von kompakten Merkmalen dienen.

Liegen Zielwerte vor, kann eine (nichtlineare) Regression durchgeführt oder ein Klassifikator trainiert werden. Für diese Zwecke sind die in diesem Buch vorgestellten Verfahren zum Trainieren eines Multi-Lagen Perzeptrons (MLP [5, 31]) oder einer Extreme Learning Machine (ELM, Abschn. 4.1.3) geeignet. Für die Selektion relevanter Eingangssignale kann zuvor eine generalisierte lernende Vektorquantisierung (GMLVQ, Abschn. 4.4) eingesetzt werden. Falls zusätzlich Nebenbedingungen vorliegen, können diese über die Constrained ELM (CELM, Abschn. 4.2) eingebunden werden. Weist die Regressionsaufgabe eine parametrisierte Form im Sinne von Abschn. 4.3 auf, kann Lernen im Modellraum angewendet werden (MSR, Abschn. 4.3).

Obgleich Abb. 4.18 nur eine kleine Auswahl von Lernverfahren abbildet, können damit dennoch viele Aufgaben im Bereich der industriellen Datenanalyse und -modellierung bewältigt werden. Abb. 4.18 lässt sich um weitere über- und unüberwachte Lernverfahren ergänzen, wobei die Hilfestellung zur Auswahl gültig bleibt. Im Folgenden wird die Anwendung der erarbeiteten Methoden und Verfahren beispielhaft an zwei Anwendungsfällen aus dem Spitzencluster it's OWL aufgezeigt.

4.6   Maschinelles Lernen in der Praxis

Die folgenden Anwendungsbeispiele für maschinelle Lernverfahren in technischen Systemen zeigen die Relevanz datengetriebener Ansätze für die Selbstoptimierung auf. Das erste Beispiel in Abschn. 4.6.1 ist auf die Erkennung des Betriebszustands fokussiert. Das zweite Beispiel in Abschn. 4.6.2 zeigt die datengetriebene Prozessmodellierung zur anschließenden Prozessoptimierung auf.

4.6.1   Maschinelles Lernen für einen intelligenten Teigkneter

Zur maschinellen Herstellung beispielsweise von Brötchenteig werden die Zutaten, u. a. Mehl und Wasser, im Knetkessel mit einem Knethaken verarbeitet (s. Abb. 4.19 (links)). Um die Vermischung der Zutaten und eine optimale Qualität des Teigs zu erzielen, muss der Zustand des Teigs bislang kontinuierlich manuell überprüft werden. Daher ist zur Bedienung der Knetmaschinen das Expertenwissen von geschulten Bäckern bisher unverzichtbar. Dies ist gerade in Schwellenländern nicht vorhanden, in denen der Bedarf an Backwaren zunimmt und die somit ein wichtiger Markt für Knetmaschinen sind. Um den Knetprozess effizient zu gestalten und die Bedienung der Maschinen zu erleichtern, ist es erforderlich, dass das Expertenwissen des Bäckers in die Maschine integriert wird.

Ein Ziel des Innovationsprojekts *InoTeK* im Rahmen des Spitzenclusters it's OWL ist die Selbstoptimierung des Knetprozesses. Dafür müssen die maschinentechnischen Voraussetzungen geschaffen werden, sodass die Maschine den Teigzustand ähnlich wie ein Bäcker erkennen kann. Der Teigzustand, z. B. die Kleberstruktur, kann jedoch nicht im laufenden Knetprozess direkt gemessen werden. Hierfür wurde in Zusammenarbeit der Clusterprojekte InoTeK und Selbstoptimierung eine virtuelle Sensorik entwickelt, die den Teigzustand aus primären Sensorgrößen, wie bspw. Temperaturen und Drehmomente, ableitet.

Im Folgenden werden die Schritte zur Umsetzung einer maschinell gelernten Knetphasenüberwachung in Anlehnung an die in Abschn. 4.5.1 dargestellten Schritte dargestellt. Zunächst werden kurz der Knetprozess beschrieben und die Anforderungen zusammengefasst (Schritt 1 entsprechend Abb. 4.15). Danach werden die wichtigsten Aspekte zur Formulierung des Lernziels und der Datenakquisition kurz berichtet (Schritt 2 und 3 in Abb. 4.15). Abschließend werden die verwendeten Verfahren und erzielten Ergebnisse zur automatischen Klassifikation der Knetphasen (Schritt 4 in Abb. 4.15), sowie die Integration der gelernten Knetphasenerkennung in einen Demonstrator (Schritt 5 in Abb. 4.15) vorgestellt.

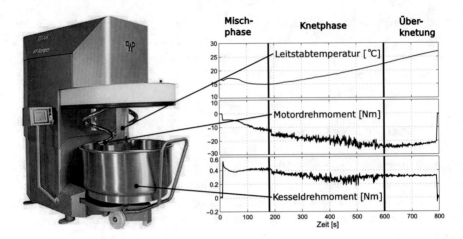

Abb. 4.19 Teigkneter (links) und Verlauf verschiedener Messgrößen während eines Knetversuchs (rechts): Temperatur am Leitstab, Motordrehmoment des Knethakens, und Motordrehmoment des Kessels. Die horizontalen Linien zeigen die erwarteten Phasenübergänge an

4.6.1.1 Domänenanalyse

Die Bestimmung des Teigzustands auf Basis sensorischer Eingaben ist bisher nicht ausreichend mittels analytischer Modelle, die z. B. auf rheologischen Teigmodellen basieren, möglich. Deshalb ist die Anwendung maschineller Lernverfahren ein vielversprechender Ansatz zur sensorischen Erfassung des Teigzustands, da datengetriebene Ansätze komplexe Eingabe-Ausgabe Zusammenhänge ohne ein zugrunde liegendes physikalisches Modell aus Daten extrahieren können (vgl. Indikatoren in Abschn. 4.5.2). Der durch ein maschinell gelerntes Modell berechnete Teigzustand dient dann als Steuerungssignal für den Knetprozess, d. h. führt beispielsweise zum Beenden des Knetens, wenn der Teig seine gewünschte Struktur erreicht hat.

Der Knetprozess

Der Knetprozess gliedert sich in drei Phasen:

1. *Mischphase:* In der sogenannten Mischphase werden die Zutaten verrührt. Hierbei wird meistens eine geringere Drehzahl des Knethakens verwendet als in der darauf folgenden Knetphase. Die Mischphase wird üblicherweise nach ca. 180 s beendet und die Drehzahl des Knethakens für die Knetphase erhöht.

2. *Knetphase:* Die Knetphase ist entscheidend für die Ausbildung der Kleberstruktur des Teigs, welche durch das Einbringen von mechanischer Energie auf den Teig durch den Knethaken entsteht. Die Knetphase durchläuft mehrere Unterstufen, wobei der Teig zunächst noch eine raue, mehlige Oberfläche aufweist. Mit fortschreitendem Kneten wird die Teigoberfläche glatter und beginnt zu glänzen. Am Ende der Knetphase hat der Teig

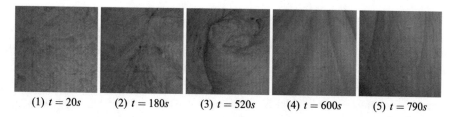

(1) $t = 20s$ (2) $t = 180s$ (3) $t = 520s$ (4) $t = 600s$ (5) $t = 790s$

Abb. 4.20 Visuelle Entwicklung des Teiges während eines Knetversuchs. Die Mischphase ist nach ca. 180 s beendet (2). Die Knetphase ist nach ca. 600 s beendet (4). Ein weiteres Kneten führt zum Verlust der glatten Oberflächenstruktur (5)

die gewünschte Konsistenz erreicht. Der Prozess wird üblicherweise durch Fachpersonal manuell beendet, sobald der Teig die gewünschte Konsistenz erreicht hat.

3. *Überknetung:* Ein weiteres Kneten führt nicht mehr zu einer Verbesserung der Teigqualität, da z. B. die Teigtemperatur steigt. Ein zu lang gekneteter Teig führt zu unerwünschten Eigenschaften des finalen Backwerks. Deshalb ist das rechtzeitige Beenden der Knetphase wichtig, um ein Überkneten des Teiges zu verhindern.

Abb. 4.19 zeigt den typischen Verlauf einiger Messgrößen (Temperatur und Knethaken- sowie Kesseldrehmoment) während eines Knetversuches. Die drei Knetphasen sind durch die vertikalen Linien gekennzeichnet. Die Bilderserie in Abb. 4.20 zeigt die visuelle Entwicklung des Teiges in einem ähnlichen Knetversuch. Die Veränderung der Teigoberflächenstruktur ist deutlich zu erkennen. Der Teig ist nach ca. 600 s fertig geknetet. Das Überkneten des Teiges führt zu einem Verlust der glatten Oberflächenstruktur und führt zu einer weiteren Erhöhung der Teigtemperatur (siehe Abb. 4.19).

Anforderungen

Um den aktuellen Prozess mit manueller Beendigung des Knetvorgangs zu verbessern, wird eine Erkennung des Knetphasenendes mit einer Genauigkeit von ± 30 s gefordert. Für die ökonomische Umsetzung eines automatisierten Teigkneters ist die Minimierung der benötigten Sensorik zur Knetphasenerkennung essenziell. Dies bedeutet eine Optimierung der Herstellungskosten (Einsparung von Bauteilen und Rechenleistung) und benötigten Komplexität der intelligenten Knetmaschine. Es ist mit statistischen Methoden zu prüfen, welche Merkmale für die Knetphasenerkennung relevant sind. Es ist festzuhalten, dass der Knetprozess eine relativ langsame Dynamik aufweist. Deshalb ist bei der Signalverarbeitung und Klassifikation keine kritische Anforderung bzgl. des Rechenaufwands des Systems gegeben. Jedoch muss das Erkennen des Knetphasenendes prozessintegriert erfolgen, da eine nachträgliche Analyse des Knetvorgangs nicht zielführend ist.

4.6.1.2 Maschinelles Lernen einer Knetphasenerkennung

Ziel ist die sensorische Detektion der Phasenübergänge, insbesondere des Endes der Knetphase, um eine Automatisierung des Knetprozesses zu ermöglichen. Dafür muss die zeitliche Abfolge der Sensorwerte bzw. Merkmale einer Knetphase zugeordnet werden. Wir Formulieren diese Fragestellung als zeitunabhängige Klassifikationaufgabe (Schritt 2 in Abb. 4.15, vgl. auch Abschn. 4.1.1). D. h. jeder Merkmalsvektor wird zeitunabhängig betrachtet und einer der drei Knetphasen zugeordnet.

Ansatz zum maschinellen Lernen einer Knetphasenerkennung

Zur prozessintegrierten Knetphasenerkennung schlagen wir das maschinelle Lernen von Klassifikatoren vor, die zu jedem Zeitpunkt k die aktuellen Sensorwerte $\mathbf{x}(k)$ einer Knetphase (Mischphase, Knetphase, Überknetung) zuordnen. Wir betrachten hierzu parametrisierte Funktionen $\mathbf{y}(k) = f(\mathbf{x}(k))$ sowie einen Winner-Takes-All Selektor, der jeder Eingabe $\mathbf{x}(k)$ im Zeitschritt k genau eine von drei Klassen zuordnet:

$$\mathbf{x}(k) \mapsto c(k) \in \{C_1, \ldots, C_3\},$$

wobei

$$c(k) = \arg\max_{i=1,\ldots,3} \ y_i(k). \tag{4.9}$$

Das Training der Funktion $f(\mathbf{x}(k))$ wird überwacht durchgeführt, wobei die Trainingsdaten D_{tr} Paare von Eingabe und Zielausgaben sind:

$$D_{tr} = \{(\mathbf{x}_s(k), \mathbf{y}_s(k)) | s = 1, \ldots, S \text{ und } k = 1, \ldots, K_s\}$$

Hierbei ist s der Index des Knetversuchs und k der Zeitschritt. Die Klassenlabel $\{C_1, \ldots, C_3\}$ werden in einer sogenannten *one-of-k* Darstellung repräsentiert. D. h. die Sollausgaben $\mathbf{y}(k) \in \mathbb{R}^3$ sind wie folgt kodiert:

$$y_i(k) = \begin{cases} 1 & \text{falls } \mathbf{x}(k) \in C_i \\ 0 & \text{sonst} \end{cases}$$

Beispielsweise ist $\mathbf{y}(k) = (0, 1, 0)$, wenn $\mathbf{y}(k) \in C_2$.

Je nach Lernverfahren unterscheidet sich das genaue Vorgehen zum Lernen der Funktion f aus den Trainingsdaten D_{tr}. Wir verwenden hier ein lineares Klassifikationsverfahren sowie eine Extreme Learning Machine (s. Abschn. 4.1.3).

Fehlermaß und Bestimmung der Knetphasenübergänge

Der oben beschriebene Klassifikationsansatz liefert zunächst nur eine Zuordnung der Sensorwerte zu einer der drei Knetphasen in den einzelnen Zeitschritten. D. h. wir erhalten eine

Sequenz von geschätzten Klassenlabeln $\hat{c}_s(k)$ für die Eingabewerte $\mathbf{x}_s(k)$, $k = 1, \ldots, K_s$ von Sequenz s. Ziel ist jedoch die Detektion der Übergänge von einer Knetphase zur nächsten Phase. Im Kontext der Knetphasenerkennung ist die Evaluation der zu trainierenden Klassifikatoren mit üblichen Maßen, wie bspw. Fehlklassifikationsraten, also nicht zielführend. Entscheidend ist der Zeitpunkt t, für den das Ende der Knetphase erkannt wird. Ein geeignetes Fehlermaß zur Bewertung der Erkennungsgüte ist deshalb

$$\Delta t = |t^* - \hat{t}|,$$

wobei t^* der zuvor bestimmte Zeitpunkt des Phasenübergangs MP (Ende der Mischphase) oder KP (Ende der Knetphase) ist. $\hat{t}$ ist der geschätzte Zeitpunkt des Phasenübergangs. Der geschätzte Zeitpunkt des Phasenübergangs wird wie folgt bestimmt. Es wird ein Knetphasenübergang angenommen, sobald sich das Klassenlabel von Schritt k auf $k + 1$ ändert. Jedoch ist bei verrauschten Zeitserien von Eingaben $\mathbf{x}(k)$ zu erwarten, dass in der Nähe von Klassengrenzen (welche hier die Knetphasenübergänge darstellen) die Sequenz der geschätzten Klassenlabeln $\hat{c}(k)$ ebenfalls verrauscht ist. Dies drückt sich in einer alternierenden Sequenz von Klassenlabeln aus. Um den Knetphasenübergang (also das Überschreiten der Klassengrenze) robust zu detektieren, haben wir die Ausgaben der Klassifikatoren über die letzten zehn Zeitschritte mit einem Median-Filter gefiltert.

Außerdem lässt sich weiteres Vorwissen über die Knetphasenübergänge berücksichtigen. Zuerst ist festzustellen, dass die verschiedenen Phasen eine Zustandskette mit genau einem erlaubten Übergang zum nächsten Zustand bilden. Deshalb ist eine valide Sequenz $c(k)$ von Knetphasenlabeln monoton steigend. Z. B. kann nach erreichen der Knetphase nicht mehr in die Mischphase übergegangen werden. Außerdem ist ein Beenden der Mischphase nicht vor 180 s zu erwarten und ebenso eine Beendigung der Knetphase nicht vor 500 s zu erwarten.

Die Nachverarbeitung der Klassenlabelsequenzen führt zu einer Onlineerkennung des Knetphasenübergangs. Den Zeitpunkt des geschätzten Phasenübergangs benennen wir mit $\hat{t}$, wobei jeweils der Zeitpunkt des Phasenübergangs von Misch- zur Knetphase und der Zeitpunkt des Knetphasenendes berechnet wird.

Generalisierungsanforderungen

Der Klassifikator muss die aus den vorhandenen Daten extrahierten Regelmäßigkeiten auf neue Knetvorgänge generalisieren können. Deshalb ist die Identifikation der wichtigsten Einflussgrößen des Knetprozesses wichtig, um das Generalisierungsziel festzulegen und dementsprechend die Evaluation der Generalisierungsfähigkeit auszulegen.

Zur Erkennung der Knetphase mittels maschinell gelernter Klassifikatoren sind folgenden Haupteinflussgrößen relevant:

- *Mehlsorte:* Mehlsorte und Typ bestimmen maßgeblich die Eigenschaften des Teigs und stellen deshalb entscheidende Einflussgrößen im Hinblick auf die Teigzustandserfassung dar. Der im Projekt InoTeK zunächst angestrebte Anwendungsfall und Demonstrator beschränkt sich jedoch auf eine Weizenmehlsorte ohne Variation des Mehltyps.
- *Teigausbeute:* Die Teigausbeute

$$\text{TA} = \frac{100 \cdot \text{Teigmenge}}{\text{Mehlmenge}}, \tag{4.10}$$

ist ein relatives Maß für die aus 100 Teilen Mehl nach Mischung mit Flüssigkeit erhaltene Menge Teig. Die Teigausbeute beeinflusst maßgeblich die benötigte Knetdauer. Eine größere Teigausbeute entspricht einem größeren Flüssigkeitsanteil des Teiges und bedarf einer längeren Knetdauer. Die Teigausbeute wurde in den durchgeführten Knetversuchen variiert.

- *Teigmenge:* Die Teigmenge beeinflusst die benötigte Knetdauer und Knetleistung. Die betrachtete Knetmaschine hat ein Fassungsvermögen von maximal 75 kg. Im Projekt InoTeK wird zunächst von einer konstanten Teigmenge über die Versuche ausgegangen.
- *Teigtemperatur:* Die Teigtemperatur ist entscheidend für den späteren Wirk- und Backprozess. Sie sollte bei Weizenteig für Brötchen am Ende des Knetvorgangs möglichst 24 °C betragen. Die Teigtemperatur hängt von der Umgebungstemperatur ab. Es ist üblich einen Teil der Flüssigkeit des Rezepts in Form von Eis zuzugeben, um die gewünschte Temperatur nach dem Knetvorgang zu erreichen. In den Knetversuchen für die Datenakquisition wurde eine konstante Ausgangstemperatur der Zutaten mit Abweichungen von wenigen Grad eingehalten.
- *Knetdauer:* Die Knetdauer bestimmt maßgeblich die finale Teigqualität. Dabei gilt aber nicht, dass eine längere Knetdauer auch zu einer verbesserten Teigqualität führt. Es besteht ein Zusammenhang zwischen Knetdauer, Teigmenge, Teigausbeute und Teigtemperatur. Eine typische Knetdauer für 25 kg Teigmasse mit einer Teigausbeute 158 beträgt circa 10 min.
- *Drehzahl:* Die Drehzahl des Knethakens sowie des Kessels beeinflusst die benötigte Knetdauer. Meist wird die Knetdauer in zwei Phasen aufgeteilt, wobei für die Mischphase (z. B. die ersten 3 min) meist eine niedrigere Drehzahl angesetzt wird. Beispielsweise werden folgende Drehzahlen für den Knethaken eingestellt: 110 U/min in der ersten Phase (1. Gang), 220 U/min in der zweiten Phase (2. Gang). Die Drehzahl des Kessels bleibt konstant bei 12 U/min. Übliche Knetzeiten für den im Projekt InoTeK betrachteten Weizenteig sind 3 min für den 1. Gang und 7–8 min für den 2. Gang.

- *Spaltmaß:* Das Spaltmaß gibt den Raum zwischen Kessel und Knethaken an. Ein größeres Spaltmaß reduziert die auf die Teigmasse übertragene mechanische Energie pro Umdrehung. Deshalb wird für größere Spaltmaße auch eine verlängerte Knetdauer erwartet. Das Spaltmaß wurde in den durchgeführten Knetversuchen verändert.

4.6.1.3 Datenakquisition und Vorverarbeitung

Für das maschinelle Lernen der Knetphasenerkennung müssen zunächst Daten akquiriert werden (vgl. Schritt 3 in Abb. 4.15), um entsprechende Merkmale und den gewünschten Zusammenhang zwischen Sensorwerten und Knetphase mit statistischen Verfahren zu extrahieren. Im Rahmen des Forschungsprojekts InoTeK wurden Daten für verschiedene Knetversuche mit einem Prüfstand aufgenommen, wobei die Generalisierungsanforderungen bei der Versuchsplanung berücksichtigt worden sind. Die im Prüfstand gemessenen Größen umfassen Temperaturen, Motordrehzahlen, Drehmomente und weitere Größen. Der Zeitverlauf dieser Größen wurde für wiederholtes Kneten an unterschiedlichen Tagen aufgezeichnet. Für die weitere Verarbeitung wurden die Daten geglättet und die Abtastrate reduziert.

Für das überwachte Training des Knetphasenklassifikators werden Label mit den Zeitpunkten der Phasenübergänge benötigt. Die Knetphasenübergänge sind nicht manuell, z. B. durch einen Bäcker, erfasst worden. Zur automatischen Annotation der Phasenübergänge wurden deshalb in dem Projekt zwei Methoden entwickelt, welche auf theoretischen Überlegungen zur mechanischen Energie im Knetprozess beruhen und die Phasenübergänge basierend auf den Sensordaten offline bestimmen können. Die erste Methode bestimmt den Wendepunkt der Temperatur am Leitstab nach Beginn der Knetphase. Ein ähnliches Verfahren beruht auf dem Motordrehmoment des Knetwerkzeugs. Die beiden Methoden wurden kombiniert, um eine robuste Schätzung des Knetphasenendes zu erhalten.

Wichtig ist, dass die prozessintegrierte Erkennung des Knetphasenendes auf Basis der beschriebenen Methoden nur bedingt möglich ist, da für die robuste Erkennung des Knetphasenendes eine starke zeitliche Glättung der entsprechenden Sensorzeitserien notwendig ist. Dies erschwert eine rechtzeitige Erkennung des Knetphasenendes im Prozess, sodass der Knetprozess erst zeitlich stark verzögert beendet werden könnte und das System die Anforderungen verfehlen würde. Für die Generierung von überwachten Trainingsdaten ist die oben beschriebene Vorgehensweise jedoch sehr effektiv: Sie erspart eine manuelle Datenannotation und ist zudem objektiv und interpretierbar. Die gelernte Knetphasenerkennung ist für die Online-Analyse zur Prozesslaufzeit ausgelegt, sodass die Funktionalität einer Online-Knetphasenerkennung erreicht wird.

4.6.1.4 Modellselektion und Evaluation

Dieser Abschnitt beschreibt kurz zwei Aspekte von Schritt 4 in Abb. 4.15. Zunächst werden die besten Prädiktoren für die Knetphasendetektion bestimmt. Darauf folgt die Evaluation der Generalisierungsfähigkeit der gelernten Knetphasendetektoren.

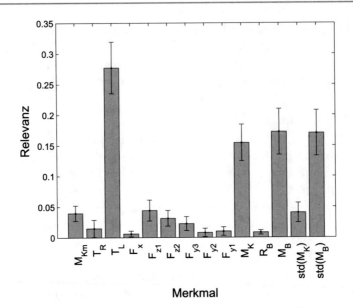

Abb. 4.21 Relevanz der Merkmale (Sensorwerte und abgeleitete Größen) für die Knetphasen-klassifikation. Die Balkenhöhe entspricht den mittleren Relevanzen über fünf Lerndurchläufe. Die Standardabweichungen der Relevanzen sind als Fehlerbalken dargestellt

Relevance Learning

Bevor wir zur systematischen Evaluation der Genauigkeit und der Generalisierungsfähigkeit der Knetphasenerkennung übergehen, selektieren wir zunächst relevante Merkmale für die Klassifikation. Wir verwenden hier das *Generalized Matrix Learning Vector Quantization* (GMLVQ [10]) Verfahren (siehe auch Abschn. 4.4). GMLVQ wurde mit allen verfügbaren Daten für die Knetphasenklassifikation angewendet. Die Relevanzen wurden über mehrere Lerndurchläufe gemittelt, um Varianzen im Lernprozess zu berücksichtigen. Die Ergebnisse sind in Abb. 4.21 dargestellt.

Abb. 4.21 zeigt deutlich, dass für die Klassifikation der Knetphasen insbesondere folgende Sensoren und abgeleitete Größen relevant sind:

- Temperatur am Leitstab T_L
- Motormoment Knetwerkzeug M_K
- Motormoment Kessel (Bottich) M_B
- Standardabweichung des Kesselmotormoments std (M_B)

Alle anderen Sensoren sind für die Klassifikation signifikant weniger relevant. Das Ergebnis des Relevance Learnings zeigt, dass die Knetphasendetektion mit einer relativ geringen Zahl an Sensoren auskommt und erhöht damit die Erfolgsaussichten für eine ökonomische Realisierbarkeit der angestrebten Funktionalität.

Tab. 4.1 Ergebnisse der Kreuzvaldierung für zwei Klassifikationsverfahren (Linearer Klassifikator (LK) und Extreme Learning Machine (ELM)). Es sind die mittleren Abweichungen Δt auf Trainings- und Testmengen für die Phasenübergänge MP und KP zusammen mit der Standardabweichung ($\pm$) und der maximalen absoluten Abweichung in Klammern angegeben

Phasenübergang		Klassifikator	
		LK	**ELM**
MP	Train	13.9 ± 8.7 (84)	12.4 ± 4.7 (18)
	Test	15.4 ± 8.9 (84)	12.5 ± 4.8 (18)
KP	Train	30.5 ± 29.0 (98)	13.6 ± 8.2 (28)
	Test	33.4 ± 32.6 (96)	14.9 ± 8.7 (28)

Im folgenden werden die oben genannten vier Eingabegrößen für die weitere Analyse der Generalisierungsfähigkeit gelernter Knetphasendetektoren verwendet. D.h. $\mathbf{x}(k) = (T_L(k), M_K(k), M_B(k), \text{std}(M_B)(k))^T$.

Evaluation der Generalisierungsfähigkeit

Die Generalisierungsfähigkeit wird durch einen Kreuzvalidierungstest (leave-one-out cross-validation, vgl. Abschn. 4.1.4) quantifiziert. In diesem speziellen Szenario wird wiederholt ein Knetversuch beim Training nicht berücksichtigt und evaluiert, wie die Knetphasenerkennung auf dem nicht trainierten Knetversuch generalisiert. Als Zielausgaben t^* für die Knetphasenerkennung wird MP für die Mischphase und KP für das Knetphasenende entsprechend verwendet.

Die Ergebnisse für fünf unabhängige Wiederholungen der Kreuzvalidierung sind in Tab. 4.1 dargestellt. In Tab. 4.1 ist jeweils der mittlere Fehler der geschätzten Knetphasenübergänge für die Sequenzen in der Trainings- und Testmenge angegeben. Zusätzlich ist die Standardabweichung und der maximale Fehler aufgelistet. Die Ergebnisse in Tab. 4.1 zeigen deutlich, dass erstens nichtlineare Klassifikatoren entscheidend sind für eine akkurate Knetphasenerkennung. Zweitens wird mit dem nichtlinearen ELM Klassifikator bereits das geforderte Fehlerniveau erreicht. Insbesondere liegen die maximalen Abweichungen vom Knetphasenende für die Testdaten mit 28 s in der gewünschten Fehlertoleranz. Es sei noch angemerkt, dass auch weitere Klassifikationsverfahren getestet wurden. Es wurden aber keine signifikant besseren Ergebnisse im Vergleich zur Extreme Learning Machine erzielt.

4.6.1.5 Deployment der Knetphasenerkennung

Der Knetphasenklassifikator wurde in einem letzten Schritt in einen Demonstrator integriert, der den aktuellen Status des Knetprozesses für den Nutzer sichtbar macht sowie den Knetvorgang automatisch bei Erreichen des Knetphasenendes abstellt. Die datengetriebene Knetphasenerkennung wurde dabei mit einem Beobachter-Ansatz kombiniert [26], welcher in Kap. 6.3.3 vorgestellt wird, und erfolgreich auf dem im Forschungsprojekt InoTeK entwickelten Prüfstand demonstriert. Das Deployment entsprechend Schritt 5 in Abb. 4.15

Abb. 4.22 Kupferbonds auf
einem Kupfersubstrat [41]. Das
Werkzeug verschweißt den
Kupferdraht mit dem Substrat
durch einen
Reibschweißprozess. Das
Werkzeug wird dabei mit einer
Ultraschallschwingung
angeregt und der Draht mit
einer vordefinierten Kraft auf
das Substrat gedrückt

umfasste insbesondere die Integration des gelernten Klassifikators in eine echtzeitfähige
Ablaufsteuerung für den Knetprozess.

4.6.1.6 Fazit

Dieses Anwendungsbeispiel zeigt, dass eine akkurate Knetphasenerkennung mittels maschineller Lernverfahren möglich ist. Die Zielvorgabe von ± 30 s Erkennungsgenauigkeit wurde
erreicht. Es wurde statistisch gezeigt, dass die Knetphasenerkennung mittels weniger Merkmale durchgeführt werden kann. Dies bedeutet, dass eine kosten-effektive Umsetzung der
Knetphasenerkennung in einer intelligenten Knetmaschine möglich ist. Die systematische
Untersuchung der Generalisierungsfähigkeit zeigt auch, dass für das erfolgreiche Training
einer Knetphasenerkennung relativ wenige Knetversuche ausreichend sind. Der entwickelte
Demonstrator automatisiert erfolgreich den Knetprozess für Brötchenteige in einem industriellen Teigkneter.

4.6.2 Modellierung des Ultraschall-Erweichungseffekts

Bei der Herstellung von Drahtbondverbindungen mittels Ultraschallschweißen werden Elektroden ohne Einsatz von Hitze verbunden. Der Draht wird dabei mittels eines Ultraschallmoduls in Schwingung versetzt und mithilfe einer zu der Kontaktfläche senkrecht stehenden
Kraft (Normalkraft) verschweißt (s. Abb. 4.22). Der Bondprozess reagiert bei der Verwendung von Kupferdrähten empfindlich auf externe Produktionseinflüsse und Materialschwankungen. Ein Ziel des Innovationsprojekts *InCuB* mit der Firma *Hesse Mechatronics* im
Rahmen des Spitzenclusters it's OWL war deshalb die (Selbst-)Optimierung des Kupferbondprozesses, damit eine gleichbleibend hohe Qualität der Bondverbindungen
erreicht wird.

Für die Optimierung des Kupferbondprozesses ist ein Modell des Bondprozesses notwendig. Jedoch ist der Bondprozess sehr komplex und nicht alle Aspekte sind vollständig

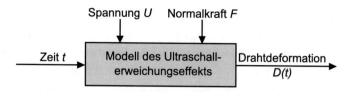

Abb. 4.23 Modellierungsansatz für den Ultraschall-Erweichungseffekt

in klassischer Weise, bspw. mittels physikalischer Modelle, abbildbar. Deswegen wurde im Rahmen einer Zusammenarbeit der Clusterprojekte InCuB und Selbstoptimierung ein datengetriebenes Modell des Ultraschall-Erweichungseffekts (*ultrasonic softening*) entwickelt [41]. Hierzu wurden analog zum Vorgehen in Abschn. 4.6.1 und Abb. 4.15 die Haupteinflussgrößen des Prozesses erfasst, das Lernziel formuliert und Daten akquiriert. Im Folgenden wird insbesondere auf die Modellierung in Schritt 4 des Vorgehens aus Abb. 4.15 näher eingegangen und aufgezeigt, wie die Verfahren zur Integration von Vorwissen aus Abschn. 4.2 und Abschn. 4.3 in diesem Beispiel die Generalisierungsfähigkeit im Vergleich zu einer ausschließlich datengetriebenen Modellierung verbessern.

4.6.2.1 Modellierungsansatz

Ziel der Modellierung ist es, den Zeitverlauf der Drahtdeformation für gegebene Ultraschallamplituden und Normalkräfte zu schätzen. Die Drahtdeformation beschreibt dabei indirekt den Ultraschall-Erweichungseffekt: Der Draht verändert stärker seine Form bei der Einwirkung von Ultraschallschwingungen mit größerer Amplitude und erhöhter Krafteinwirkung. Die Drahtdeformation wird hier durch die Veränderung der Drahtdicke approximiert, welche durch die relative Höhe des Werkzeugs zum Bondsubstrat gemessen wird.

Entsprechend dieser Annahmen ist das Modell des Ultraschall-Erweichungseffekts wie in Abb. 4.23 definiert: Die Eingänge des Modells sind der spezifische Zeitpunkt t des Prozesses, die eingesetzte Spannung des Ultraschallmoduls U und die Normalkraft F, welche das Werkzeug auf den Kupferdraht ausübt. Die Spannung und die Normalkraft variieren mit der Zeit und folgen einem vorprogrammierten Profil, welches durch die maximale Spannung und Kraft definiert ist. Die Parametrisierung des Ultraschallschweißprozesses kann also allein durch die maximale Spannung und Kraft ausgedrückt werden. Der Modellausgang ist der Deformationsverlauf $D(t)$ des Drahtes über die Zeit t.

Im Folgenden betrachten und vergleichen wir die datengetriebene Modellierung des Ultraschall-Erweichungseffekts entsprechend Abb. 4.23 durch drei Ansätze:

- *Datengetriebenes Modell:* Ein ausschließlich datengetriebener Ansatz, der das Modell aus Abb. 4.23 mithilfe einer ELM (Abschn. 4.1.3) abbildet, dient als Grundlage für den Vergleich zu zwei hybriden Modellierungsansätzen. Hierbei bestehen die Eingaben für die ELM aus der Kombination von Prozessparametern und Eingaben ($\mathbf{x} = (U, F, t)^T$).
- *Lernen unter Nebenbedingungen:* Dieser Ansatz bindet Vorwissen über den Ultraschall-Erweichungseffekt in Form von Nebenbedingungen in den Lernprozess ein (Abschn. 4.2). Dabei sind die Modelleingaben identisch zum zuvor beschriebenen datengetriebenen Modell. Über den Bondprozess ist folgendes bekannt:

1. Die Drahtdeformation D nimmt mit der Zeit t zu.
2. Die maximale Drahtdeformation ist durch die Drahtdicke (hier $300\,\mu$m) nach oben beschränkt.
3. Die Drahtdeformation nimmt zu, wenn die Spannung U des Ultraschallmoduls erhöht wird.
4. Die Drahtdeformation nimmt zu, wenn die Normalkraft F des Bondkopfes auf den Draht erhöht wird.

Damit dieses Vorwissen in das Trainieren der ELM integriert werden kann, muss es in Form von mathematischen Gleichungen formuliert werden. Hierzu werden die Eingangsgrößen $\mathbf{u} = (U, F, t) \in \mathbb{R}^3$ verwendet und punktweise Bedingungen an das Modell definiert:

$$(1) \ \partial_1 D(\mathbf{u}) = \frac{\partial}{\partial t} D(\mathbf{u}) > 0 : \forall t \in \Omega,$$

$$(2) \ \partial_2 D(\mathbf{u}) = \frac{\partial}{\partial U} D(\mathbf{u}) > 0 : \forall U \in \Omega,$$

$$(3) \ \partial_3 D(\mathbf{u}) = \frac{\partial}{\partial F} D(\mathbf{u}) > 0 : \forall F \in \Omega,$$

Ω ist hierbei eine vordefinierte Region im Eingaberaum. Mit der Formulierung der Nebenbedingungen ist das quadratische Programm (4.6) definiert und ein Modell, das die Nebenbedingungen berücksichtigt, ist damit erstellt (vgl. Abschn. 4.2). Für mehr Details über das Training der ELM mit Nebenbedingungen (*Constrained* ELM, CELM) für den Ultraschall-Erweichungseffekt sind in [41] zu finden.

- *Model Space Regression:* Dieser Ansatz nutzt die parametrisierte Form des Ultraschall-Erweichungseffekts, wie es in Abb. 4.23 dargestellt ist, aus (Abschn. 4.3). Hierbei stellen die Spannung U des Ultraschallmoduls und die Normalkraft F die Prozessparameter $\mathbf{p} = (U, F)^T$ dar und dienen als Eingaben für das Generalistenmodell (vgl. Abschn. 4.3 und Abb. 4.8 (rechts)). Die Zeit t ist die Prozesseingabe und einzige Eingabe für das Spezialistenmodell.

Im nächsten Abschnitt werden die Modellierungsansätze mittels ELM, CELM und MSR-ELM verglichen.

4.6.2.2 Generalisierungsfähigkeit

Für die Optimierung der Bondprozessparameter ist eine akkurate Generalisierung des Modells für den Ultraschall-Erweichungseffekt über Variationen der Spannung U des Ultraschallmoduls und der Normalkraft F essenziell. Dementsprechend wurden die Generalisierungstest ausgelegt [2, 41] (vgl. Abschn. 4.5.1). Hier betrachten wir zwei spezifische Generalisierungstests: der erste Test analysiert die Generalisierungsfähigkeit der Modelle bei Interpolation von Prozessparametern. Der zweite Test analysiert die Generalisierungsfähigkeit bei Extrapolation von Prozessparametern. Bei der Interpolation wird die Genauigkeit des Prozessmodells für Prozessparameterkombinationen evaluiert, die innerhalb der konvexen Hülle von den in den Trainingsdaten vorhandenen Prozessparametern liegen. Bei der Extrapolation liegen die Prozessparameterkonfigurationen in der Testmenge außerhalb dieses Bereichs.

Für die Modellierung liegen Daten für 25 Prozessparameterkombinationen (U und F) in einem 5×5 Gitter vor (s. die 25 Kacheln in Abb. 4.24 oben und unten). Für jede Parameterkonfiguration ist die gemessene Drahtdeformation $D(t)$ über die Zeit t in den einzelnen Kacheln von Abb. 4.24 als schattierter Bereich gezeigt (Mittelwert und Standard Abweichung der Drahtdeformation über zehn Bondwiederholungen). Die Modellierungsergebnisse mit ELM, CELM und MSR-ELM sind für die Interpolation in Abb. 4.24 (oben) gezeigt, die Ergebnisse für die Extrapolation in Abb. 4.24 (unten). Dabei sind die Kacheln mit Prozessparameter, die für das Training verwendet wurden, leicht schattiert. In Abb. 4.24 ist zu sehen, dass ein ausschließlich datengetriebener Ansatz (ELM) insbesondere bei der Extrapolation den Prozess nicht im Bereich der Standardabweichung abbildet. Das eingebrachte Vorwissen in die datengetriebene Modellierung (CELM und MSR-ELM) erhöht die Generalisierungsfähigkeit sichtbar in Abb. 4.24.

Abb. 4.25 zeigt den mittleren absoluten Testfehler für die Interpolation (links) und Extrapolation (rechts). Die insgesamt erhöhten Testfehler für die Extrapolation zeigen die Herausforderung der Modellierungsaufgabe auf Basis weniger Daten. Abb. 4.25 bestätigt die Beobachtung in Abb. 4.24, dass der rein datengetriebene Ansatz (ELM) eine deutlich verringerte Generalisierungsleistung gegenüber der Ansätze mit Vorwissen (CELM, MSR-ELM) aufweist. Für die Extrapolation zeigt der modulare MSR-ELM-Ansatz eine ausgezeichnete Generalisierungsleistung. Anzumerken ist, dass der MSR-Ansatz jedoch nicht, wie die CELM, den Nachweis des in expliziter Form repräsentierten Vorwissens auf einfache Weise erlaubt. Die Wahl des Lernverfahrens entscheidet sich schlussendlich anhand der Anforderungen an das Modell.

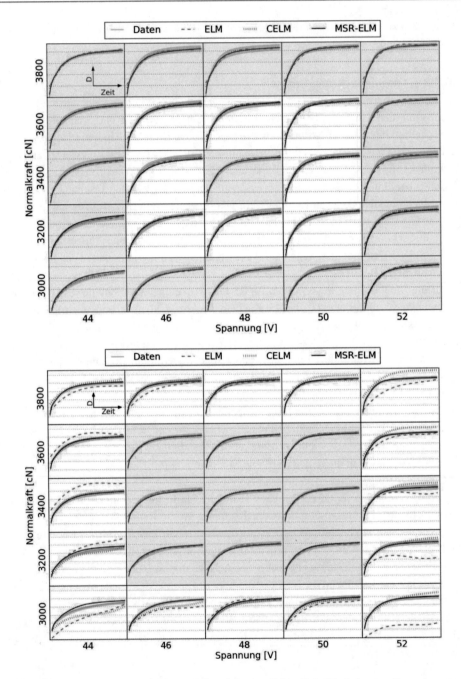

Abb. 4.24 Modellierung des Ultraschall-Erweichungseffekts. Jede Kachel zeigt die wahren und die modellierten Drahtdeformationen $D(t)$ für eine spezifische Kombination von Spannung U des Ultraschall-Moduls und Normalkraft F. Die Modellierungsergebnisse mit ELM, CELM und MSR-ELM sind für das Interpolations-Szenario oben und für das Extrapolations-Szenario unten gezeigt, wobei die Kacheln mit den Trainingsdaten farbig hinterlegt sind

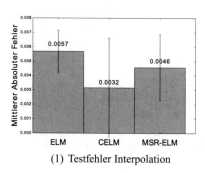 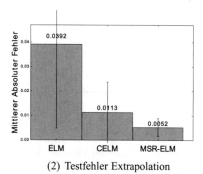

(1) Testfehler Interpolation   (2) Testfehler Extrapolation

Abb. 4.25 Mittlere absolute Testfehler der Drahtdeformation für Interpolation (links) und Extrapolation (rechts) bei der Modellierung des Ultraschall-Erweichungseffekts

4.6.2.3 Fazit

Es wurden mehrere Ansätze zur datengetriebenen Modellierung des Ultraschall-Erweichungseffekts vorgestellt. Dabei wurde Vorwissen in Form von Nebenbedingungen oder auf Basis der Struktur des parametrisierten Prozesses bei der Modellierung berücksichtigt. Der strukturelle MSR-Ansatz aus Abschn. 4.3 ist mit dem CELM Verfahren zur Integration von Nebenbedingungen aus Abschn. 4.2 nicht auf einfache Weise kombinierbar. Bei Anwendung auf ein anderes Modellierungsproblem muss anhand dessen Eigenschaften sowie der Verfügbarkeit von Daten und Vorwissen entschieden werden, welches Verfahren eingesetzt werden soll. Das datengetriebene CELM-Modell des Ultraschall-Erweichungseffekts wurde als Teilmodell des gesamten Bondprozesses integriert und für die Selbstoptimierung des Kupferbondprozesses verwendet [22].

4.7   Zusammenfassung

Datengetriebene Ansätze haben ein weites Anwendungsspektrum für technische Systeme bspw. aus dem Maschinen- und Anlagenbau. Im Rahmen der Selbstoptimierung tragen diese Ansätze insbesondere zur Erkennung des Betriebszustands sowie zur modellbasierten Optimierung bei. In dem Spitzenclusterprojekt Selbstoptimierung wurden die in dieser Anwendungsdomäne oftmals vorliegenden Anforderungen an die Modelle, wie z. B. die Zuverlässigkeit im Sinne von definiertem Modellverhalten und das Lernen auf Basis weniger Daten, durch die Verwendung von Vorwissen über die zu modellierenden Zusammenhänge adressiert. Zusätzlich wurde die Anwendung von Lernverfahren in Vorgehensmodelle eingebettet, die den Entwicklungsprozess selbstoptimierender Systeme unterstützen. Die entwickelten Verfahren und Methoden tragen maßgeblich zur Akzeptanz datengetriebener Ansätze im Ingenieurwesen bei und wurden exemplarisch an zwei erfolgreichen Anwendungsbeispielen in diesem Kapitel diskutiert. Weitere Anwendungsbeispiele aus dem

Spitzenclusterprojekt Selbstoptimierung reichen von der Überwachung [26], Modellierung [2, 21, 34, 41] und Regelung [27, 29] bis zur Optimierung [22] und zum Erlernen stabiler dynamischer Systemen zur Bewegungsgenerierung in der Robotik [20, 24].

Literatur

1. Aswolinskiy, W., Reinhart, R.F., Steil, J.J.: Modelling of parametrized processes via regression in the model space of neural networks. Neurocomputing (2017). https://doi.org/10.1016/j.neucom.2016.12.086
2. Aswolinskiy, W., Reinhart, F., Steil, J.: Modelling parameterized processes via regression in the model space. In: European Symposium on Artificial Neural Networks, S. 53–58 (2016)
3. Aswolinskiy, W., Reinhart, R., Steil, J.: Impact of Regularization on the Model Space for Time Series Classification. In: Machine Learning Reports, S. 49–56 (2015)
4. Biehl, M., Hammer, B., Villmann, T.: Prototype-based models in machine learning. Wiley Interdisciplinary Reviews: Cognitive Science 7(2), 92–111 (2016)
5. Bishop, C.M.: Pattern Recognition and Machine Learning. Springer (2006)
6. Bojer, T., Hammer, B., Koeers, C.: Monitoring technical systems with prototype based clustering. In: European Symposium on Artificial Neural Networks, S. 433–439 (2003)
7. Chen, H., Tang, F., Tino, P., Yao, X.: Model-based kernel for efficient time series analysis. In: ACM SIGKDD International Conference on Knowledge Discovery and Data Mining, S. 392–400 (2013)
8. Funahashi, K.I.: On the approximate realization of continuous mappings by neural networks. Neural Networks 2(3), 183–192 (1989)
9. G.-B. Huang, Q.-Y. Zhu, and C.-K. Siew: Extreme learning machine: Theory and applications. Neurocomputing 70(1–3), 489–501 (2006)
10. Hammer, B., Villmann, T.: Generalized Relevance Learning Vector Quantization. Neural Networks 15(8–9), 1059–1068 (2002)
11. Hartigan, J.A., Wong, M.A.: Algorithm AS 136: A k-means clustering algorithm. Journal of the Royal Statistical Society. Series C (Applied Statistics) 28(1), 100–108 (1979)
12. Huang, G.B., Zhu, Q.Y., Siew, C.K.: Extreme learning machine: a new learning scheme of feedforward neural networks. In: IEEE International Joint Conference on Neural Networks, Bd. 2, S. 985–990 (2004)
13. Iwanek, P., Reinhart, F., Dumitrescu, R., Brandis, R.: Expertensystem zur Steigerung der Effizienz im Bereich der Produktion. Productivity (4), 57–59 (2015)
14. Jović, A., Brkić, K., Bogunović, N.: A review of feature selection methods with applications. In: International Convention on Information and Communication Technology, Electronics and Microelectronics, S. 1200–1205 (2015)
15. Kietzmann, T.C., Lange, S., Riedmiller, M.A.: Incremental GRLVQ: Learning relevant features for 3D object recognition. Neurocomputing 71(13-15), 2868–2879 (2008)
16. Kirstein, S., Wersing, H., Gross, H., Körner, E.: A life-long learning vector quantization approach for interactive learning of multiple categories. Neural Networks 28, 90–105 (2012)
17. Kohonen, T.: The self-organizing map. Proceedings of the IEEE 78(9), 1464–1480 (1990)
18. Kurgan, L.A., Musilek, P.: A survey of Knowledge Discovery and Data Mining process models. The Knowledge Engineering Review 21(1), 1–24 (2006)
19. Lemme, A., Neumann, K., Reinhart, R., Steil, J.: Neurally imprinted stable vector fields. In: European Symposium on Artificial Neural Networks, S. 327–332 (2013)

20. Lemme, A., Neumann, K., Reinhart, R., Steil, J.: Neural learning of vector fields for encoding stable dynamical systems. Neurocomputing **141**, 3–14 (2014)
21. Malzahn, J., Reinhart, R., Bertram, T.: Dynamics identification of a damped multi elastic link robot arm under gravity. In: IEEE International Conference on Robotics and Automation, S. 2170–2175 (2014)
22. Meyer, T., Unger, A., Althoff, S., Sextro, W., Brökelmann, M., Hunstig, M., Guth, K.: Reliable Manufacturing of Heavy Copper Wire Bonds Using Online Parameter Adaptation. In: IEEE Electronic Components and Technology Conference, S. 622–628 (2016)
23. Neumann, K.: Reliability of Extreme Learning Machines. Dissertation, Research Institute for Cognition and Robotics (CoR-Lab), Universität Bielefeld, Bielefeld (2014)
24. Neumann, K., Lemme, A., Steil, J.: Neural learning of stable dynamical systems based on data-driven Lyapunov candidates. In: IEEE/RSJ International Conference on Intelligent Robots and Systems, S. 1216–1222 (2013)
25. Neumann, K., Rolf, M., Steil, J.J.: Reliable Integration of Continuous Constraints into Extreme Learning Machines. Journal of Uncertainty, Fuzziness and Knowledge-Based Systems **21**, 35–50 (2013)
26. Oestersötebier, F., Traphöner, P., Reinhart, R.F., Wessels, S., Trächtler, A.: Design and Implementation of Intelligent Control Software for a Dough Kneader. Procedia Technology **26**, 473–482 (2016)
27. Queisser, J.F., Neumann, K., Rolf, M., Reinhart, R.F., Steil, J.J.: An active compliant control mode for interaction with a pneumatic soft robot. In: IEEE/RSJ International Conference on Intelligent Robots and Systems, S. 573–579 (2014)
28. Reinhart, R.F.: Industrial Data Science – Data Science in der industriellen Anwendung. Industrie 4.0 Management **32**(6), 27–30 (2016)
29. Reinhart, R.F., Steil, J.J.: Hybrid Mechanical and Data-driven Modeling Improves Inverse Kinematic Control of a Soft Robot. Procedia Technology **26**, 12–19 (2016)
30. Rolf, M., Neumann, K., Queisser, J., Reinhart, R., Nordmann, A., Steil, J.: A Multi-Level Control Architecture for the Bionic Handling Assistant. Advanced Robotics **29**(13), 847–859 (2015)
31. Rumelhart, D., Hinton, G., Williams, R.: Learning internal representations by error propagation. In: Parallel Distributed Processing: Explorations in the Microstructure of Cognition, Bd. 1, S. 318–362 (1986)
32. Schleif, F.M., Hammer, B., Kostrzewa, M., Villmann, T.: Exploration of Mass-Spectrometric Data in Clinical Proteomics Using Learning Vector Quantization Methods. Briefings in Bioinformatics **9**(2), 129–143 (2008)
33. Schmidt, W., Kraaijveld, M., Duin, R.: Feedforward neural networks with random weights. In: IAPR International Conference on Pattern Recognition, Vol. II. Conference B: Pattern Recognition Methodology and Systems, S. 1–4 (1992)
34. Shareef, Z., Mohammadi, P., Steil, J.: Improving the Inverse Dynamics Model of the KUKA LWR IV+ using Independent Joint Learning. IFAC-PapersOnLine 49 (21), 507–512 (2016)
35. Shareef, Z., Reinhart, R., Steil, J.: Generalizing a learned inverse dynamic model of KUKA LWR IV+ for load variations using regression in the model space. In: IEEE/RSJ International Conference on Intelligent Robots and Systems, S. 606–611 (2016)
36. Shearer, C.: The CRISP-DM Model: The new blueprint for data mining. Journal of Data Warehousing **5**(4), 13–22 (2000)
37. Sutton, R.S.: Temporal Credit Assignment in Reinforcement Learning. Dissertation, University of Massachusetts, Amherst (1984)
38. Tibshirani, R.: Regression Shrinkage and Selection via the Lasso. Journal of the Royal Statistical Society. Series B (Methodological) **58**(1), 267–288 (1996)

39. Tikhonov, A.N.: Solution of incorrectly formulated problems and the regularization method. W. H. Winston, Washington, D. C. (1977)
40. Ude, A., Gams, A., Asfour, T., Morimoto, J.: Task-specific generalization of discrete and periodic dynamic movement primitives. IEEE Trans. on Robotics **26**, 800–815 (2010)
41. Unger, A., Sextro, W., Althoff, S., Meyer, T., Neumann, K., Reinhart, R., Brökelmann, M., Guth, K., Bolowski, D.: Data-driven Modeling of the Ultrasonic Softening Effect for Robust Copper Wire Bonding. In: International Conference on Integrated Power Systems (CIPS), S. 1–11 (2014)
42. Zhu, X.: Semi-supervised learning literature survey. Tech. Rep. 1530, Computer Sciences, University of Wisconsin-Madison (2005)

Mathematische Optimierung

Adrian Ziessler, Sebastian Peitz, Sina Ober-Blöbaum und
Michael Dellnitz

Zusammenfassung

Bei der Entwicklung eines technischen Systems möchte man dieses derart auslegen, dass es sich bzgl. der jeweiligen Anwendungssituation optimal verhält. Wird das System mit unterschiedlichen Anwendungssituationen im Betrieb konfrontiert, erfordert dies in der Regel unterschiedliche Zielsetzungen, welche sich im Allgemeinen widersprechen. Eine wichtige Rolle für die Auflösung dieser Konflikte spielen dabei Optimierungsverfahren, welche konkrete Ziele für die aktuelle Anwendungssituation sowie die zur Erfüllung der aktuellen Ziele notwendigen Verhaltensanpassungen bestimmen sollen. Hier werden zunächst die theoretischen Grundlagen und ausgewählte Methoden der

A. Ziessler (✉) · S. Peitz · M. Dellnitz
Lehrstuhl für angewandte Mathematik, Institut für Industriemathematik, Universität Paderborn,
Paderborn, Deutschland
E-Mail: ziessler@math.uni-paderborn.de

S. Peitz
E-Mail: speitz@math.uni-paderborn.de

M. Dellnitz
E-Mail: dellnitz@uni-paderborn.de

S. Ober-Blöbaum
Department of Engineering Science, University of Oxford, Oxford, UK
E-Mail: sina.ober-blobaum@eng.ox.ac.uk

© Springer-Verlag GmbH Deutschland, ein Teil von Springer Nature 2018
A. Trächtler und J. Gausemeier (Hrsg.), *Steigerung der Intelligenz
mechatronischer Systeme,* Intelligente Technische Systeme – Lösungen
aus dem Spitzencluster it's OWL, https://doi.org/10.1007/978-3-662-56392-2_5

mathematischen Optimierung beschrieben. Dabei wird der Fokus auf die Mehrzieloptimierung sowie Mehrzieloptimalsteuerung gelegt. Anschließend wird eine methodische
Vorgehensweise präsentiert, welche den Arbeitsprozess der mathematischen Mehrzieloptimierung im Selbstoptimierungskontext näher beschreibt. Diese besteht aus einem
Leitfaden zum Einsatz mathematischer Optimierung im industriellen Kontext, der
zukünftige Anwender bei der selbstständigen Lösung mathematischer Optimierungsprobleme unterstützen soll, sowie einem Katalog von typischen Anwendungshemmnissen. Abschließend werden drei Beispiele vorgestellt, die während der Projektlaufzeit in
interdisziplinärer Zusammenarbeit bearbeitet wurden.

5.1   Grundlagen und Methoden mathematischer Optimierung

Der vorliegende Abschnitt erklärt wichtige Begriffe aus der mathematischen Optimierung
sowie der Optimalsteuerung, welche eine wesentliche Rolle beim Entwurf und im Betrieb selbstoptimierender Systeme spielen. Hierbei wird die Darstellung auf kontinuierliche
Optimierungsparameter beschränkt und auf die Theorie der diskreten bzw. ganzzahligen Optimierung verzichtet. Auf dieses Thema wird lediglich in Abschn. 5.3.3 näher eingegangen,
in welchem eine industrielle Waschstraße optimiert wird, wobei unter anderem ein diskretes
Optimierungsproblem zu lösen ist.

5.1.1   Mehrzieloptimierung

Möchte man im Gegensatz zur klassischen Einzieloptimierung [40] eine optimale Lösung
bezüglich mehrerer Zielfunktionen bestimmen, so bestehen in der Regel Konflikte hinsichtlich der Zielsetzung. Infolgedessen besteht die Lösung nicht nur aus einem einzigen
Optimum, sondern aus einer Menge optimaler Kompromisse zwischen diesen konfliktä-
ren Zielen, der sogenannten *Pareto-Menge* [37]. Im Falle eines Elektrofahrzeuges könnten
solche Zielfunktionen als z.B. „minimaler Energieverbrauch der Batterie gegen maximal
gefahrene Strecke" definiert werden [16], oder im Falle einer industriellen Waschanlage „maximale Waschqualität bei minimaler Dauer und minimalen Kosten" [42]. Ein detailliertes
Beispiel wird unter anderem in Abschn. 5.3.1 beschrieben, in dem in einem Inselnetz, basierend auf vorgegebenen Lastdaten, die optimale Auslegung eines Hybridspeichers bestimmt
wird. Die konkurrierenden Ziele sind dabei minimale Lebenszeitkosten der Energiespeicher
sowie maximale Energiereserve, über die die Stabilität des Inselnetzes bei unvorhersehbaren
Schwankungen der benötigten Leistung sichergestellt wird.

Mathematisch formuliert stellt sich das allgemeine beschränkte Mehrzieloptimierungsproblem wie folgt dar:

$$\min_{\mathbf{x} \in \mathbb{R}^n} \mathbf{F}(\mathbf{x}) = \min_{\mathbf{x} \in \mathbb{R}^n} \begin{pmatrix} f_1(\mathbf{x}) \\ \vdots \\ f_k(\mathbf{x}) \end{pmatrix}, \text{ unter den Nebenbedingungen } \mathbf{x} \in S, \qquad (5.1)$$

wobei $\mathbf{F}$ der Vektor von Zielfunktionen $f_1, \ldots, f_k : \mathbb{R}^n \to \mathbb{R}$ ist, $\mathbf{x}$ die Optimierungsparameter bezeichnet und $S \subset \mathbb{R}^n$ den (nichtleeren) zulässigen Bereich beschreibt. Des Weiteren steht n für die Anzahl an Parametern und k für die Anzahl an Zielfunktionen.

Liegen mehrere Zielfunktionen vor, d.h. $k > 1$, so muss die Bedeutung von „min" genauer erklärt werden, da in diesem Fall keine vollständige Ordnung der Punkte mehr vorliegt. Diese Aussage wird am folgenden Beispiel erläutert: sei $k = 2$ und die Punkte $\mathbf{A} = (2, 5)^T$, $\mathbf{B} = (1, 4)^T$ und $\mathbf{C} = (3, 3)^T$ gegeben, welche drei beispielhaften Zielfunktionsauswertungen entsprechen. Einerseits gilt dann $\mathbf{A} > \mathbf{B}$, andererseits ist bei den Punkten $\mathbf{A}$ und $\mathbf{C}$ weder $\mathbf{A} > \mathbf{C}$, noch $\mathbf{A} < \mathbf{C}$, da $A_1 < C_1$ und gleichzeitig $A_2 > C_2$. Aus diesem Grund wird eine *Partialordnung* eingeführt [20]: Betrachtet man die Punkte $\mathbf{v} \in \mathbb{R}^n$ und $\mathbf{w} \in \mathbb{R}^n$, so ist $\mathbf{v} <_p \mathbf{w}$, falls $v_i < w_i$ für alle $i = 1, \ldots, n$ gilt. Anschaulich gesprochen ist ein Punkt $\mathbf{v}$ nur dann kleiner als ein Punkt $\mathbf{w}$ ($\mathbf{v} <_p \mathbf{w}$), wenn $\mathbf{v}$ in jeder Komponente kleiner ist als die entsprechende Komponente von $\mathbf{w}$. Analog lässt sich die Beziehung $\leq_p$ definieren. Darauf aufbauend wird das *Kriterium für Pareto-Optimalität* formuliert. Für die Punkte $\mathbf{x}, \mathbf{x}^* \in \mathbb{R}^n$ lassen sich folgende Aussagen treffen:

1. Der Punkt $\mathbf{x}^*$ *dominiert* den Punkt $\mathbf{x}$, falls $\mathbf{F}(\mathbf{x}^*) \leq_p \mathbf{F}(\mathbf{x})$ und es existiert mindestens ein $i \in \{1, \ldots, k\}$ sodass $f_i(\mathbf{x}^*) < f_i(\mathbf{x})$ gilt.
2. Der Punkt $\mathbf{x}^*$ ist *paretooptimal*, falls es keinen zulässigen Punkt $\mathbf{x}$ gibt, der $\mathbf{x}^*$ dominiert.
3. Die Menge aller paretooptimalen Punkte wird Pareto-Menge genannt, ihr Bild unter $\mathbf{F}$ wird als *Pareto-Front* bezeichnet.

Gilt die Eigenschaft der Pareto-Optimalität nur in einer Umgebung $U(\mathbf{x}^*)$ von $\mathbf{x}^*$, so ist $\mathbf{x}^*$ *lokal paretooptimal*. Abb. 5.1 veranschaulicht das Prinzip der Pareto-Optimalität an einem einfach Beispiel für zwei Zielfunktionen.

Ist die Differenzierbarkeit aller Zielfunktionen $f_1, \ldots f_k : \mathbb{R}^n \to \mathbb{R}$ gegeben, so liefert der Satz von KUHN und TUCKER notwendige Optimalitätsbedingungen [32], welche im Falle eines unbeschränkten Mehrzieloptimierungsproblems, d.h. $S = \mathbb{R}^n$, folgendermaßen lauten: Sei $\mathbf{x}^* \in \mathbb{R}^n$ paretooptimal, dann existieren Multiplikatoren $\alpha_i \in \mathbb{R}$, $\alpha_i > 0$ mit $\sum \alpha_i = 1$, sodass

$$\sum_{i=1}^{k} \alpha_i \nabla f_i(\mathbf{x}^*) = 0. \qquad (5.2)$$

Diejenigen Punkte $\mathbf{x} \in \mathbb{R}^n$, welche obige Gleichung erfüllen, werden als *Karush-Kuhn-Tucker (KKT)* Punkte oder auch *substationäre Punkte* bezeichnet. Wir bemerken an dieser Stelle, dass Gl. (5.2) nur eine notwendige Bedingung für Pareto-Optimalität darstellt.

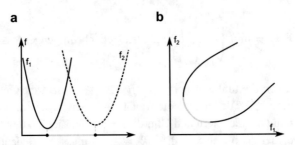

Abb. 5.1 Illustration der Pareto-Menge und Pareto-Front an einem zwei-Parabel Beispiel. **a** Die Pareto-Menge (grau) liegt zwischen den Minima der einzelnen Zielfunktionen. **b** Darstellung der Pareto-Front (grau) als Bild der Pareto-Menge

Zur Lösung von Mehrzieloptimierungsproblemen existieren zahlreiche Ansätze, beispielsweise deterministische Methoden [20, 37], bei denen Konzepte aus der Einzeloptimierung erweitert werden. Häufig überführt das resultierende Verfahren das Mehrzieloptimierungsproblem in eine Sequenz von Einzieloptimierungsproblemen (Skalarisierung). *Fortsetzungsmethoden* nutzen die Tatsache aus, dass die Pareto-Menge unter gewissen Glattheitsannahmen eine Mannigfaltigkeit ist, welche mit Fortsetzungsalgorithmen approximiert werden kann, die aus dem Bereich der dynamischen Systeme stammen [28]. In Abschn. 5.1.1.1 wird ein Fortsetzungsverfahren vorgestellt, bei dem nacheinander mehrere Einzieloptimierungsprobleme gelöst werden, in denen die Distanz zwischen einem zulässigen Punkt sowie einem unzulässigen Punkt im Bildbereich minimiert wird. Ein weiterer beliebter Ansatz basiert auf *evolutionären Algorithmen* [12]. Die zugrunde liegende Idee entstammt der Biologie und besteht darin, eine gesamte Population von Punkten mutieren und sich entwickeln zu lassen. Mengenorientierte Verfahren bieten einen alternativen deterministischen Ansatz zur Lösung von Mehrzieloptimierungsproblemen. Mittels *Unterteilungsalgorithmen* (siehe Abschn. 5.1.1.2) wird die Pareto-Menge durch eine Sequenz von immer feiner werdenden Boxüberdeckungen approximiert [18, 50, 51].

5.1.1.1 Fortsetzungsverfahren

Das hier vorgestellte Fortsetzungsverfahren basiert auf einer Skalarisierungstechnik, in der die Menge der Lösungen von Gl. (5.1) durch eine endliche Anzahl an Punkten approximiert wird, die jeweils Lösung eines Einzieloptimierungsproblems sind. Nachdem man einen paretooptimalen Punkt $\mathbf{x}_0$ auf der Pareto-Menge gefunden hat (z. B. indem ein Einzieloptimierungsproblem für eine beliebige Zielfunktion gelöst wurde), wird ausgehend vom Punkt $\mathbf{F}(\mathbf{x}_0) \in \mathbb{R}^k$ ein sogenannter *Referenzpunkt* $\mathbf{T}_1 \in \mathbb{R}^k$ gewählt, welcher außerhalb der zulässigen Menge $\mathbf{F}(S) \subset \mathbb{R}^k$ im Bildbereich liegt (vgl. Gl. (5.1)). Anschließend wird ein skalares Einzieloptimierungsproblem gelöst

$$\min_{\mathbf{x}_1 \in S} \|\mathbf{T}_1 - \mathbf{F}(\mathbf{x}_1)\|_2^2. \tag{5.3}$$

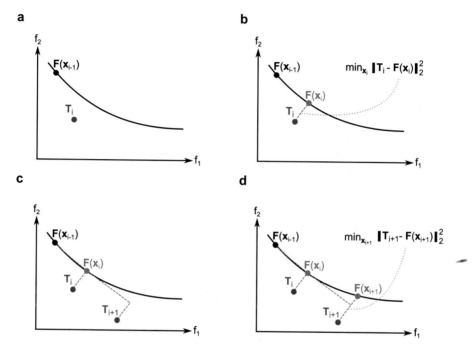

Abb. 5.2 Illustration des Fortsetzungsverfahrens mit zwei Zielfunktionen. **a** Wahl eines Referenzpunktes T_i. **b** Lösen des skalaren Einzieloptimierungsproblems. Dieses liefert einen neuen Punkt $F(x_i)$ auf der Pareto-Front. **c** und **d** Sukzessive Fortsetzung von (**a**) und (**b**)

Die Lösung aus Gl. (5.3) liefert einen optimalen Punkt $F(x_1)$, welcher auf dem Rand der zulässigen Menge $F(S)$ liegt und somit nicht weiter optimiert werden kann. Damit ist x_1 paretooptimal. Nachdem ein neuer Referenzpunkt $T_2 \in \mathbb{R}^k$ gewählt wurde, lassen sich nun sukzessive Punke auf der Pareto-Front ($F(x_2)$, $F(x_3)$, ...) berechnen. Abb. 5.2 illustriert diese Methode für $k = 2$ Zielfunktionen. In Abschn. 5.3.2 wird das Fortsetzungsverfahren für die Optimalsteuerung von elektrisch angetriebenen Fahrzeugen benutzt. Eine detaillierte Beschreibung findet man z. B. in [20, 43].

5.1.1.2 Unterteilungsverfahren

Das Unterteilungsverfahren gehört zu der Klasse der mengenorientierten numerischen Verfahren, die die Pareto-Menge durch eine Sequenz von immer feiner werdenden Boxüberdeckungen approximiert. In diesem Kapitel wird zwischen zwei Varianten des Verfahrens unterschieden. Zum einen wird das Unterteilungsverfahren für Zielfunktionen betrachtet, deren Ableitungen nicht gegeben sind. Dies kommt in der Praxis vor allem dann vor, wenn für die Auswertung der Zielfunktionen eine Black Box Simulation des (komplexen) Prozessmodells durchgeführt wird, z. B. durch die Verwendung externer Tools wie MATLAB/Simulink. Zum anderen wird ein Unterteilungsverfahrens für Zielfunktionen mit

Ableitungen skizziert, welches auf einer analogen Methodik aus dem Bereich der *Dynamischen Systeme* basiert und dort für die Approximation von Attraktoren eingesetzt wird (siehe [17]). Eine detaillierte Beschreibung beider Verfahren findet man in [18].

Das Samplingverfahren

Liegen die Ableitungen der Zielfunktionen nicht vor, kommt ein Unterteilungsverfahren zum Einsatz, welches auf Ableitungsinformationen der Zielfunktionen und Nebenbedingungen gänzlich verzichtet. Dieses Verfahren wird auch als Samplingverfahren bezeichnet und besteht im Wesentlichen aus zwei Schritten: dem Unterteilungsschritt sowie dem Auswahlschritt. Mit diesen Schritten wird sukzessive eine Boxüberdeckung der Pareto-Menge berechnet, welche im Grenzwert nur noch aus paretooptimalen Punkten besteht. Lediglich die oberen sowie unteren Schranken der jeweiligen Parameter müssen zu Beginn festgelegt werden. Diese sind aber vor allem in technischen Systemen gegeben und so kann in den meisten Fällen der zulässige Bereich $S \subset \mathbb{R}^n$ in Form einer Boxbeschränkung angegeben werden, $S := \{\mathbf{x} \in \mathbb{R}^n : l_i \leq x_i \leq u_i, i = 1, \ldots, n\}$.

Im Folgenden bezeichnet man einen Punkt $\mathbf{x} \in S \subset \mathbb{R}^n$ als *nicht-dominiert,* falls kein weiterer Punkt $\mathbf{y} \in S \subset \mathbb{R}^n$ existiert, sodass $\mathbf{F}(\mathbf{y}) \leq_p \mathbf{F}(\mathbf{x})$ und $\mathbf{F}(\mathbf{y}) \neq \mathbf{F}(\mathbf{x})$. Sei nun $\mathscr{B}_0$ eine initiale Kollektion endlich vieler Boxen gleicher Form und Größe, sodass $\cup_{B \in \mathscr{B}_0} B = S$ gilt. Die Boxkollektion $\mathscr{B}_j$ für $j = 1, 2, \ldots$ erhält man sukzessiv aus zwei Schritten:

1. *Unterteilungsschritt:* Konstruiere eine neue Boxkollektion $\hat{\mathscr{B}}_j$, sodass

$$\bigcup_{B \in \hat{\mathscr{B}}_j} B = \bigcup_{B \in \mathscr{B}_{j-1}} B$$

und

$$\mathrm{diam}(\hat{\mathscr{B}}_j) = \theta_j \mathrm{diam}(\mathscr{B}_{j-1}),$$

mit $0 < \theta_{\min} \leq \theta_i \leq \theta_{\max} < 1$. Dabei bezeichnet $\mathrm{diam}(\cdot)$ den Durchmesser der Boxen in der aktuellen Boxkollektion.

2. *Nicht-Dominanz-Test:* Wähle für alle $B \in \hat{\mathscr{B}}_j$ eine Menge an Testpunkten $X_B \subset B$ und definiere als $N_j := \{\mathbf{x} | \mathbf{x}$ ist nicht-dominierter Punkt von $\cup_{B \in \hat{\mathscr{B}}_j} X_B\}$ die Menge der nicht-dominierten Punkte aller $B \in \hat{\mathscr{B}}_j$. Damit ist die neue Boxkollektion gegeben durch

$$\mathscr{B}_j := \{B \in \hat{\mathscr{B}}_j : \exists \mathbf{y} \in X_B \cap N_j\}.$$

Diese zwei Schritte werden so oft wiederholt, bis eine vorgegebene Größe des Boxradius ε, relativ zum Radius der initialen Box erreicht wird. Formal bedeutet dies, dass der Algorithmus beendet wird, sobald

$$\mathrm{diam}(\mathscr{B}_j) < \varepsilon \, \mathrm{diam}(\mathscr{B}_0)$$

erfüllt ist. Grafisch ist das Verfahren in Abb. 5.3 dargestellt.

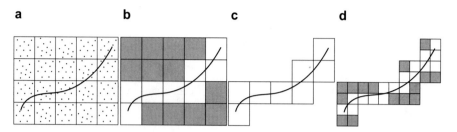

Abb. 5.3 Illustration des Samplingverfahrens. Die (vorher unbekannte) Pareto-Menge wird als durchgezogene Linie dargestellt. **a** Jede Box der aktuellen Boxkollektion wird durch eine Menge von Testpunkten X_B diskretisiert. **b** Die dominierten Boxen (grau) werden ermittelt. **c** Neue Boxkollektion ohne die dominierten Boxen. **d** Die Schritte (**a**) + (**b**) werden auf die neue, feinere Boxkollektion angewendet

Das k-Gradienten-Verfahren

Liegen bei dem Optimierungsproblem zusätzlich zu den Zielfunktionen auch deren Ableitungen vor, so kann das Unterteilungsverfahren aus dem Bereich der dynamischen Systeme [18] angewendet werden. Für einen Punkt $\mathbf{x} \in \mathbb{R}^n$, der nicht die KKT-Bedingung (5.2) erfüllt, wird eine Abstiegsrichtung $\mathbf{q}(\mathbf{x})$ definiert, in der alle k Zielfunktionswerte fallen:

$$-\nabla f_i(\mathbf{x}) \cdot \mathbf{q}(\mathbf{x}) \geq 0, \quad i = 1, \ldots, k. \tag{5.4}$$

Dieses Vorgehen ist eine natürliche Erweiterung der *Methode des steilsten Abstiegs* aus der Einzeloptimierung [18]. Eine Möglichkeit, eine solche Abstiegsrichtung $\mathbf{q}(\mathbf{x})$ zu berechnen, die Gl. (5.4) erfüllt, ist das folgende Hilfsproblem zu lösen [49]:

$$\min_{\alpha \in \mathbb{R}^k} \left\{ \left\| \sum_{i=1}^{k} \alpha_i \nabla f_i(\mathbf{x}) \right\|_2^2 \;\middle|\; \alpha_i \geq 0, \; i = 1, \ldots, k, \; \sum_{i=1}^{k} \alpha_i = 1 \right\}. \tag{5.5}$$

Wir erhalten

$$\mathbf{q}(\mathbf{x}) = -\sum_{i=1}^{k} \hat{\alpha}_i \nabla f_i(\mathbf{x}), \tag{5.6}$$

wobei $\hat{\alpha}$ die Gl. (5.5) löst. Entweder ist $\mathbf{q}(\mathbf{x}) = 0$ und $\mathbf{x}$ erfüllt Gl. (5.2), oder $\mathbf{q}(\mathbf{x})$ ist eine Abstiegsrichtung für alle Zielfunktionen $f_1(\mathbf{x}), \ldots, f_k(\mathbf{x})$ in $\mathbf{x}$.

Um das Unterteilungsverfahren aus dem Bereich der dynamischen Systeme anzuwenden, betrachtet man das diskrete dynamische System

$$\mathbf{x}_{j+1} = \mathbf{x}_j + h_j \mathbf{q}_j(\mathbf{x}_j), \tag{5.7}$$

wobei $\mathbf{q}_j(\mathbf{x}_j)$ eine Abstiegsrichtung vermöge (5.6) und h_j eine geeignet gewählte Schrittweite (z. B. nach der *Armijo-Regel* [40]) sind. Im Folgenden wird die rechte Seite der Gl. (5.7) als $\mathbf{g}_q(\mathbf{x}_j)$ bezeichnet. Das Unterteilungsverfahren wurde ursprünglich im Bereich der

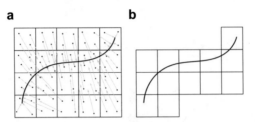

Abb. 5.4 Illustration des k-Gradienten-Verfahrens. **a** Jede Box der aktuellen Boxkollektion wird durch eine Menge von Testpunkten X_B diskretisiert, für die jeweils eine Abstiegsrichtung bestimmt wird. **b** Nach dem Auswahlschritt bleiben die getroffenen Boxen in der Boxkollektion

dynamischen Systeme entwickelt, um den relativ globalen Attraktor eines dynamischen Systems **g** zu einer anfangs gegebenen Box Q zu berechnen. Wir bezeichnen den Attraktor zur Box Q mit A_Q, wobei $\mathbf{g}(A_Q) = A_Q$ gilt. Angepasst an das diskrete dynamische System (5.7) erhält man somit die Menge aller substationärer Punkte. Im Vergleich zu dem Samplingverfahren unterscheidet es sich nur im Auswahlschritt:

2. *Auswahlschritt*: Definiere die neue Boxüberdeckung $\mathscr{B}_j$ als

$$\mathscr{B}_j := \left\{ B \in \hat{\mathscr{B}}_j \ \bigm| \ \exists \hat{B} \in \hat{\mathscr{B}}_j \text{ sodass } \mathbf{g}_q^{-1}(B) \cap \hat{B} \neq \emptyset \right\}.$$

Das Verfahren wird in Abb. 5.4 illustriert. Alle Boxen, in die nicht abgebildet wird, werden eliminiert. Das dynamische System (und damit die Boxüberdeckung) bewegt sich also auf die Menge der substationären Punkte zu.

5.1.2 Mehrzieloptimalsteuerung

In diesem Abschnitt werden Mehrzieloptimalsteuerungsprobleme behandelt. Die Darstellungen folgen zum großen Teil denen in [21]. Während bei den bisher betrachteten Mehrzieloptimierungsproblemen paretooptimale Parameter berechnet werden, ist man bei der Mehrzieloptimalsteuerung daran interessiert, paretooptimale Funktionen zu bestimmen. Diese steuern den zeitlichen Verlauf eines technischen Systems. wie z. B. die Position, Geschwindigkeit und den Batterieladegrad eines Elektrofahrzeuges. Dies kann z. B. eine von der Zeit abhängige Gaspedalsteuerung sein oder der von der Zeit abhängige Strom eines Elektromotors. Mathematisch kann das dynamische Verhalten eines technischen Systems mittels eines Modells beschrieben werden, d. h. üblicherweise durch eine zeitkontinuierliche Differentialgleichung der Form

$$\dot{\mathbf{x}}(t) = f(\mathbf{x}(t), \mathbf{u}(t))$$

mit Zeitparameter $t \in [t_0, t_f]$ und $t_0, t_f \in \mathbb{R}$. Des Weiteren bezeichnet $\mathbf{x}(t)$ die zeitabhängigen Systemzustände, z. B. Positionen und Geschwindigkeiten mechanischer Systeme oder Ladungen und Ströme elektrischer Systeme, mit $\dot{\mathbf{x}}(t)$ wird die zeitliche Ableitung der Systemzustände bezeichnet, und $\mathbf{u}(t)$ ist die zeitabhängige Steuerung. Unter geeigneten Regularitätsvoraussetzungen an das Vektorfeld $f(\cdot, \cdot)$ ist die Existenz einer Lösung der Differentialgleichung, d. h. einer Zustandstrajektorie für beliebige, vorgegebene Steuerungstrajektorien, garantiert. Ein Steuerungsproblem ergibt sich dadurch, dass dem System mittels einer geeigneten Steuertrajektorie $\mathbf{u}(t)$, $t \in [t_0, t_f]$, ein vorgegebenes Verhalten aufgeprägt werden soll, z. B. eine Bewegung von einem Punkt zu einem anderen Punkt. Aus der Menge aller möglichen Lösungen für dieses Problem sind diejenigen zu identifizieren, die ein oder mehrere vorgegebene Ziele optimal erfüllen. Des Weiteren kann es *Nebenbedingungen* an das Mehrzieloptimalsteuerungsproblem geben, deren Einhaltung zwingend erforderlich ist. Damit lautet die allgemeine Problemformulierung

$$\min_{\mathbf{x}, \mathbf{u}, t_f} \mathbf{J}(\mathbf{x}, \mathbf{u}, t_f) = \int_{t_0}^{t_f} C(\mathbf{x}(t), \mathbf{u}(t)) \, dt, \tag{5.8}$$

sodass

$$\dot{x}(t) = f(\mathbf{x}(t), \mathbf{u}(t)) \quad \forall t \in [t_0, t_f] \tag{5.9}$$

$$r(x(t_0), x(t_f)) = 0 \tag{5.10}$$

$$g(\mathbf{x}(t), \mathbf{u}(t)) \leq 0 \quad \forall t \in [t_0, t_f]. \tag{5.11}$$

Der Vektor $\mathbf{J}$ besteht aus mehreren Zielfunktionalen

$$\mathbf{J}(\mathbf{x}, \mathbf{u}, t_f) = \left(J_1(\mathbf{x}, \mathbf{u}, t_f), \ldots, J_k(\mathbf{x}, \mathbf{u}, t_f) \right)^T,$$

wobei jedes Zielfunktional von der Form

$$J_i(\mathbf{x}, \mathbf{u}, t_f) = \int_{t_0}^{t_f} C_i(\mathbf{x}, \mathbf{u}) \, dt, \quad i = 1, \ldots, k$$

ist. Im Gegensatz zu den Problemen, die in Abschn. 5.1.1 betrachtet wurden, hängt die Zielfunktion nun von den Funktionen $\mathbf{x}(t)$ und $\mathbf{u}(t)$ anstatt von einzelnen Parametern ab. Gl. (5.9) beschreibt das dynamische Verhalten des Systems und Gl. (5.10) sowie Gl. (5.11) sind Nebenbedingungen. Mit der Randbedingung (5.10) kann man beispielsweise fordern, dass das System von einem festen Anfangszustand zu einem festen Endzustand überführt wird. Allgemeinere Nebenbedingungen (vgl. (5.11)) können als Gleichheits- oder Ungleichheitsbedingungen formuliert werden und ergeben sich aus technischen Beschränkungen, z. B. an Positionszustände durch Hindernisse im Raum oder an die Steuerungen durch Maximalkräfte.

Mögliche Lösungen eines klassischen (Einziel-)Optimalsteuerungsproblems können durch die notwendigen Bedingungen des *Pontryaginschen Maximumsprinzips* gefunden werden (siehe z. B. [22]). Da es bei komplexen Problemen in realen Anwendungen jedoch sehr schwierig sein kann, die Bedingungen herzuleiten und numerisch zu lösen, verfolgen direkte numerische Lösungsverfahren für Optimalsteuerungsprobleme einen alternativen Ansatz (siehe z. B. [23]). Dabei wird das Problem in ein nichtlineares, restringiertes Optimierungsproblem transformiert und numerisch, beispielsweise mittels eines *SQP-Verfahrens* [24], gelöst. Die Transformation beruht auf einer Zeitdiskretisierung der Trajektorien und der Differentialgleichung. Dazu werden die zeitabhängigen Funktionen $\mathbf{x}(t)$ und $\mathbf{u}(t)$ mittels diskreter Zustands- und Steuerungsparameter, welche die Trajektorien an diskreten Zeitpunkten approximieren, repräsentiert. Für die Diskretisierung der Differentialgleichung (5.9) kommen numerische Integrationsverfahren zum Einsatz. Für einen Überblick über verschiedene Diskretisierungstechniken für Einzieloptimalsteuerungsprobleme sei auf [9] verwiesen. Ist das Mehrzieloptimalsteuerungsproblem *differentiell flach* [39], so kann es direkt in die Form des Mehrzieloptimierungsproblems (5.1) überführt werden. Andernfalls wird das Mehrzieloptimalsteuerungsproblem mithilfe der Algorithmik der Software *DMOC* (Discrete Mechanics and Optimal Control [29]) vollständig diskretisiert. In jedem Fall führt das in (5.8)–(5.11) beschriebene Mehrzieloptimalsteuerungsproblem auf ein nichtlineares, restringiertes Mehrzieloptimierungsproblem der Form (5.1) mit den zeitdiskreten Zuständen und Steuerungen als Optimierungsparameter.

Zur Lösung derart hochdimensionaler Mehrzieloptimierungsprobleme eignen sich die Fortsetzungsverfahren aus Abschn. 5.1.1.1, da sie im niedrigdimensionalen Bildraum anstatt im hochdimensionalen Urbildraum arbeiten. Anwendungen der Verfahren zur Mehrzieloptimalsteuerung für die Entwicklung paretooptimaler Tempomaten für Elektrofahrzeuge werden in Abschn. 5.3.2 vorgestellt.

5.2   Leitfaden zum Einsatz mathematischer Optimierungsverfahren

Aus den während der Zusammenarbeit mit den Innovationsprojekten gemachten Erfahrungen beim Einsatz von Optimierungsverfahren wurde eine Aufstellung von aufgetretenen *Anwendungshemmnissen* sowie den jeweils verwendeten Maßnahmen zu ihrer Überwindung erstellt. Auf Basis dieser Aufstellung wurde ein Leitfaden für den Einsatz von Optimierungsverfahren im industriellen Umfeld entwickelt, der Anwendern in zukünftigen Projekten zur Verfügung stehen wird. Dieser umfasst ein Vorgehensmodell sowie einen Katalog von Anwendungshemmnissen, welche im Folgenden näher vorgestellt werden.

5.2.1   Vorgehensmodell

Durch den Einsatz von Optimierungsverfahren in mechatronischen Systemen können Systeme intelligenter gestaltet werden. Insbesondere für den Entwurf von optimalen

Steuerungen und Regelungen (siehe Kap. 6) lassen sich Optimierungsverfahren verwenden, welche z. B. den Entwurf von Regelungen ermöglichen, die sich im Betrieb hinsichtlich des Verbrauchs oder der Zeit optimal verhalten. Nach der Identifikation der Potenziale, die sich durch den Einsatz von mathematischen Optimierungsverfahren ergeben können, gilt es die Optimierung vorauszuplanen, um den damit verbundenen Aufwand sowie die dafür notwendigen Kompetenzen abzuschätzen. Vor diesem Hintergrund wurde ein Vorgehens-

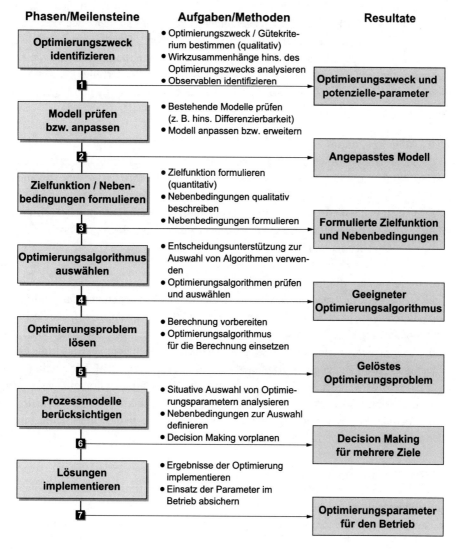

Abb. 5.5 Vorgehensmodell zum Einsatz mathematischer Optimierungsverfahren in Anlehnung an [30, 41]

modell erarbeitet, welches die Schritte bis zur tatsächlichen mathematischen Optimierung aufzeigt. Das Vorgehensmodell ist in Abb. 5.5 dargestellt. Im Folgenden werden die jeweiligen Phasen des Vorgehensmodells an einem Beispiel vorgestellt (in Anlehnung an [30, 41]).

Optimierungszweck identifizieren

Auf Basis eines vorliegenden Systemmodells des mechatronischen Systems können nachfolgend Potenziale für den Einsatz von Optimierungsverfahren identifiziert werden. Dabei werden mögliche Ziele der Optimierung (im Sinne von Gütekriterien) qualitativ beschrieben. Für das Beispiel eines schienengebundenen Fahrzeugs sind mögliche Ziele z. B. „minimiere Energieverbrauch" sowie „maximiere Fahrkomfort". Darüber hinaus gilt es zu prüfen, welche Parameter Einfluss auf diese Ziele haben (Optimierungsparameter, wie z. B. Reglerparameter) und mit welchen Größen eine Bewertung zur Zielerfüllung quantifiziert werden kann (im Sinne von Observablen, z. B. bzgl. des Fahrkomforts die Aufbaubewegungen des Fahrzeugs) [31].

Modell prüfen bzw. anpassen

Nach der Identifikation des Optimierungszwecks sowie möglicher Optimierungsparameter gilt es, das Modell der Strecke und des Reglers (im Sinne der Prozessdynamik) zu analysieren [31]. Dabei wird u. a. geprüft, ob das Modell bzgl. des Optimierungszwecks geeignet ist oder auch in mathematischer Hinsicht differenzierbar ist. Die Differenzierbarkeit des Modells ist wichtig hinsichtlich des später auszuwählenden Optimierungsalgorithmus. Bei Bedarf ist das Modell anzupassen oder auch zu erweitern.

Zielfunktion/Nebenbedingungen formulieren

Nachdem der Zweck und die Parameter der Optimierung bekannt sind und das Modell für die Optimierung angepasst wurde, können die Zielfunktionen (quantitativ) formuliert und die Nebenbedingungen bestimmt werden. In diesem Zuge wird z. B. entschieden, dass der Komfort des schienengebundenen Fahrzeugs durch die Querbeschleunigung sowie die Gierbeschleunigung des Fahrzeugschwerpunktes bewertet werden kann [14]. Die Zielfunktion kann über den Mittelwert der Beschleunigungen für einen Simulationszeitraum T angegeben werden. Der Komfort wäre demzufolge hoch, wenn die Zielfunktionswerte minimal sind [31]. Darüber hinaus werden die Nebenbedingungen formuliert. In diesem Zusammenhang werden z. B. Maximalwerte für die Reglerparameter definiert.

Optimierungsalgorithmus auswählen

Im nächsten Schritt gilt es, geeignete Algorithmen zur Lösung des formulierten Optimierungsproblems auszuwählen. Zu diesem Zweck wurde ein sogenannter Entscheidungsbaum erarbeitet, der die Entscheidungsauswahl unterstützen soll. Dieser ist in Abb. 5.6 dargestellt. Basierend auf den zuvor durchgeführten Schritten kann entschieden werden, welches Optimierungsproblem vorliegt (Einzieloptimierungsproblem, Mehrziel-

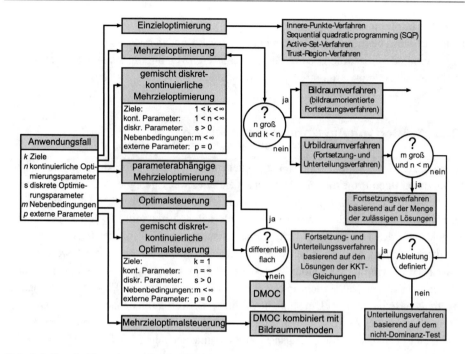

Abb. 5.6 Entscheidungsbaum für die Wahl des Optimierungsalgorithmus

optimierungsproblem etc.) und welche Algorithmen zur Lösung genutzt werden können. Die Verfahren werden nachfolgend im Detail weiter geprüft.

Optimierungsproblem lösen

Nach der Auswahl geeigneter Algorithmen wird das Optimierungsproblem gelöst. Nachdem man sich vergewissert hat, dass die berechnete Lösung zu einer Verbesserung der Zielfunktion führt, kann diese nachfolgend im Rahmen der Betriebsphase des mechatronischen Systems genutzt werden.

Prozessmodelle berücksichtigen

Diese Phase ist als optional zu verstehen und kommt in der Regel nur bei Mehrzieloptimierungsproblemen (Realisierung von selbstoptimierenden Regelungen) zum Einsatz. Dabei gilt es zu prüfen, in welchen vorliegenden Situationen welche Ziele stärker priorisiert werden sollten als andere. Für das Beispiel eines schienengebundenen Fahrzeugs bedeutet dies, dass bei sehr rauen Strecken das Ziel *maximiere Komfort* höher gewichtet werden sollte als *minimiere Energieverbrauch* [31].

Lösungen implementieren

Der letzte Schritt beschreibt das Implementieren der Lösungen im Zielsystem. Hierdurch ist das System in der Lage, die Lösung für das Realisieren von intelligentem Systemverhalten (im Sinne von Systemkonfigurationen) zu verwenden.

5.2.2 Katalog von Anwendungshemmnissen

Das im letzten Unterkapitel vorgestellte Vorgehensmodell kann dem Anwender dabei helfen, in zukünftigen Projekten ein dem vorliegendem Zweck geeignetes Optimierungsproblem aufzustellen. Jedoch lassen sich in jedem Schritt des Vorgehensmodells Hemmnisse identifizieren, die je nach Anwender bzw. Unternehmen nur mithilfe von Expertenwissen gelöst werden können (z. B. die mathematische Formulierung der Systemdynamik) oder für die sich allgemeingültige Lösungsansätze definieren lassen. Letztere werden dem Anwender in Form eines Katalogs von Anwendungshemmnissen zur Verfügung gestellt, welcher sich in vier Kategorien unterteilen lässt und während der Projektlaufzeit häufig aufgetretene Hemmnisse im Umgang mit Optimierungsverfahren behandelt. Wir werden in diesem Unterkapitel zwischen allgemeinen, technischen, formalisierungstypischen sowie anwendungsbezogenen Anwendungshemmnissen unterscheiden.

Generelle Anwendungshemmnisse

Anwendungshemmnisse können dadurch gegeben sein, dass vorhandene Prozesse innerhalb des Unternehmens hinsichtlich deren Optimierungspotenziale nicht untersucht bzw. erkannt werden. Für diese Fälle kann eine Übersicht einiger Beispiele behilflich sein, ähnliche Probleme im eigenen Unternehmen zu erkennen und auf diese zu übertragen. Ist das Optimierungspotenzial identifiziert worden, stellt sich die Frage, wie das Verhältnis zwischen Kosten und Nutzen beim Einsatz von Optimierungsverfahren einzuschätzen ist. Generell ist eine solche Fragestellung nur sehr schwer zu beantworten. Während für das eine Unternehmen keinerlei Einschätzung möglich ist, kann für ein anderes Unternehmen eine zu schlechte Einschätzung vorliegen. Eine mögliche Tendenz kann in diesem Fall nur genannt werden, falls ähnliche Aufgabenstellungen bereits in anderen Unternehmen gelöst wurden und Resultate vorliegen.

Probleme bei der Formalisierung der Optimierungsaufgabe

Bevor man ein Optimierungsproblem lösen kann, ist es notwendig, geeignete Zielfunktionen zu identifizieren und diese mathematisch auszudrücken. Hierfür wurde eine Übersicht von typischen Zielfunktionen im Bereich der mechatronischen bzw. selbstoptimierenden Systeme zusammengefasst, die dem Anwender bei der Suche nach einer geeigneten Zielfunktion unterstützen soll (vgl. [38]). Probleme bei der Formulierung der Systemdynamik lassen sich i. d. R. nur mithilfe von (interdisziplinärem) Expertenwissen lösen.

Technische Anwendungshemmnisse

Unter technischen Anwendungshemmnissen werden die Probleme verstanden, welche auftreten können, wenn geeignete Schnittstellen zu den benötigten Optimierungsprogrammen nicht vorliegen, d. h. wenn die vorliegenden Software-Modelle der Dynamik sich nicht ohne Weiteres in eine andere Programmiersprache übersetzen oder einbetten lassen. Oft existieren hierfür kostenfreie Tools bzw. Bibliotheken, die gegebenen Programmcode in einer Sprache in einen Programmcode in einer anderen Programmiersprache übersetzen können bzw. einbetten.

Probleme bei der Anwendung von Optimierungsverfahren

Sind dem Anwender die Anforderungen an ein Optimierungsverfahren nicht bekannt, kann dies dazu führen, dass das Verfahren fehlschlägt oder durch falsche Handhabung irreführende Ergebnisse liefert. Dies lässt sich vermeiden, indem der Anwender Zugriff auf die wichtigsten Dokumentationen der im Entscheidungsbaum definierten Optimierungsverfahren (vgl. Abb. 5.6) erhält. Somit lassen sich auch falsch interpretierte Ergebnisse, die mit einem Optimierungsverfahren berechnet wurden, auf ein Minimum reduzieren.

5.3   Einsatz mathematischer Optimierungsverfahren in der Praxis

5.3.1   Optimale Auslegung eines Hybridspeichers in einem Inselnetz

Das folgende Anwendungsbeispiel wurde im Innovationsprojekt *KMU MicroGrid* in Zusammenarbeit mit dem Fachgebiet *Leistungselektronik und Elektrische Antriebstechnik* der *Universität Paderborn* erarbeitet.

Mit dem Begriff *Microgrid* wird in der Regel ein lokales Netz bezeichnet, welches aus elektrischen und thermischen Energiequellen, -speichern und Lasten besteht, und welches mit oder ohne Verbindung zum Versorgungsnetz arbeitet (vgl. [35]). Durch den Einsatz von Energiespeichern, Lastmanagement und steuerbaren Quellen entstehen Freiheitsgrade bezüglich der Leistungsaufteilung im Microgrid. Diese Freiheitsgrade bestmöglich zu nutzen ist Aufgabe der lokalen Microgrid-Steuerung. Die konkreten Ziele variieren dabei je nach Anwendungsgebiet und Rahmenbedingungen.

Weltweit werden Microgrid-Konzepte hinsichtlich verschiedener Fragestellungen erforscht. Die Anwendungsgebiete werden grob in isolierte Microgrids ohne Verbindung zu einem übergeordneten Verteilnetz und Microgrids mit einer möglichen Verbindung zu einem übergeordneten Verteilnetz klassifiziert.

Unter *Inselnetz* hingegen versteht man im Allgemeinen eine elektrische Energieversorgungsaufgabe mit einer begrenzen Anzahl an Erzeugungsanlagen und Verbrauchern, welches ohne Verbindung zum Versorgungsnetz arbeitet. Daher müssen im Inselnetz die

Erzeugungsanlagen derart ausgelegt werden, dass ein dauerhafter und sicherer Betrieb möglich ist.

In Industriestaaten mit starker Versorgungsnetzinfrastruktur stehen vor allem Projekte zur Erforschung von inselnetzfähigen, netzgekoppelten Microgrids im Vordergrund. Bei dieser Art von Microgrids ist die An- und Abkopplung zu einem übergeordneten Netz möglich [53]. Im netzgekoppelten Zustand kann das Microgrid einerseits auf Anforderungen aus dem Verteilnetz reagieren und andererseits das Zusammenspiel der lokalen Komponenten hinsichtlich verschiedener Kriterien optimieren, beispielsweise zur Versorgungskostensenkung. Dazu wird in [52] eine entsprechende Betriebsstrategie vorgestellt.

Isolierte Microgrids, die permanent ein reines Inselnetz bilden, werden bislang hauptsächlich in dünn besiedelten und schwer zugänglichen Regionen aufgebaut. Sie beinhalten typischerweise neben regenerativen Erzeuger- und Speichersystemen auch Dieselgeneratoren [13]. Motiviert werden diese Konzepte in der Regel durch eine Versorgungskostenersparnis gegenüber reinen Dieselgeneratorlösungen. Beispiele finden sich für ein Dorf in Kenia (Naikarra [3]), für eine Zink- und Gold-Mine in Chile (El Toqui [3]), für eine Forschungsstation in der Antarktis (Ross Island [1]) oder für eine Siedlung auf einer schottischen Insel (Isle of Muck [2]).

Microgridlösungen müssen sich also wirtschaflich gegen Alternativlösungen behaupten, was einen hohen Kostendruck für deren Komponenten bedeutet. Dies gilt aufgrund der hohen Investitionskosten insbesondere für Speichersysteme. Als Energiespeicher stehen unterschiedliche Technologien zur Verfügung. Üblicherweise werden Blei- oder Lithium-Ionen Batterien, Schwungmassenspeicher oder Redox-Flow-Batterien eingesetzt, welche unterschiedliche Vor- und Nachteile aufweisen. Werden mehrere Technologien verwendet spricht man von *Hybridspeichern*, welche die Vorteile der einzelnen Technologien für die Anwendung kombiniert. Dieses Vorgehen ist in unterschiedlichen Anwendungsbereichen und für unterschiedliche Zwecke bekannt, wie z. B. in der Elektromobilität (siehe [48]).

In diesem Abschnitt wird ein solcher Hybridspeicher, bestehend aus Blei- und Lithium-Ionen Batterien, für ein isoliertes Microgrid ausgelegt. Die Ziele dabei sind die *minimalen Kosten bezogen auf die Lebensdauer* des Systems sowie eine *maximale Energiereserve*.

5.3.1.1 Das Optimierungsproblem

In diesem Abschnitt wird das Optimierungsproblem näher beschrieben. Als Optimierungsparameter werden die Kapazitäten der einzusetzenden Energiespeicher gewählt. Im Folgenden werden alle Randbedingungen erläutert, die in dem Modell eingesetzt werden, beginnend mit dem Sollwert der Speicherleistung. Dabei werden die Bezeichnungen aus Abb. 5.7 verwendet.

Die Differenzleistung P_{Diff} wird als

$$P_{Diff} = P_{Verbraucher} - \left(P_{SA} + P_{SB} + P_{Quellen}\right), \tag{5.12}$$

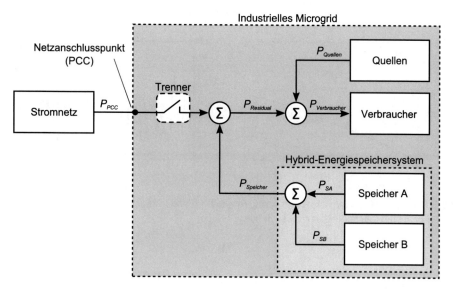

Abb. 5.7 Beispielhafte Illustration eines industriellen Microgrids mit hybridem Energiespeichersystem

definiert und es soll sichergestellt werden, dass es zu keiner Systeminstabilität innerhalb des Inselnetzes kommt, d. h. dass die Leistungen aus Energiequellen und Energiespeichern genügen, um den Verbrauch innerhalb des Inselnetzes zu decken. Damit ergibt sich als Nebenbedingung

$$P_{Diff} \leq -\rho \tag{5.13}$$

für ein $\rho > 0$. Das bedeutet, dass nur diejenigen Auslegungen der Energiespeicher eingesetzt werden, welche eine Systeminstabilität vermeiden.

Die Anschaffungskosten der Energiespeicher werden mittels einer beispielhaften Kostenfunktion ermittelt, welche in Abb. 5.8a dargestellt wird. Darüber hinaus gibt man für die Simulation eine Residuallast $P_{Residual}$ vor (siehe Abb. 5.8b, die sich aus der Differenz der Verbraucher und Energiequellen innerhalb des Inselnetzes berechnet:

$$P_{Residual} = P_{Verbraucher} - P_{Quellen}. \tag{5.14}$$

Für gewöhnlich wird ein Energiespeicher ausgetauscht, wenn die verbleibende Kapazität auf 80 % gefallen ist. Die vereinfachte Schadensberechnung der Energiespeicher besteht aus der kalendarischen Schädigung und der Schädigung über die Lade- und Entladezyklen. Die Gesamtschädigung der Energiespeicher berechnet sich dann aus der Summe beider Schadensarten. Die verwendete Zyklenkennlinie bzw. Schadensberechnung wird in Abb. 5.9a dargestellt. Zur Vereinfachung wird der Kapazitätsverlust in der Simulation nicht mitberechnet. Das Ergebnis muss also entsprechend skaliert werden.

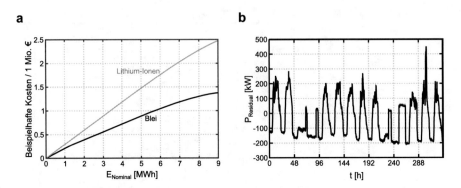

Abb. 5.8 **a** Beispielhafte Anschaffungskosten für die Blei- und Lithium-Ionen Batterie. **b** Der in der Simulation benutzte Residuallastverbrauch über 14 Tage

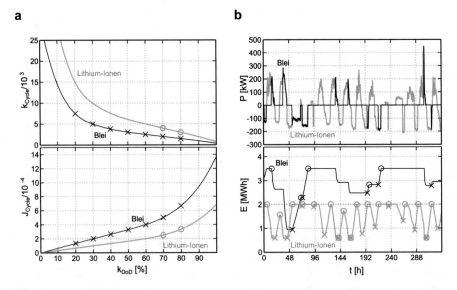

Abb. 5.9 **a** Beispielhafte Zyklen (oben) und Funktion zur Schadensberechnung (unten) der Blei- und Lithium-Ionen Batterien. **b** Beispielhaftes Ergebnis einer Simulationsauswertung (oben) sowie Zyklenberechnung (unten)

In der in Abb. 5.9b dargestellten Simulation werden im unteren Bild die Leistungsverläufe der Energiespeicher dargestellt, aus denen die Lade- und Entladezyklen ausgelesen werden, um die Schädigung zu bestimmen. Indem dieses Resultat der vorgegebenen Residuallast auf ein Jahr extrapoliert wird, erhält man die entsprechende Lebensdauer der Energiespeicher. Berücksichtigt man noch zusätzlich die Anschaffungskosten für die Energiespeicher, so wird die erste Zielfunktion definiert, die die *kumulierten Lebenszeitkosten* beschreibt und im Folgenden minimiert werden soll.

Tab. 5.1 Parameterübersicht der benutzten Energiespeicher

Parameter	Lithium-Ionen	Blei
Kalendarische Lebensdauer[a]	15 Jahre	12 Jahre
Entladetiefe	bis zu 80 %	bis zu 70 %
Normierte Energieinstallationskosten[b]	1	0,33
Normierte Energiedichte[b]	1	0,25
Normierte Lebensdauer[c]	1	0,4
Wirkungsgrad η	85 %	75 %

[a]Unter der Annahme einer klimatisierten Umgebung
[b]Wird für die Kostenberechnung verwendet
[c]Wird für die Berechnung der Lebensdauer verwendet

Als konkurrierende, weitere Zielfunktion definiert man die *Energiereserve,* die je nach Auslegung der Energiespeicher variieren kann und im zugrunde liegenden Problem maximiert werden soll. Diese kann unter Betrachtung der minimalen Entladegrenze der verwendeten Energiespeicher ebenfalls aus der in Abb. 5.9b dargestellten Simulation ausgelesen werden.

Unter der Tatsache, dass das Maximieren des Energiespeichers gleichbedeutend ist mit der Minimierung des negativen Energiespeichers lässt sich unser Mehrzieloptimierungsproblem wie folgt darstellen:

$$\min_{E_{BL}, E_{Li}} \begin{pmatrix} f_1(E_{BL}, E_{Li}) \\ f_2(E_{BL}, E_{Li}) \end{pmatrix}, \tag{5.15}$$

wobei $f_1 : \mathbb{R}^2 \to \mathbb{R}$ die kumulierten Lebenszeitkosten der Energiespeicher beschreibt und $f_2 : \mathbb{R}^2 \to \mathbb{R}$ die negative Energiereserve. Die Optimierungsparameter E_{BL} und E_{Li} sind dabei die maximalen Kapazitäten des Blei- und Lithium-Ionen Akkumulators (Tab. 5.1).

Um das Optimierungsproblem (5.15) zu lösen wird das in Abschn. 5.1.1.2 vorgestellte Samplingverfahren verwendet. Die Optimierungsparameter sind die maximalen Kapazitäten der auszulegenden Energiespeicher, für die eine obere und untere Schranke festgelegt wird. Für $\mathscr{B}_0 = S = [0, 6000] \times [0, 6000]$ werden damit maximale Kapazitäten der Energiespeicher bis zu 6 MWh zugelassen. In Abb. 5.10 werden die Pareto-Menge und die zugehörige Pareto-Front dargestellt.

Für die benutzte exemplarische Residuallast lässt sich in Abb. 5.10 erkennen, dass die Auslegung mittels eines Hybridspeichers günstiger ist als die reine Auslegung mit einem Blei- bzw. Lithium-Ionen Akkumulator. Möchte man eine höhere Energiereserve haben, so wird für dieses Beispiel nur die Kapazität des Bleiakkumulators erhöht, da die Anschaffungskosten günstiger sind als für den Lithium-Ionen Akkumulator.

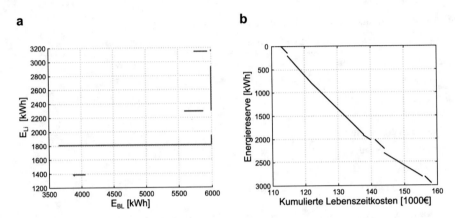

Abb. 5.10 a Pareto-Menge vom MOP (5.15) zur Anfangsbox $\mathscr{B}_0 = S = [0, 6000] \times [0, 6000]$.
b Zugehörige Pareto-Front

5.3.2 Optimalsteuerung von elektrisch angetriebenen Fahrzeugen

Das Ziel des Innovationsprojekts *ReelaF* (Reichweitenerweiterung elektrisch angetriebener Fahrzeuge) in Kooperation mit der Firma *Hella KGaA Hueck & Co.* ist es, die Energieeffizienz von Elektrofahrzeugen zu erhöhen, um so der Problematik der geringen Reichweite entgegenzuwirken. Zu diesem Zweck werden mehrere Teilprojekte durchgeführt, die die Entwicklung intelligenter Wandlerkonzepte, Bordnetze und Klimakonzepte sowie eines intelligenten Energiemanagements verfolgen. In Kooperation mit dem Querschnittsprojekt Selbstoptimierung werden Optimierungsverfahren eingesetzt und weiterentwickelt, um die Längsdynamik des Fahrzeuges optimal zu kontrollieren. Hierbei werden die konkurrierenden Ziele schnelles und effizientes Fahren berücksichtigt. Die Optimierungsverfahren greifen auf ein realistisches Fahrzeugmodell zurück [36], welches von der Firma *Hella KGaA Hueck & Co.* entwickelt wurde.

5.3.2.1 Dynamik des elektrischen Fahrzeugs

Das Elektrofahrzeug besteht aus zwei Teilsystemen, einem mechanischen sowie einem elektrischen (s. Abb. 5.11). Deren Verhalten lässt sich aus den für das jeweilige Teilsystem zugrunde liegenden physikalischen Gesetzen herleiten. Um die Übereinstimmung mit dem realen Fahrzeug zu verbessern, werden die Teilsysteme über Wirkungsgradkennfelder für den Elektromotor gekoppelt. Das resultierende Fahrzeugmodell besteht aus einem System nichtlinearer, gekoppelter gewöhnlicher Differentialgleichungen, was sich ganz allgemein als

$$\dot{\mathbf{y}}(t) = f(\mathbf{y}(t), \mathbf{u}(t)) \tag{5.16}$$

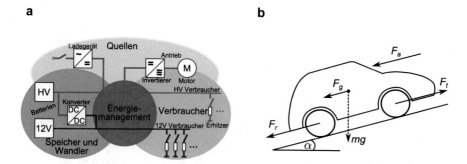

Abb. 5.11 **a** Elektrisches Teilsystem des Elektrofahrzeuges. **b** Mechanisches Teilsystem des Elektrofahrzeuges

beschreiben lässt. Hier sind $\mathbf{y}(t) = \big(v(t), SOC(t), U_{d,L}(t), U_{d,S}(t)\big)$ der Zustand und $\mathbf{u}(t)$ die Steuerung des Fahrzeuges zum Zeitpunkt t. Der Zustand beinhaltet sowohl mechanische Größen wie die Geschwindigkeit $v(t)$ als auch elektrische Größen wie den Batterieladezustand $SOC(t)$ (engl. *state of charge*) sowie die Langzeit- und Kurzzeit-Spannungsverluste $U_{d,L}$ und $U_{d,S}$. Die Steuerung $\mathbf{u}(t)$ ist die Gaspedalstellung des Fahrzeuges, die wiederum das Drehmoment das Elektromotors beeinflusst. Bei gegebenem Anfangswert $y(t_0)$ sowie gegebener Steuerung $\mathbf{u}(t)$ kann dieses System mit einem numerischen Integrationsverfahren, wie z. B. dem Runge-Kutta-Verfahren vierter Ordnung, effizient gelöst werden. Aus dem Zustand $\mathbf{y}(t)$ lassen sich anschließend weitere Größen wie beispielsweise die Position $s(t) = \int_0^t v(\tau)d\tau$ bestimmen. Eine detailliertere Beschreibung des Modells findet sich in [15, 36].

5.3.2.2 Mehrzieloptimalsteuerung von Elektrofahrzeugen

Auf Basis des zuvor beschriebenen Modells kann nun ein Optimalsteuerungsproblem formuliert werden. Dazu wird zunächst ein Test-Szenario mit fester Zeit $T = 250s$ sowie einem vorgegebenen Höhenprofil h gewählt. Es sollen gleichzeitig der Batterieladezustand $(SOC(T))$ zum Ende der Fahrt sowie die gefahrene Strecke $(s(T))$ maximiert werden, was zu folgendem Minimierungsproblem führt.

$$\min_u \begin{pmatrix} -SOC(T) \\ -s(T) \end{pmatrix}, \tag{5.17}$$

$$\dot{\mathbf{y}}(t) = f(\mathbf{y}(t), \mathbf{u}(t)), \tag{5.18}$$

$$\mathbf{y}(0) = \mathbf{y}_0. \tag{5.19}$$

Verwendet wird hier einen direkter Ansatz (vgl. Abschn. 5.1.2) zur Lösung des Problems. Dies bedeutet, dass sowohl die Zustände als auch die Steuerung diskretisiert werden, was auf ein (hochdimensionales) nichtlineares Mehrzieloptimierungsproblem führt. Da aufgrund der

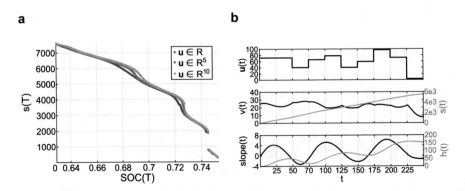

Abb. 5.12 a Mit dem Unterteilungsverfahren berechnete Pareto-Front für unterschiedliche Urbild-dimensionen (Boxen werden über ihre Mittelpunkte repräsentiert). **b** Simulation des Elektrofahrzeugs mit einer paretooptimalen Gaspedalsteuerung $u \in \mathbb{R}^{10}$, $SOC(T) = 0.6914$, $s(T) = 5800m$ [16]

Verwendung von Kennfelddaten formal keine Differenzierbarkeit des Modells gegeben ist, soll zunächst ein ableitungsfreies, globales Unterteilungsverfahren verwendet werden (siehe Abschn. 5.1.1.2). Um den Rechenaufwand im Rahmen zu halten, wird eine relativ grobe Diskretisierung der Steuerung eingeführt, welche zu einem ein-, fünf- bzw. zehndimensionalen Problem führt (vgl. Abb. 5.12, wobei in 5.12b oben eine zehndimensionale Diskretisierung dargestellt ist). Die mit dem Unterteilungsverfahren berechnete Pareto-Front ist in Abb. 5.12a dargestellt. Da beide Zielfunktionen maximiert werden sollen, ist es also wünschenswert, einen Punkt soweit wie möglich „oben rechts" zu finden. Es ist gut erkennbar, dass die Front mit zunehmend feiner werdender Diskretisierung zu besseren Zielfunktionswerten führt. Dies ist nicht überraschend, da durch die feinere Diskretisierung eine größere Freiheit entsteht, auf die Begebenheiten der Strecke zu reagieren. So ist beispielsweise in Abb. 5.12b erkennbar, dass es energetisch vorteilhaft ist, bei positiven Steigungen *(slope)* stärker zu beschleunigen und dafür bei negativen Steigungen weniger zu beschleunigen und die Gravitationskräfte sowie Rekuperationseffekte auszunutzen. Diese Rekuperationseffekte führen auch zu Lücken in der Pareto-Front, siehe Abb. 5.12a bei $SOC(T) \approx 0.725$ und $SOC(T) \approx 0.745$. Der Grund besteht im Gelände. Die Lücke entsteht, da das Fahrzeug entweder auf einer Anhöhe stehen bleibt, was energieeffizient ist, oder die gesamte Anhöhe wieder herunterfährt, was zu einer deutlichen Erhöhung der Strecke führt. Durch das negative Gefälle treten Rekuperationseffekte ein, sodass ein Anhalten am Hang nicht sinnvoll wäre, da durch Herunterfahren die Distanz erhöht werden kann, ohne dass dafür mehr Energie benötigt würde.

Um eine feinere Diskretisierung zu ermöglichen, wird das gleiche Problem anschließend mit dem in Abschn. 5.1.1.1 vorgestellten *Fortsetzungsverfahren* gelöst, wobei die skalaren Subprobleme mithilfe eines SQP-Verfahrens [40] gelöst und die benötigten Ableitungsinformationen mittels Differenzenquotienten bestimmt werden. Ein Vergleich mit der durch

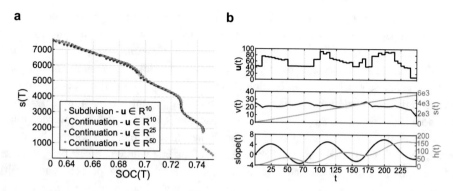

Abb. 5.13 a Mit dem Fortsetzungsverfahren berechnete Pareto-Front für unterschiedliche Urbilddimensionen. **b** Simulation des Elektrofahrzeugs mit einer paretooptimalen Gaspedalsteuerung $u \in \mathbb{R}^{50}$, $SOC(T) = 0.6934$, $s(T) = 5750m$

das Unterteilungsverfahren berechneten Lösung zeigt, dass die Lösungen trotz fehlender Differenzierbarkeit gut übereinstimmen.

Dies ermöglicht, im nächsten Schritt die Diskretisierung noch einmal stark zu erhöhen, s. Abb. 5.13. Hierbei wird deutlich, dass zwar eine weitere Verbesserung der Zielfunktionswerte eintritt, diese jedoch geringer ausfällt als z. B. bei einer Verfeinerung von 5 auf 10 Diskretisierungspunkte. Dies liegt daran, dass die Gaspedalstellungsprofile ein qualitativ ähnliches Verhalten aufweisen, also höhere Werte bei positiven und geringere Werte bei negativen Steigungen.

5.3.2.3 Entwicklung einer modellprädiktiven Regelung für mehrere Zielfunktionen

Die im vorherigen Abschnitt berechneten Lösungen eignen sich sehr gut, um Informationen über das Fahrzeug und geländeabhängiges Fahrverhalten zu erhalten. Möchte man Mehrzieloptimierung jedoch für autonomes Fahren einsetzen, sind einige Erweiterungen notwendig. So macht es beispielsweise wenig Sinn, einen festen Zeithorizont zu betrachten, während im Betrieb das Ziel und damit eine feste Strecke vorgegeben ist. Darüber hinaus ist es natürlich nötig, auf Umwelteinflüsse und andere Verkehrsteilnehmer zu reagieren, sodass eine geschlossene Regelung anstatt einer *open loop*-Steuerung benötigt wird. Ein erster Ansatz für ein solches Vorgehen verbindet Elemente aus dem vorangegangenen Abschnitt mit der sogenannten *modellprädiktiven Regelung* (engl. *model predictive control, MPC*). Dabei wird in jedem Zeitschritt in Echtzeit ein optimales Feedback-Signal mithilfe einer modellbasierten Optimierung ermittelt, mit dem das System dann gesteuert wird. Für eine genauere Beschreibung von MPC wird z. B. auf [25] oder auch auf Abschn. 5.3.3.2 verwiesen.

Da die *Echtzeitfähigkeit* für modellprädiktive Regelung essenziell ist, müssen für Mehrzielansätze zusätzliche Maßnahmen getroffen werden. In [8] wird z. B. ein linear-quadratisches Problem betrachtet, welches mithilfe einer gewichteten Summe skalarisiert wird. Dies ist jedoch nur für konvexe Probleme zu empfehlen, da ansonsten Teile der Pareto-Menge nicht berechnet werden können. Darüber hinaus ist dieses Vorgehen bislang nur für lineare Systeme echtzeitfähig. Ein alternativer Ansatz ist die *explizite MPC* (siehe [6] für eine Übersicht). Hier wird vorab in einer offline-Phase eine Vielzahl von Problemen gelöst, und die Ergebnisse werden in einer Bibliothek abgespeichert, sodass in der späteren online-Phase lediglich optimale Lösungen aus dieser Bibliothek gewählt werden müssen. Hierfür ist es notwendig, vorab einzuschätzen, welche Lösungen später bereitgestellt werden müssen. Darüber hinaus steigt der Aufwand für die offline-Phase Probleme exponentiell mit der Anzahl der Optimierungsparameter. Für das Elektrofahrzeug wurde in einem Folgeprojekt in Kooperation mit der *Hella KGaA Hueck & Co.* ein solches Konzept weiterentwickelt, was zu ersten vielversprechenden Ergebnissen geführt hat. Eine detaillierte Beschreibung des Vorgehens findet man in [44].

5.3.3 Optimierung von Aufträgen in einer Wäscherei

Die folgenden Resultate wurden in Kooperation mit dem Innovationsprojekt *ReSerW* und der Firma *Herbert Kannegiesser GmbH* erarbeitet.

Das steigende Bewusstsein über die Bedeutung ökologischer Aspekte hat in den vergangenen Jahren großen Einfluss auf die Industrie genommen, so auch auf die industrielle Wäscherei. Auch hier wird der Wunsch zunehmend größer, den Energie- sowie den Ressourcenverbrauch (z. B. die Wasser- oder die Waschmittelmenge) stark zu reduzieren. Neben den positiven Auswirkungen auf die Umwelt führt dies ebenfalls zu reduzierten Kosten sowie längeren Lebenszyklen für die gewaschene Wäsche.

Industrielle Wäschereien verarbeiten ca. 20.000 kg Schmutzwäsche pro Tag. Durchschnittlich werden dabei pro kg Wäsche 1.3 kWh an Energie (Elektrizität, Öl oder Gas) sowie 12 L Wasser benötigt [11]. Diese Zahlen stellen noch einmal die Bedeutung eines effizienten Betriebes sowohl aus wirtschaftlichen als auch aus ökologischen Gründen dar.

Heutzutage wird jeder Teil einer Wäscherei (Waschstraße, Trockner, Mangeln, usw.) separat konfiguriert. Hierbei wird überwiegend auf die Expertise eines erfahrenen Wäschers zurückgegriffen. Ein systematischer Ansatz auf Basis mathematischer Methoden wird im Allgemeinen nicht verfolgt. Folglich besteht hier noch großes Potenzial für Optimierungsverfahren, sowohl im Bezug auf die Optimierung einzelner Prozessschritte als auch auf Betriebsstrategien für die Gesamtwäscherei. Letzteres ist ein viel beachtetes Thema im Bereich der kombinatorischen Optimierung, in welchem Planungsprobleme häufig auf kombinatorische Optimierungsprobleme führen [45]. Solch ein Planungsproblem ist auch Gegenstand dieses Abschnittes. Da auch die Prozessplanung in einer Wäscherei bezüglich verschiedener Ziele optimiert werden kann, führt dies auf ein kombinatorisches Mehrzieloptimierungsproblem. Da es darüber hinaus nicht möglich ist, die Planung vorab für einen gesamten Tag durchzuführen, wird dieses Problem als *modellprädiktive Regelung* in ein Regelungsproblem überführt.

Der Rest dieses Abschnittes ist wie folgt gegliedert. In Abschn. 5.3.3.1 wird zunächst das Wäschereimodell vorgestellt, auf dessen Basis die Zielfunktionswerte bestimmt werden.

Die genauere Modellierung der Wäscherei und die daraus folgenden Echtzeit-Anforderungen zeigen die Notwendigkeit einer modellprädiktiven Regelung auf. In Abschn. 5.3.3.2 werden das MPC-Konzept und ein Algorithmus zum Lösen von Reihenfolgen-Optimierungsproblemen eingeführt, bevor der Algorithmus für das hier vorliegende Problem vorgestellt wird. In Abschn. 5.3.3.3 werden dann die Resultate präsentiert. Die Inhalte des Abschnittes sind in ähnlicher Form bereits in [42] erschienen.

5.3.3.1 Wäschereimodell

Industrielle Wäschereien werden mit dem Ziel entwickelt, große Mengen an Schmutzwäsche schnell und effizient zu waschen. Viele Prozessschritte sind automatisiert und die Wäsche folgt einer fest vorgeschriebenen Route durch den Prozess (vgl. Abb. 5.14). Schmutzwäsche kann zu jedem Zeitpunkt angeliefert werden und die Lieferzeiten sind häufig mit Unsicherheiten verbunden. Zunächst wird die Wäsche nach Kategorie (z. B. Handtücher, Bettlaken, Tischdecken, Oberhemden) sowie Kunde sortiert und in Wäscheposten in Form großer Säcke gelagert. Ab diesem Zeitpunkt wird jeder Prozessschritt (z. B. Waschen) immer genau auf einen dieser Wäscheposten angewendet. Die Wäscheposten werden in einem Schmutzwäschespeicher (SWS) zwischengelagert, welcher aus einem System paralleler Schienen besteht, die jeweils nach dem *First-in-first-out*-Prinzip (FIFO) arbeiten. Vom SWS aus werden die Posten zu einer der Waschstraßen transportiert. Bis heute wird die Reihenfolge der Posten anhand von Heuristiken bestimmt, die auf der Erfahrung von Wäschereiexperten beruhen. Jeder Wäscheposten durchläuft die drei Prozessschritte *Waschen, Trocknen* und *Fertigstellen,* welche jedoch je nach Wäschekategorie sehr verschieden aussehen. Durch die verschiedenen Stoff- sowie Verschmutzungsarten und Hygienevoraussetzungen müssen Waschen (Temperatur und Waschmittelmenge), Trocknen (vollständiges/teilweises Trocknen) und Fertigstellen (Falten, Mangeln, etc.) individuell auf den Posten angepasst werden, was zu verschiedenen Routen durch die Wäschereianlage führt.

Der logistische Ablauf in der Wäscherei kann bei Kenntnis der oben genannten Einflussgrößen sehr genau modelliert werden, für Details sei auf [42] verwiesen. Anhand dieses Modells kann nun das Waschen aller im SWS vorhandenen Posten simuliert und bewertet werden. Das Modell liefert hierbei Informationen über die für das Waschen benötigte Zeit sowie die Auslastung der einzelnen Prozessschritte. Die kategorieabhängige Behandlung der Wäscheposten führt dazu, dass die Reihenfolge, in der diese verarbeitet werden, einen

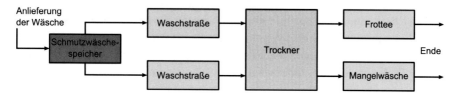

Abb. 5.14 Vereinfachte Darstellung der Logistik einer industriellen Waschanlage

großen Einfluss auf die Leistungsfähigkeit der Wäscherei hat. So führt eine unvorteilhafte Reihenfolge beispielsweise zu Rückstaus in einigen Prozessschritten (z. B. beim Mangeln), während andere Prozessschritte (z. B. die Faltmaschine) sich gleichzeitig im Leerlauf befinden. Dies führt zu erhöhten Prozesszeiten und geringerer Auslastung. Auf der anderen Seite impliziert eine große Anzahl von Kategoriewechseln zwar eine bessere Auslastung der einzelnen Prozessschritte, dafür wird es aber auch nötig, das Wasser häufiger zu wechseln, was wiederum den Frischwasserverbrauch steigen lässt. Darüber hinaus führt der Austausch des Wassers dazu, dass im Gegensatz zu mehrfach verwendetem Wasser keine Restmengen an Waschmittel mehr vorhanden sind. Somit steigt gleichzeitig auch der Waschmittelverbrauch.

Dieses Beispiel veranschaulicht, dass der Einsatz eines Optimierungsverfahrens empfehlenswert ist, um die optimale Bearbeitungsreihenfolge der Wäscheposten zu ermitteln. Da der genaue Inhalt des Schmutzwäschespeichers in der Regel vorab nicht bekannt ist, ist es unmöglich, eine solche Sequenz vorab (also offline) für einen ganzen Tag zu bestimmen. Darüber hinaus sollte das Verfahren in der Lage sein, auf unvorhergesehene Ereignisse wie z. B. den Ausfall einzelner Prozessschritte reagieren zu können. Aus diesem Grund wird das Optimierungsverfahren in einen MPC-Ansatz eingebettet, bei dem immer ein kleiner Teil der Reihenfolge optimiert wird, während die im Zeitschritt zuvor ermittelte Sequenz direkt von der Maschinensteuerung ausgeführt wird. Dies erfordert eine geringere Rechenzeit für den Optimierungsalgorithmus sowie einen geringeren Rechenaufwand für das Modell.

5.3.3.2 Ein Mehrziel-MPC-Algorithmus für die Reihenfolgenoptimierung

Der im Folgenden vorgestellte Algorithmus beruht auf dem bekannten und weit verbreiteten Konzept der *modellprädiktiven Regelung* (MPC). Zur Berücksichtigung mehrerer Zielfunktionen wird dieser mit einem Skalarisierungsansatz kombiniert, sodass während des Betriebes die Gewichtung der konkurrierenden Ziele verändert werden kann.

MPC ist aktuell ein sehr aktives Forschungsfeld. Die Grundidee besteht darin, modellbasierte Optimierung bzw. *Optimalsteuerung* einzusetzen, um in Echtzeit ein Feedback-Gesetz zu berechnen, welches ein komplexes System stabilisiert oder so steuert, dass eine Zielfunktion, z. B. der Energieverbrauch, minimiert wird. Dieser Ansatz wird sowohl für lineare [10] als auch nichtlineare Probleme [5–7, 25] verwendet und wurde ursprünglich im Bereich der Prozessindustrie angewendet, da die Prozessgeschwindigkeiten dort vergleichsweise gering sind. Mittlerweile wird er jedoch in vielen Anwendungen erfolgreich eingesetzt [33, 46].

Eine regelungstechnische Betrachtung dieses Ansatzes findet sich in Abschn. 6.1.2.2. Das Konzept besteht darin, eine optimale Steuertrajektorie u zu ermitteln, während das System gleichzeitig mit einer zuvor bestimmten Steuergröße betrieben wird (s. Abb. 5.15). Zu diesem Zweck wird ein Modell verwendet, um das Systemverhalten für n_p Zeitschritte für den sogenannten *Prädiktionshorizont* $T_p = n_p \cdot T_s$ vorauszusagen. Hierbei ist T_s die Abtastrate des Systems und n_p die Anzahl an Zeitschritten im Prädiktionshorizont. Um die Komplexität des Optimalsteuerungsproblems zu reduzieren, wird die optimale Steuertrajektorie u nur innerhalb des *Kontrollhorizontes* T_c bestimmt, während auf dem verbleibenden

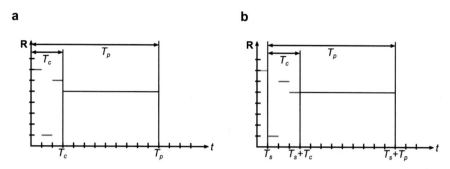

Abb. 5.15 Allgemeines Konzept der modellprädiktiven Regelung. **a** Löse ein Optimalsteuerungs-problem auf dem Intervall $[t, t + T_p]$. **b** Löse das nächste Optimalsteuerungsproblem auf dem Intervall $[t + T_s, t + T_s + T_p]$ unter Benutzung der berechneten Regelung auf dem Intervall $[t, t + T_s]$

Prädiktionshorizont eine konstante Steuerung angenommen wird. Anschließend wird das erste Abtastintervall T_p an die Steuerung übertragen und das nächste Optimalsteuerungs-problem wird auf dem Zeithorizont $[T_s, T_p + T_s]$ gelöst. Folglich muss eine optimale Lösung innerhalb der Abtastrate T_s bereitgestellt werden.

Mittels modellprädiktiver Regelung kann ein System in bestimmten Fällen sehr viel besser gesteuert werden als mit herkömmlichen Regelungskonzepten, da in jedem Zeitschritt jeweils die vom aktuellen Systemzustand abhängige optimale Steuerung bezügliche einer bestimmten Zielfunktion ermittelt wird. Häufig ist das Ziel, ein System zu stabilisieren und einer gewünschten Referenz-Trajektorie zu folgen [25]. In der sogenannten *ökonomischen MPC* (engl. *economic MPC*, vgl. z. B. [19, 47]) können jedoch auch andere Ziele wie beispielsweise der Energieverbrauch optimiert werden. Erste Ansätze, die mehrere, miteinander konkurrierende Zielfunktionen berücksichtigen, werden z. B. in [8, 44, 54] behandelt.

In einer industriellen Wäscherei sind mehrere Zielfunktionen von Interesse. Aus wirtschaftlicher Sicht sollte der *Wäschedurchsatz* maximiert bzw. die *Verarbeitungszeit* für eine feste Anzahl an Wäscheposten minimiert werden. Aus ökologischer Sicht ist es wünschenswert, sowohl den *Frischwasser-* als auch den *Waschmittelverbrauch* zu minimieren. Beide Zielfunktionen werden durch die Wahl der Verarbeitungsreihenfolge $\mathbf{R} \in \mathscr{C}^n$ beeinflusst, in der jeder Eintrag die Kategorie der enthaltenen Wäsche kennzeichnet. $\mathscr{C}$ bezeichnet hierbei die Menge aller existierenden Wäschekategorien. Wie bereits im vorigen Abschnitt kurz erläutert, führt eine Reihenfolge, in der viele aufeinander folgende Kategorien den gleichen Weg durch die Wäscherei nehmen (z. B. Waschstraße Nr. 1, Trockner, Faltmaschine), zu Rückstaus und damit zu einer Verschlechterung der Prozesszeit. Eine gleichmäßige Verteilung der Kategorien bewirkt, derartige Rückstaus zu vermeiden, führt im Gegenzug jedoch zu einem erhöhten Wasser- und Waschmittelverbrauch. Das daraus resultierende Mehrzieloptimierungsproblem lautet folglich, für eine gegebene Anzahl von n Wäscheposten mit verschiedenen Kategorien die Menge an Reihenfolgen $\mathbf{R} \in \mathscr{C}^n$ zu finden, die zu optimalen Kompromissen zwischen den konkurrierenden Zielen Prozesszeit $f_1(\mathbf{R})$ und Anzahl an

Kategoriewechseln $f_2(\mathbf{R})$ führen. Die mathematische Formulierung lautet

$$\min_{\mathbf{R}} \begin{pmatrix} f_1(\mathbf{R}) \\ f_2(\mathbf{R}) \end{pmatrix}, \qquad (5.20)$$

$$\text{mit} \qquad f_1(\mathbf{R}) = \frac{T(\mathbf{R})}{T_{min}}, \qquad f_2(\mathbf{R}) = \frac{\sum_{i=2}^{n} \delta_{R_{i-1}, R_i}}{n-1}.$$

Mit T_{min} wird hier die untere Schranke für die Prozesszeit bezeichnet. Außerdem wurde das Kronecker-Delta δ_{R_1, R_2} eingeführt, welches anzeigt, ob zwei aufeinander folgende Kategorien identisch oder verschieden sind:

$$\delta_{R_1, R_2} = \begin{cases} 0 & \text{for } R_1 = R_2 \\ 1 & \text{for } R_1 \neq R_2 \end{cases}.$$

Um dieses Problem in einem Echtzeit-Kontext zu lösen, wurde ein aus drei Teilen bestehender Algorithmus entwickelt:

1. *Skalarisierung* mittels gewichteter Summe,
2. *Lösen* des so entstandenen kombinatorischen Einzieloptimierungsproblems,
3. *Einbettung* des Optimierungsverfahrens in einen MPC-Algorithmus.

Zur Skalarisierung werden die Zielfunktionen konvexkombiniert (siehe Abb. 5.16). Auf diese Weise entsteht ein parameterabhängiges kombinatorisches Optimierungsproblem

$$\min_{\mathbf{R}} \alpha f_1(\mathbf{R}) + (1-\alpha) f_2(\mathbf{R}), \qquad \alpha \in [0, 1]. \qquad (5.21)$$

Das Problem (5.21) wird approximativ mithilfe des sehr bekannten *Problem des Handlungsreisenden* (engl. *Traveling Salesman Problem, TSP*), siehe [26] für eine Einführung. Hier

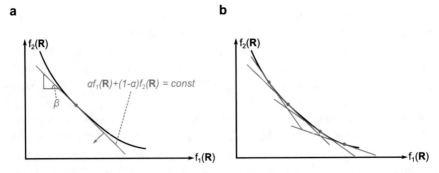

Abb. 5.16 a Skalarisierung von (5.20) mittels gewichteter Summe ($\beta = -\frac{\alpha}{1-\alpha}$). **b** Approximation der Pareto-Menge mittels Variation von α

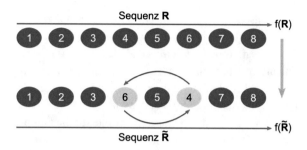

Abb. 5.17 Grafische Illustration eines Tauschschrittes während der Optimierung der Sequenz **R**. Der Tausch wird akzeptiert, sofern die neue Sequenz den Zielfunktionswert verbessert

geht es darum, den kürzesten Weg zu ermitteln, in dem ein Handlungsreisender eine vorgegebene Anzahl von Städten bereisen kann. Analog dazu ist der „kürzeste Weg" **R*** in unserem Fall die bezüglich der Zielfunktion in (5.21) günstigste Reihenfolge. Zur Lösung dieses Problems werden Elemente der weit verbreiteten *Lin-Kernighan*-Heuristik [34] verwendet. Darin werden, ausgehend von einer Startreihenfolge **R**, in jeder Iteration k (zwei oder auch mehr) Elemente in der Reihenfolge vertauscht. Führt dieser Tausch zu einer Verbesserung des Zielfunktionswertes, so wird er akzeptiert und die so gewonnene Reihenfolge $\tilde{\mathbf{R}}$ ist die aktuell beste Lösung. Dieser Prozess wird so lange fortgeführt, bis ein Abbruchkriterium erreicht wird. Schematisch ist ein solcher Vertauschungsschritt in Abb. 5.17 dargestellt. In anderen Kontexten, etwa bei *genetischen Algorithmen,* sind solche Vertauschungsstrategien ebenfalls weit verbreitet. Dort sind sie in der Regel unter dem Begriff *Iterated Local Search* bekannt [4].

Im klassischen TSP ist es möglich, die Effizienz der Lin-Kernighan-Heuristik stark zu erhöhen, indem vor dem Vertauschen einzelner Elemente eine Bewertung vorgenommen wird, wie hoch die Wahrscheinlichkeit zur Verbesserung bei genau diesem Tausch ist, siehe z. B. [27]. In unserem Fall ist dies jedoch nicht möglich, da hierzu ausgenutzt wird, dass die Zielfunktion beim TSP die Summe der Kantengewichte eines Grafen sind. Diese setzt sich also aus den Teilstrecken zusammen, wodurch diese separat bewertet werden können. In der Wäscherei ist dies nicht möglich, da die Kostenfunktion nicht immer nur von zwei direkt aufeinander folgenden Wäscheposten abhängt. Rückstaus können zum Beispiel durch ein komplexes Zusammenspiel aller Wäscheposten entstehen, sodass eine Bewertung einzelner Vertauschungen nicht möglich ist. Im Gegenzug tauchen die einzelnen Wäschekategorien dafür mehrfach auf, sodass es zahlreiche gleichwertige Lösungen gibt, was das Auffinden eines Optimums stark erleichtert. Darüber hinaus ermöglicht es diese Heuristik, die Optimierung jederzeit mit der bestmöglichen Lösung abzubrechen. Dies ist ein wichtiger Aspekt aufgrund der Echtzeitanforderungen in der Wäscherei.

Da es durch die unvorhersehbare Verfügbarkeit an Wäscheposten nicht möglich ist, vorab für einen längeren Zeitraum zu planen, wird das Optimierungsverfahren in einen MPC-Ansatz eingebettet. Hierzu wird in jedem Zeitschritt die Reihenfolge **R** berechnet, die den gesamten Schmutzwäschespeicher leert. Der Prädiktionshorizont T_p sowie der Kontrollhorizont T_c sind also der gesamte Inhalt des Schmutzwäschespeichers. Im Gegensatz zum klassischen MPC-Ansatz werden anschließend die ersten 20 Posten an die Wäschereisteuerung übertragen anstatt eines einzigen. Dies dient der *Verlängerung der vorhandenen Rechenzeit* zum Lösen des TSP. Während diese 20 Wäscheposten verarbeitet werden, wird nun die nächste Optimierung durchgeführt, bei der wieder der aktuelle Stand des Schmutzwäschespeichers berücksichtigt wird. Als Startreihenfolge für die Optimierung wird hierzu jeweils die im vorherigen Durchlauf ermittelte Reihenfolge gewählt, was die Rechenzeit stark reduziert.

5.3.3.3 Ergebnisse

Als Testszenario wird ein SWS mit 16 Schienen und jeweils 24 Posten pro Schiene gewählt. Der SWS wird voll belegt, von jeder der 24 Kategorien werden 16 Posten eingefügt. Das Ziel ist es nun, das Problem (5.21) für verschiedene Werte von α, also verschiedene Gewichtungen der Zielfunktionen, zu lösen. Zur Evaluierung der Qualität des MPC-Algorithmus wird dieses Problem zunächst gelöst, indem eine einzelne Reihenfolgenoptimierung für 200 Posten durchgeführt wird. Anschließend werden die Resultate mit dem MPC-Ansatz verglichen, in dem in 10 Schleifen jeweils die ersten 20 Posten (was dem Kontrollhorizont T_c entspricht) an die Steuerung übertragen werden.

Um die Qualität der Ergebnisse besser bewerten zu können, wird in (5.21) zunächst $\alpha = 1$ gesetzt und damit ausschließlich das erste Ziel berücksichtigt, die Minimierung der Prozesszeit. Für diese lässt sich eine untere Schranke angeben, die nur dann erreicht werden kann, wenn alle Waschstraßen in jedem Waschtakt einen Posten aufnehmen. In Abb. 5.18 ist der Zielfunktionswert $f_1(\mathbf{R})$ über der Laufzeit des Algorithmus mit einer einzelnen Optimierung aller 200 Posten aufgetragen. Es ist zu beobachten, dass der Algorithmus in weniger als 20 min, was in etwa der Bearbeitungszeit für 20 Wäscheposten entspricht, eine Reihenfolge ermittelt, welche nur 2.1 % über der unteren Schranke liegt. Nach 34 min sind es sogar nur 0.6 %. Es sollte erwähnt werden, dass eine Auswertung des Modells ungefähr zwei Sekunden dauert, worin die Hauptursache für die langen Rechenzeiten liegt. Dennoch können in der vorgegebenen Zeit sehr gute Ergebnisse erzielt werden, vor allem wenn man den Algorithmus mit einer geschickt gewählten Anfangsreihenfolge initialisiert, vgl. Abb. 5.18. Dieser Einfluss ist nicht überraschend, da das Verfahren auf einer lokalen Strategie beruht.

Im nächsten Schritt vergleicht man die zuvor erzielten Ergebnisse mit den in einer MPC-Routine berechneten. Hier lässt sich beobachten, dass die erzielte Prozesszeit gerade einmal 1.7 % über der der einzelnen Optimierung liegt. Dies lässt sich damit begründen, dass im MPC-Verfahren wiederholt ca. 20 min Rechenzeit zur Verfügung stehen, während der Algorithmus vor allem in den späteren Iterationen bereits mit einer sehr guten Startlösung initialisiert wird. Im Vergleich zu einer generischen Sequenz (vgl. die gestrichelte Kurve in Abb. 5.18 zum Zeitpunkt $t = 0$) kann mit dem hier vorgestellten Verfahren eine Reduktion der Prozesszeit von 17 % in einer einzelnen Optimierungsschleife bzw. von 16.5 % in einer

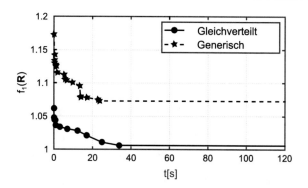

Abb. 5.18 Zielfunktionswert in Abhängigkeit der Laufzeit des Algorithmus. Die Berechnung erfolgte zum einen mit einer generischen Abarbeitung der Wäsche, d. h. erst alle Wäscheposten von Schiene 1, danach alle Wäscheposten von Schiene 2 etc., und zum anderen mit einer gleichverteilten Abarbeitung der Schienen

MPC-Routine erzielt werden. Darüber hinaus ermöglicht es der Ansatz, die Zielfunktionen während des Betriebes neu zu gewichten oder neue Konfigurationen der Wäscherei zu berücksichtigen, die sich beispielsweise nach Ausfällen einzelner Prozessschritte ergeben können.

Neben der Echtzeitfähigkeit des hier präsentierten Verfahrens ist es darüber hinaus möglich, die Ergebnisse schon während der Entwicklungsphase einer neuen Wäscherei zu nutzen. Wenn der potenzielle Käufer ein repräsentatives Szenario für einen Tag entwirft, kann die Pareto-Menge für Problem (5.20) berechnet werden. Dies wird durch mehrfaches Lösen des skalarisierten Problems (5.21) mit variierenden Werten für α erreicht. Die Pareto-Menge für das zuvor betrachtete Szenario ist in Abb. 5.19a dargestellt. Wie zu erwarten führt eine niedrige Anzahl an Kategoriewechseln zu einer erhöhten Prozesszeit, da dies zu Rückstaus führt. Auf der anderen Seite führt eine erhöhte Anzahl an Wechseln zu verkürzten Zeiten, resultiert dafür jedoch in einem erhöhten Ressourcenverbrauch. Der potenzielle Käufer einer Waschanlage kann diese Informationen nun evaluieren und die Leistungsfähigkeit der entwickelten Anlage einschätzen. Darüber hinaus kann später im Betrieb die Betriebsstrategie angepasst werden, um auf wechselndes Wäscheaufkommen zu reagieren.

In Abb. 5.19 wird noch einmal die starke Abhängigkeit der Lösung von der gewählten Anfangsreihenfolge deutlich. Während die Punkte mit einem niedrigen Wert für $f_1(\mathbf{R})$ (< 1.05) mit einer gleichmäßig verteilten Anfangsreihenfolge berechnet wurden, wurde die Berechnung der übrigen Punkte mit einer generischen Startreihenfolge initialisiert. Die große Lücke zwischen den zwei Teilen der Pareto-Front lässt darauf schließen, dass ein Teil der Front eine nicht-konvexe Krümmung besitzt (vgl. Abb. 5.19b). Dies verdeutlicht den großen Nachteil der „gewichteten Summen-Methode", in welcher dieser Teil der Pareto-Front nicht berechnet werden kann. In Zukunft wird es daher wichtig sein, die

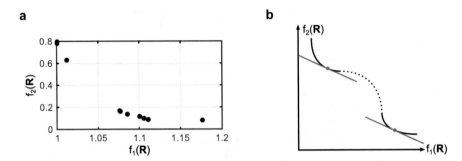

Abb. 5.19 Approximation der Pareto-Menge der Problemstellung (5.20). **a** Jeder Punkt ist Lösung des skalaren Optimierungsproblems (5.21). **b** Grafische Illustration der Pareto-Front mit einer nicht-konvexen Krümmung. In diesem Fall existieren mehrere Pareto-Punkte für denselben Wert von α. Die gestrichelte Linie kann dabei mit dieser Methode nicht berechnet werden

Reihenfolgenoptimierung mit anspruchsvolleren Skalarisierungsverfahren zu kombinieren, um die gesamte Pareto-Menge berechnen zu können.

Literatur

1. ABB Asea Brown Boveri Ltd.: Ross Island research station. http://new.abb.com/power-generation/references/ross-island-research-station
2. DOE Global Energy Storage Database: Isle of Muck Microgrid System – Wind & Sun LTD/Synergy Scotland. http://www.energystorageexchange.org/projects/1321
3. PowerGen Renewable Energy. http://powergen-renewable-energy.com/
4. Aarts, E., Lenstra, J.K. (Hrsg.): Local search in combinatorial optimization.Wiley-Interscience Series in Discrete Mathematics and Optimization. John Wiley & Sons, Ltd., Chichester (1997)
5. Adamy, J.: Nichtlineare Regelungen. Springer, Berlin, Heidelberg (2009)
6. Alessio, A., Bemporad, A.: A Survey on Explicit Model Predictive Control. In: L. Magni, D.M. Raimondo, F. Allgöwer (Hrsg.) Nonlinear Model Predictive Control: Towards New Challenging Applications, S. 345–369. Springer, Berlin, Heidelberg (2009)
7. Allgöwer, F., Zheng, A.: Nonlinear model predictive control, Bd. 26. Birkhäuser, Basel (2012)
8. Bemporad, A., Muñoz de la Peña, D.: Multiobjective model predictive control. Automatica **45**(12), 2823–2830 (2009)
9. Betts, J.T.: Survey of numerical methods for trajectory optimization. Journal of Guidance, Control, and Dynamics **21**(2), 193–207 (1998)
10. Camacho, E.F., Alba, C.B.: Model Predictive Control. Springer, London (2007)
11. Cinet: International Committee of Textile Care: Industrial Washing and Drying. Clean (2011)
12. Coello Coello, C.A., Lamont, G., van Veldhuizen, D.: Evolutionary Algorithms for Solving Multi-Objective Optimization Problems, 2. Aufl. Springer, Berlin (2007)
13. Cronje, W., Hofsajer, I., Shuma-Iwisi, M., Braid, J.: Design considerations for rural modular microgrids. In: Energy Conference and Exhibition (ENERGYCON), 2012 IEEE International, S. 743–748. IEEE (2012)

14. Dellnitz, M., Dignath, F., Flaßkamp, K., Hessel-von Molo, M., Krüger, M., Timmermann, R., Zheng, Q.: Modelling and Analysis of the Nonlinear Dynamics of the Transrapid and its Guideway. In: Progress in Industrial Mathematics at ECMI 2010, S. 113–123. Springer, Berlin, Heidelberg (2012)
15. Dellnitz, M., Eckstein, J., Flaßkamp, K., Friedel, P., Horenkamp, C., Köhler, U., Ober-Blöbaum, S., Peitz, S., Tiemeyer, S.: Development of an intelligent cruise control using optimal control methods. Procedia Technology **15**, 285–294 (2014)
16. Dellnitz, M., Eckstein, J., Flaßkamp, K., Friedel, P., Horenkamp, C., Köhler, U., Ober-Blöbaum, S., Peitz, S., Tiemeyer, S.: Multiobjective Optimal Control Methods for the Development of an Intelligent Cruise Control. In: Progress in Industrial Mathematics at ECMI, Bd. 22 (2014)
17. Dellnitz, M., Hohmann, A.: A subdivision algorithm for the computation of unstable manifolds and global attractors. Numerische Mathematik **75**(3), 293–317 (1997)
18. Dellnitz, M., Schütze, O., Hestermeyer, T.: Covering Pareto Sets by Multilevel Subdivision Techniques. Journal of Optimization Theory and Application **124**(1), 113–136 (2005)
19. Diehl, M., Amrit, R., Rawlings, J.B.: A Lyapunov Function for Economic Optimizing Model Predictive Control. IEEE Transactions on Automatic Control **56**(3), 703–707 (2011)
20. Ehrgott, M.: Multicriteria Optimization. Springer, Berlin, Heidelberg (2005)
21. Flaßkamp, K., Ober-Blöbaum, S.: Optimale Steuerungsstrategien für selbstoptimierende mechatronische Systeme mit mehreren Zielkriterien. In: 9. Paderborner Workshop Entwurf mechatronischer Systeme. HNI-Verlagsschriftenreihe, Bd. 310, Paderborn (2013)
22. Geering, H.P.: Optimal control with engineering applications. Springer, Berlin, Heidelberg (2007)
23. Gerdts, M.: Optimal control of ODEs and DAEs. Walter de Gruyter (2012)
24. Gill, P.E., Jay, L.O., Leonard, M.W., Petzold, L.R., Sharma, V.: An SQP Method for the Optimal Control of Large-scale Dynamical Systems. Journal of Computational and Applied Mathematics **120**, 197–213 (2000)
25. Grüne, L., Pannek, J.: Nonlinear model predictive control. Springer, Berlin, Heidelberg (2011)
26. Gutin, G., Punnen, A.P.: The Traveling Salesman Problem and its Variations. Springer Science & Business Media, New York (2007)
27. Helsgaun, K.: Effective implementation of the Lin-Kernighan traveling salesman heuristic. European Journal of Operational Research **126**, 106–130 (2000)
28. Hillermeier, C.: Nonlinear Multiobjective Optimization – A Generalized Homotopy Approach. Birkhäuser, Berlin (2001)
29. Junge, O., Marsden, J.E., Ober-Blöbaum, S.: Discrete mechanics and optimal control. IFAC Proceedings Volumes 38 (1), 538–543 (2005)
30. Keil, F.J., Keil, F.: Optimierung verfahrenstechnischer Prozesse. Chemie Ingenieur Technik **68**(6), 639–650 (1996)
31. Keßler, J.H., Gausemeier, J., Iwanek, P., Köchling, D., Krüger, M., Trächtler, A.: Erstellung von Prozessmodellen für den Entwurf selbst-optimierender Regelungen. In: Internationales Forum Mechatronik, Winterthur (2013)
32. Kuhn, H.W., Tucker, A.W.: Nonlinear programming. In: Proceedings of the Second Berkeley Symposium on Mathematical Statistics and Probability, S. 481–492. University of California Press, Berkeley, Calif. (1951)
33. Lee, J.H., Cooley, B.: Recent advances in model predictive control and other related areas. In: AIChE Symposium Series, Bd. 93, S. 201–216. American Institute of Chemical Engineers (1997)
34. Lin, S., Kernighan, B.W.: An Effective Heuristic Algorithm for the Traveling-Salesman Problem. Operations Research **21**(2), 498–516 (1973)
35. Marnay, C., Chatzivasileiadis, S., Abbey, C., Iravani, R., Joos, G., Lombardi, P., Mancarella, P., von Appen, J.: Microgrid Evolution Roadmap. In: 2015 International Symposium on Smart Electric Distribution Systems and Technologies (EDST), S. 139–144. IEEE (2015)

36. Masjosthusmann, C., Köhler, U., Decius, N., Büker, U.: A vehicle energy management system for a battery electric vehicle. In: 2012 IEEE Vehicle Power and Propulsion Conference (VPPC), S. 339–344. IEEE (2012)
37. Miettinen, K.: Nonlinear Multiobjective Optimization, Bd. 12. Springer Science & Business Media, New York (2012)
38. Münch, E.: Selbstoptimierung verteilter mechatronischer Systeme auf Basis paretooptimaler Systemkonfigurationen. Dissertation, Fakultät für Maschinenbau, Universität Paderborn, Paderborn (2012)
39. Murray, R.M., Rathinam, M., Sluis, W.: Differential flatness of mechanical control systems: A catalog of prototype systems. In: ASME International Mechanical Engineering Congress and Exposition. Citeseer (1995)
40. Nocedal, J., Wright, S.: Numerical Optimization. Springer Science & Business Media (2006)
41. Papageorgiou, M., Leibold, M., Buss, M.: Optimierung: statische, dynamische, stochastische Verfahren für die Anwendung. Springer, Berlin, Heidelberg (2012)
42. Peitz, S., Gräler, M., Henke, C., Hessel-von Molo, M., Dellnitz, M., Trächtler, A.: Multiobjective Model Predictive Control of an Industrial Laundry. Procedia Technology 26, 483–490 (2016)
43. Peitz, S., Ober-Blöbaum, S., Dellnitz, M.: Multiobjective Optimal Control Methods for the Navier-Stokes Equations Using Reduced Order Modeling. Acta Applicandae Mathematicae (2018)
44. Peitz, S., Schäfer, K., Ober-Blöbaum, S., Eckstein, J., Köhler, U., Dellnitz, M.: A Multiobjective MPC Approach for Autonomously Driven Electric Vehicles. IFAC-PapersOnLine 50(1), 8674–8679 (2017)
45. Pinedo, M.L.: Scheduling: Theory, Algorithms, and Systems. Springer Science & Business Media, New York (2012)
46. Qin, S.J., Badgwell, T.A.: An overview of industrial model predictive control technology. In: AIChE Symposium Series, Bd. 93, S. 232–256. American Institute of Chemical Engineers (1997)
47. Rawlings, J.B., Amrit, R.: Optimizing Process Economic Performance Using Model Predictive Control, S. 119–138. Springer, Berlin, Heidelberg (2009)
48. Romaus, C.: Selbstoptimierende Betriebsstrategien für ein hybrides Energiespeichersystem aus Batterien und Doppelschichtkondensatoren. Shaker (2013)
49. Schäffler, S., Schultz, R., Weinzierl, K.: Stochastic method for the solution of unconstrained vector optimization problems. Journal of Optimization Theory and Applications 114(1), 209–222 (2002)
50. Schütze, O., Dell'Aere, A., Dellnitz, M.: On continuation methods for the numerical treatment of multi-objective optimization problems. In: Dagstuhl Seminar Proceedings. Schloss Dagstuhl-Leibniz-Zentrum für Informatik (2005)
51. Schütze, O., Witting, K., Ober-Blöbaum, S., Dellnitz, M.: Set oriented methods for the numerical treatment of multi-objective optimization problems. In: E. Tantar, A.A. Tantar, P. Bouvry, P. Del Moral, P. Legrand, C. Coello Coello, O. Schütze (Hrsg.) EVOLVE – A Bridge Between Probability, Set Oriented Numerics, and Evolutionary Computation, Studies in Computational Intelligence, Bd. 447, S. 187–219. Springer, Berlin, Heidelberg (2013)
52. Vogt, T., Fröhleke, N., Böcker, J., Kempen, S.: Mehrziel-Speicherbetriebsstrategie für industrielle Microgrids. ETG-Fachbericht-Von Smart Grids zu Smart Markets 2015 (2015)
53. Xu, Y., Li, H., Tolbert, L.M.: Inverter-based microgrid control and stable islanding transition. In: 2012 IEEE Energy Conversion Congress and Exposition (ECCE), S. 2374–2380. IEEE (2012)
54. Zavala, V.M., Flores-Tlacuahuac, A.: Stability of multiobjective predictive control: A utopia-tracking approach. Automatica 48(10), 2627–2632 (2012)

Intelligente Steuerungen und Regelungen

Christopher Lüke, Julia Timmermann, Jan Henning Keßler und
Ansgar Trächtler

Zusammenfassung

Intelligentes Verhalten technischer Systeme wird durch intelligente Steuerungen und Regelungen realisiert. Diese Regelungen berücksichtigen Unsicherheiten und passen sich zur Laufzeit an geänderte Umgebungsbedingungen an. Dabei steht die modellbasierte Regelung auf Basis physikalischer Prozessmodelle im Mittelpunkt, die die Dynamik der technischen Systeme umfassend abbilden. Einer kurzen Einführung in grundlegende Methoden der Regelungstechnik folgt die Präsentation eines paretooptimalen Reglers, welcher Systeme befähigt, autonom auf veränderliche Betriebsbedingungen zu reagieren. Desweiteren ist die methodische Unterstützung beim Entwurf intelligenter Regelungen Inhalt dieses Kapitels. Der Einsatz der vorgestellten Methoden wird anhand von Praxisbeispielen aus dem Spitzencluster it's OWL gezeigt.

C. Lüke (✉) · J. Timmermann · J. H. Keßler · A. Trächtler
Heinz Nixdorf Institut, Regelungstechnik und Mechatronik,
Universität Paderborn, Paderborn, Deutschland
E-Mail: christopher.lueke@hni.uni-paderborn.de

J. Timmermann
E-Mail: julia.timmermann@hni.uni-paderborn.de

J. H. Keßler
E-Mail: Jan.Henning.Kessler@hni.uni-paderborn.de

A. Trächtler
E-Mail: ansgar.traechtler@hni.uni-paderborn.de

© Springer-Verlag GmbH Deutschland, ein Teil von Springer Nature 2018
A. Trächtler und J. Gausemeier (Hrsg.), *Steigerung der Intelligenz mechatronischer Systeme,* Intelligente Technische Systeme – Lösungen aus dem Spitzencluster it's OWL, https://doi.org/10.1007/978-3-662-56392-2_6

6.1   Grundlagen und Methoden zu intelligenten Steuerungen und Regelungen

In diesem Abschnitt wird in die grundlegenden Methoden der Regelungstechnik eingeführt. Darüber hinaus werden Methoden der optimalen und adaptiven Regelung vorgestellt sowie ein Ansatz für ein selbstoptimierendes Regelungskonzept.

6.1.1   Grundlagen der Regelungstechnik

Bei der Entwicklung technischer Systeme können nicht alle Betriebssituationen und entsprechenden Verhaltensweisen der Systeme vorausgedacht werden. Das Ziel des Einsatzes regelungstechnischer Methoden ist daher der Umgang mit Unsicherheiten und Störungen im Betriebsablauf, um das gewünschte Systemverhalten sicherstellen zu können. Im folgenden Kapitel werden einführende Methoden für den Steuerungs- und Regelungsentwurf vorgestellt [6, 17, 22].

6.1.1.1 Aufbau und Wirkungsweise einer Regelung

Die Regelungstechnik ist die Lehre von der selbsttätigen gezielten Beeinflussung dynamischer Prozesse während des Prozessablaufs. Dessen dynamisches Verhalten wird häufig durch Differentialgleichungen beschrieben. Die Ausgangsgröße des Prozesses $y(t)$ soll einer vorgegebenen Führungsgröße $w(t)$ folgen. Für den Fall bekannter Störgrößen $z(t)$ und genau bekanntem System kann eine *Steuerung* (engl. *Feed-forward Control*) eingesetzt werden, um die Führungsgröße einzustellen. Bei unbekannten Störungen und Parameterunsicherheiten versagt eine offene Wirkungskette jedoch. Abhilfe schafft der Einsatz einer *Regelung* (engl. *Feedback Control*) zur Ausregelung von Störgrößen. Diese enthält eine Rückführung der Ausgangsgröße auf die Führungsgröße, sodass bei Abweichungen ein korrigierender Eingriff erfolgt.

Abb. 6.1 zeigt die wesentlichen Bestandteile eines Regelkreises. Die Regelstrecke steht unter Einfluss der Störgröße und wird als bekannt angenommen. Die Messeinrichtung bzw. Sensorik liefert die Regelgröße $r(t)$. Der Regler beeinflusst das dynamische Systemverhalten

Abb. 6.1 Aufbau eines Regelkreises im Blockschaltbild

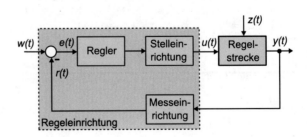

durch Verarbeitung der Regeldifferenz $e(t)$. Die Stelleinrichtung bzw. Aktorik sorgt für die gezielte Beeinflussung der Regelstrecke durch die Stellgröße $u(t)$.

Beide Verfahren lassen sich kombinieren, um sowohl das Führungs- als auch das Störverhalten beherrschen zu können. Die sogenannte *Zwei-Freiheitsgrade-Struktur* verfügt über eine Vorsteuerung, welche anhand des bekannten Systemverhaltens passende Steuergrößen $u^*(t)$ und den zugehörigen Systemausgang $y^*(t)$ für den vorgegebenen Sollwert berechnet. Der Regler übernimmt lediglich die Korrektur der Stellgröße für den Fall auftretender Störgrößen oder Parameterabweichungen, welche zu Abweichungen zwischen $y^*(t)$ und dem gemessenen $y(t)$ führen.

6.1.1.2 Regelungsentwurf im Frequenzbereich

Für den Regelungsentwurf ist die Modellierung der Regelstrecke notwendig. Eine hilfreiche Methode zum Lösen der zugrundeliegenden Differentialgleichungen ist die Betrachtung im Frequenzbereich mithilfe der Laplace-Transformation:

$$\mathscr{L}\{f(t)\} = \int_{t=0}^{\infty} f(t) \cdot e^{-st} dt = F(s); \quad s = \delta + j\omega. \tag{6.1}$$

Für lineare zeitinvariante Systeme lässt sich somit eine komplexe *Übertragungsfunktion* $G(s)$ aufstellen, welche den Zusammenhang zwischen der Eingangsgröße $U(s)$ und der Ausgangsgröße $Y(s)$ herstellt. Auf diese Weise wird aus der Differentialgleichung im Zeitbereich eine leicht zu lösende algebraische Gleichung im Frequenzbereich. Außerdem können disziplinübergreifende Standard-Übertragungsglieder definiert werden. Beispielsweise stellt der fremderregte gedämpfte Einmassenschwinger ein Verzögerungsglied 2. Ordnung (PT2-Glied) dar.

$$m\ddot{z}(t) = -d\dot{z}(t) - cz(t) + F(t) \tag{6.2}$$

Mit der Anregekraft $F(t)$ als Eingang und der Auslenkung $z(t)$ als Ausgang ergibt sich im Frequenzbereich die Übertragungsfunktion

$$Z(s) = \frac{1}{ms^2 + ds + c} \cdot F(s), \tag{6.3}$$

aus der sich die Zeitkonstante $T = \sqrt{\frac{m}{c}}$ ablesen lässt. Die *Streckenzeitkonstanten* spielen eine wesentliche Rolle bei der Auslegung der Reglerparameter.

Beim Entwurf von Regelungen sind fünf wesentliche Grundanforderungen zu erfüllen. Neben den Forderungen nach *Schnelligkeit* und guter *Dämpfung* muss auch die *Realisierbarkeit* der Stellgröße durch die Bandbreite und Begrenzung der Aktorik beachtet werden. Außerdem muss die *stationäre Genauigkeit* gegeben sein, also das Verschwinden der Regelabweichung bei Führungs- und Störgrößen mit konstantem Endwert. Essenziell ist jedoch die Sicherstellung der *Stabilität* des über die Rückführung beeinflussten Gesamtsystems. In ungünstigen Fällen kann es zu einem Aufschaukeln des Systems kommen. Im einfachsten Fall bedeutet Stabilität, dass eine beschränkte Eingangsgröße zu einer beschränkten

Ausgangsgröße führt *(Bounded-Input-Bounded-Output)*. Zur Untersuchung der Stabilität wird eine Analyse der Systemdynamik durchgeführt, insbesondere der System-Eigenwerte. Als notwendige Bedingung für Stabilität müssen diese einen negativen Realteil aufweisen. Gängige Methoden zur Überprüfung der Stabilität liefern u. a. NYQUIST, HURWITZ und LYAPUNOV.

Eine einfache Struktur, die diese Anforderungen erfüllen kann, ist der *PID-Regler*. Im Frequenzbereich wird der mathematische Zusammenhang zwischen Regeldifferenz und Stellgröße wie folgt beschrieben:

$$U(s = j\omega) = \left(K_P + K_I \frac{1}{s} + K_D \frac{s}{1 + T_N s}\right) \cdot Y(s)$$

$$= K_R \frac{(1 + T_{R1}s)(1 + T_{R2}s)}{s(1 + T_N s)} \cdot Y(s). \tag{6.4}$$

Die Reglerstruktur besteht aus einer Parallelschaltung eines Verstärkungs-Glieds (P), eines Integrators (I) und eines realen Differenzierers (D). Dabei sorgt der P-Anteil für eine Anpassung der Stellgröße an die Regelabweichung. Der I-Anteil sorgt für die stationäre Genauigkeit, während der D-Anteil Schnelligkeit und Dämpfung des geregelten Systems bestimmt. Durch Entfernen einzelner Glieder kann die Struktur auch zu einem P-, einem PI- oder einem PD-Regler variiert werden.

Für die Einstellung der Reglerparameter existiert eine Vielzahl an Verfahren. Ziel ist es jeweils, eine möglichst hohe Bandbreite des geregelten Systems zu erreichen. Dafür soll über einen großen Frequenzbereich eine ideale Übertragung der Führungsgröße mit einem Betrag von 1 bzw. 0 dB erfolgen. Exemplarisch sei das Verfahren des *symmetrischen Optimums* nach KESSLER erwähnt. Dabei teilt man die Regelstrecke in einen langsamen (große Zeitkonstanten) und einen schnellen (kleine Zeitkonstanten) Teil auf. Mithilfe der Zeitkonstanten des Reglers $T_{R1,2}$ werden nun die langsamsten Streckenanteile kompensiert, während über die Reglerverstärkung K_R die gewünschte Dämpfung des geregelten Systems eingestellt wird.

6.1.1.3 Lineare Regler im Zustandsraum

Bei der Modellierung von Mehrgrößensystemen stößt die klassische Frequenzbereichsmethodik an ihre Grenzen. Eine besonders zweckmäßige Form der Differentialgleichungen stellt die *Zustandsraumbeschreibung* dar. Es werden neue Variablen eingeführt, welche zwischen den Ein- und Ausgangsgrößen vermitteln und den inneren Systemzustand beschreiben. Dadurch erhält man, statt einer Differentialgleichung n-ter Ordnung für die Ausgangsgröße, ein System von n Differentialgleichungen erster Ordnung in den Zustandsvariablen $x_i, i = 1 \ldots n$. Unter Berücksichtigung der Eingangsgrößen $u_i, i = 1 \ldots p$ ergibt sich die Zustandsdifferentialgleichung

$$\dot{\mathbf{x}}(t) = \mathbf{A}\mathbf{x}(t) + \mathbf{B}\mathbf{u}(t); \quad \mathbf{x} = [x_1, x_2, \ldots x_n]^T \tag{6.5}$$

mit der Dynamikmatrix **A** und der Eingangsmatrix **B**. Den Zusammenhang zu den Ausgangsgrößen $y_i, i = 1 \ldots q$ stellt die Ausgangsgleichung mit der Ausgangsmatrix **C** und der Durchgriffsmatrix **D** her:

$$\mathbf{y}(t) = \mathbf{Cx}(t) + \mathbf{Du}(t). \tag{6.6}$$

Die Dynamik des Systems lässt sich durch Analyse der Eigenwerte $\lambda_i, i = 1 \ldots n$ der Matrix **A** analysieren, welche durch die charakteristische Gleichung bestimmt werden können:

$$det(\lambda \mathbf{I} - \mathbf{A}) = 0. \tag{6.7}$$

Für den Entwurf eines Zustandsreglers mittels *Eigenwertvorgabe* wird der komplette Zustandsvektor über die Reglermatrix **R** auf den Eingang zurückgeführt. Durch Anwenden des Regelgesetzes

$$\mathbf{u} = -\mathbf{Rx} \tag{6.8}$$

ergibt sich die neue Dynamikmatrix $\mathbf{A}_R = \mathbf{A} - \mathbf{BR}$. Für die Berechnung der Reglermatrix unter Vorgabe der gewünschten Eigenwerte λ_{Ri} sei auf [6] verwiesen.

Für die Realisierung einer solchen Regelung sind die zwei Systemeigenschaften *Steuerbarkeit* und *Beobachtbarkeit* zu beachten. Steuerbarkeit bedeutet, dass die Zustandsgrößen von ausgewählten Anfangszuständen durch Einfluss der Stellgrößen in ausgewählte Endzustände überführt werden können. Dies ist die Voraussetzung für die Beeinflussbarkeit der Regelgrößen durch einen Eingriff in die Stellgrößen. Beobachtbarkeit bedeutet, dass nicht messbare bzw. nicht gemessene Zustandsgrößen durch Messung der Ausgangsgrößen rekonstruiert werden können. Daraus leitet sich die Idee nach LUENBERGER ab, ein parallel mitlaufendes Dynamikmodell mit den Streckeneingängen zu beschalten und somit den beobachteten Zustandsvektor $\hat{\mathbf{x}}$ zu ermitteln. Um unbekannte Störungen und Anfangszustände auszugleichen, findet ein Vergleich der real gemessenen Ausgangsgrößen und der Modellausgänge statt, welcher über die Beobachtermatrix **L** eingebracht wird. Diese Matrix wird durch Vorgabe der Beobachtereigenwerte so ausgelegt, dass der Schätzfehler schneller abklingt als die Regeldifferenz. Nach dem *Separationstheorem* können die Eigenwerte von Beobachter und Regler unabhängig voneinander ausgelegt werden. Die vollständige Struktur einer Zustandsregelung mit Beobachterrückführung ist in Abb. 6.2 zu sehen.

Abb. 6.2 Vollständige Zustandsrückführung mit Luenberger-Beobachter in der Zwei-Freiheitsgrade-Struktur

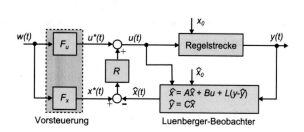

6.1.2 Optimale und adaptive Regelungen

Im folgenden Kapitel werden Methoden vorgestellt, mithilfe derer die grundlegenden Regelungsmethoden erweitert werden können. Insbesondere lassen sich mathematische Optimierungsverfahren nutzen, um die Regelgüte zu verbessern. Außerdem werden Methoden zur Anpassung der Regelung an veränderliche Umgebungsbedingungen gezeigt.

6.1.2.1 Optimale Regelung durch Minimierung eines Gütemaßes

Die Reglermatrix $\mathbf{R}$ des im vorigen Kapitel gezeigten Zustandsreglers wird durch die Vorgabe der Eigenwerte der Wunschdynamik des geregelten Systems bestimmt. Diese werden häufig durch iteratives Vorgehen auf Basis von Erfahrungswissen bestimmt. Eine alternative Vorgehensweise ergibt sich aus der Betrachtung des Regelziels, welches die Überführung eines Systems aus dem Anfangszustand $\mathbf{x}(0) = \mathbf{x}_0$ in den gewünschten Endzustand $\mathbf{x} = 0$ beinhaltet. Daraus lassen sich zwei Forderungen an den Übergangsvorgang ableiten, welche quantitativ durch Gütemaße in Form von Integralfunktionen erfasst werden [6]. Die erste Forderung nach *Schnelligkeit* und *geringen Oszillationen* führt auf die Bewertung des zeitlichen Verlaufs der Zustandsgrößen.

Darin gehen die Zustandsgrößen x_i jeweils quadratisch ein und werden mittels der Einträge $q_{ii}, i = 1 \ldots n$ der symmetrischen und positiv definiten (Diagonal-)Matrix $\mathbf{Q}$ gewichtet. Als zweites wird eine möglichst *geringe Stellenergie* für den Übergang gefordert, woraus analog ein Gütemaß mit der wiederum symmetrischen und positiv definiten (Diagonal-) Matrix $\mathbf{S}$ zur Gewichtung der Stellgrößen u_i entsteht. Um beide Forderungen gleichzeitig zu erfüllen, werden sie zu einem allgemeinen quadratischen Gütemaß kombiniert:

$$J = \frac{1}{2} \int_0^\infty (\mathbf{x}^T(t)\mathbf{Q}\mathbf{x}(t) + \mathbf{u}^T(t)\mathbf{S}\mathbf{u}(t))dt \tag{6.9}$$

Gemäß des Regelgesetzes (6.8) hängen die beiden Vektoren $\mathbf{x}$ und $\mathbf{u}$ und damit auch das Gütemaß J von der Reglermatrix $\mathbf{R}$ ab. Durch geeignete Wahl der Matrixeinträge r_{ik} wird eine Minimierung des Gütemaßes angestrebt. Der optimale Regler wird durch Minimierung der Funktion J bezüglich dieser Variablen berechnet. Es wird also eine Parameteroptimierung durchgeführt. Die Lösung des Optimierungsproblems führt auf eine nichtlineare Matrixgleichung, die für steuerbare Strecken eindeutig lösbar ist und als algebraische Riccati-Gleichung bezeichnet wird. Der zugehörige Regler ist deshalb als *Riccati-Regler* bekannt. Gegenüber der Reglerauslegung durch Eigenwertvorgabe haben sich die Auslegungsvariablen zu den Gewichtungsmatrizen $\mathbf{Q}$ und $\mathbf{S}$ geändert. Ihre Wahl bestimmt, welches der beiden Ziele Schnelligkeit und Energieverbrauch priorisiert behandelt wird.

6.1.2.2 Modellprädiktive Regelung

Die modellprädiktive Regelung (engl. *Model Predicitve Control, MPC*) ist ein bekannter Ansatz aus dem Bereich der chemischen und Prozessindustrie [1]. Er findet Anwendung sowohl für lineare als auch für nichtlineare Systeme.

Die allgemeine Reglerstruktur kann anhand von Abb. 6.3 erklärt werden. Die zugrundeliegende Idee ist die Nutzung eines zeitdiskreten Modells der Strecke mit der Abtastrate T, um das zukünftige Systemverhalten zur Laufzeit vorherzusagen:

$$\mathbf{x}(k+1) = \mathbf{A}\mathbf{x}(k) + \mathbf{B}\mathbf{u}(k), \tag{6.10}$$

$$\mathbf{y}(k) = \mathbf{C}\mathbf{x}(k). \tag{6.11}$$

Im Gegensatz zum Riccati-Regler findet also eine Optimierung im laufenden Betrieb statt. Zu Beginn des Regelprozesses wird der Optimierer mit den Startwerten $\mathbf{u}(0)$ and $\mathbf{y}(0)$ initialisiert. Die Optimierung der Eingangs- bzw. Stellgrößentrajektorie $\mathbf{u}(k+i)$ wird für eine endliche Anzahl an Schritten $i = 0, \ldots, n_c - 1$ durchgeführt, wobei $T_c = n_c \cdot T$ der sogenannte Regelhorizont ist. Das prädizierte Systemverhalten wird genutzt, um eine quadratische Kostenfunktion J zu minimieren. Dabei werden die Abweichungen der Ausgangstrajektorie $\mathbf{y}(k+i)$, $i = 1, \ldots, n_p$ von der Referenztrajektorie $\mathbf{y}_{ref}(k+i)$ berücksichtigt, sowie die Eingangtrajektorie und die vorgegebenen Beschränkungen. Die Vorhersage des zukünftigen Verhaltens wird über den Prädiktionshorizont $T_p = n_p \cdot T$ ausgeführt. Der erste Wert der Trajektorie $\mathbf{u}_{opt}(k) = \mathbf{u}(k)$ wird zum Zeitschritt k auf das reale System aufgeschaltet. Anschließend wird der beschriebene Optimierungsprozess um einen Zeitschritt in die Zukunft verschoben. Auf diese Weise und unter Einbeziehung gemessener Daten der Strecke ist die modellprädiktive Regelung in der Lage, auch auf Prozessstörungen zu reagieren.

Das Aufstellen einer *Kostenfunktion* ist ein elementarer Schritt im Entwurfsprozess. Das Ziel ist es, eine Kostenfunktion unter Einbeziehung des Prädiktionsmodells zu finden, welches sämtliche Systemzustände über den Prädiktionshorizont beschreibt. Für eine lineare MPC hat eine allgemeine Kostenfunktion bspw. die folgende Form:

Abb. 6.3 Struktur einer modellprädiktiven Regelung

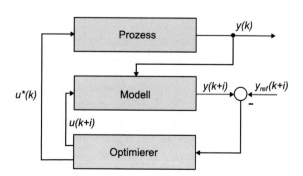

$$J(\mathbf{Y}(k), \mathbf{U}(k)) = (\mathbf{Y}(k) - \mathbf{Y}_{ref}(k))^T \mathbf{Q}(\mathbf{Y}(k) - \mathbf{Y}_{ref}(k)) + \mathbf{U}^T(k)\mathbf{S}\mathbf{U}(k) \qquad (6.12)$$

Hierbei ist $\mathbf{Y}$ der Vektor der Ausgangsvariablen und $\mathbf{Y}_{ref}$ ist die entsprechende Referenztrajektorie über T_p. $\mathbf{Y}$ und $\mathbf{U}$ bestehen aus den Vektoren der Systemzustände $\mathbf{x}$ bzw. Eingänge $\mathbf{u}$ über T_p, z. B. $\mathbf{U}(k) = [\mathbf{u}(k); ...; \mathbf{u}(k + N - 1)]$ (analog für $\mathbf{Y}$ und $\mathbf{Y}_{ref}$). $\mathbf{Q}$ und $\mathbf{S}$ sind positiv definite diagonale Gewichtungsmatrizen.

Ein entscheidender Vorteil der MPC ist die Möglichkeit, Beschränkungen sowohl für die Systemzustände als auch für die Ein- und Ausgänge zu berücksichtigen. Auf diese Weise können technische und physikalische Grenzen des realen Systems abgebildet werden. Dabei bleibt das grundlegende Optimierungsproblem mit seiner Kostenfunktion erhalten. Allerdings entsteht durch die Einbindung der Grenzen ein nichtlineares Optimierungsproblem, welches nur unter teilweise erheblichem Rechenaufwand numerisch gelöst werden kann.

6.1.2.3 Parameter-adaptive Regelungen

Die erreichbare Regelgüte der bisher vorgestellten Regelmethoden hängt insbesondere davon ab, wie genau die Regelstrecke bekannt ist. Dabei wird davon ausgegangen, dass sich die Streckenparameter über die Zeit nicht wesentlich ändern. Ist dies nicht der Fall, so ist eine Regleranpassung zur Laufzeit notwendig. Dafür steht eine Vielzahl an Adaptionsstrategien zur Verfügung, welche sich in die Kategorien adaptive Regler *mit* und *ohne* Rückführung unterteilen lassen [23]. Die Unterscheidung bezieht sich auf die Art der Adaptionsstrategie, welche mit oder ohne Rückführung der Systemdynamik entworfen werden kann (siehe Abschn. 2.1.1).

Im ersten Fall wird davon ausgegangen, dass die Änderung der Systemdynamik ausschließlich von den bekannten Betriebsbedingungen abhängt. Dann lässt sich die Adaption der Reglerparameter als Steuerungsproblem betrachten, wie es in der Methode des *Gain Scheduling* gehandhabt wird [1]. Bei dieser Klasse von Reglern wird die Regelstrecke für verschiedene Arbeitspunkte linearisiert, sodass für jeden Arbeitspunkt ein linearer Regler berechnet werden kann. Ausgehend von der nichtlinearen Regelstrecke mit den äußeren Einflüssen $\mathbf{d}$

$$\dot{\mathbf{x}} = \mathbf{f}(\mathbf{x}, \mathbf{d}, \mathbf{u}), \qquad (6.13)$$

$$\mathbf{y} = \mathbf{g}(\mathbf{x}) \qquad (6.14)$$

werden Ruhelagen bzw. Arbeitspunkte $\mathbf{x}_R$ wie folgt bestimmt:

$$\dot{\mathbf{x}} = \mathbf{f}(\mathbf{x}_R(\mathbf{p}), \mathbf{d}_R(\mathbf{p}), \mathbf{u}_R(\mathbf{p})). \qquad (6.15)$$

Darin ist $\mathbf{p}$ der Parametervektor, der das System in dem jeweiligen Arbeitspunkt beschreibt. Um die Arbeitspunkte herum werden linearisierte Formen des Systems erstellt, welche jeweils einen begrenzten Gültigkeitsbereich haben. Für jedes der linearisierten Modelle wird ein Regler ausgelegt.

Im letzten Entwurfsschritt wird die Auswahl bzw. der Übergang zwischen jeweils zwei benachbarten Reglern durch Interpolation festgelegt. Die Auswahl erfolgt anhand des Parametervektors **p**, welcher jedoch nicht immer zur Gänze bestimmbar ist. Stattdessen wird ein sogenannter *Schedulingvektor β* genutzt, welcher sich aus den Zustandsvariablen **x**, den Ausgängen **y**, den Stellgrößen **u**, den Reglerzuständen **x_R** und den Sollgrößen **w** zusammensetzt. Aktiv ist dann jener Regler, dessen Parametervektor mit dem aktuellen Schedulingvektor am besten übereinstimmt. Die Interpolation zwischen den Stellgrößen $\mathbf{u}_R(\mathbf{p}_i) + \Delta\mathbf{u}_i$ der einzelnen Regler erfolgt auf Basis eines gewichteten Mittelwerts. Es ergibt sich die Reglergleichung

$$\mathbf{u} \approx \frac{\mu_i(\beta) \cdot (\mathbf{u}_R(\mathbf{p}_i) + \Delta\mathbf{u}_i)}{\mu_i(\beta)}. \qquad (6.16)$$

Im Arbeitspunkt i ist nur der entsprechende Regler $\mathbf{u}_R(\mathbf{p}_i) + \Delta\mathbf{u}_i$ aktiv, falls die Gewichtungsfunktionen $\mu_i(\beta)$ für $\beta = \mathbf{p}_j$ mit $i \neq j$ nahezu null und $i = j$ identisch eins sind. Zwischen den Arbeitspunkten wird ein gewichteter Mittelwert der einzelnen Reglerausgänge aufgeschaltet. Da die Stabilität aufgrund des nichtlinearen Systems im Allgemeinen nicht analytisch gesichert werden kann, muss sie anhand von Simulationen überprüft werden.

Müssen bei der Regleranpassung externe Störungen oder die interne Systemdynamik berücksichtigt werden, so können Verfahren mit Rückführung der kontinuierlich erfassten Prozessgrößen eingesetzt werden. Beispiele hierfür sind die *Model Reference Adaptive Control* und die *Model Identification Adaptive Control*. Erstere Methode nutzt ein parallel mitgerechnetes Vergleichsmodell des vorgegebenen Systemverhaltens, um durch Regleradaption das reale Verhalten diesem anzunähern. Bei der zweiten Methode kommen modellbasierte Schätzverfahren zur Identifikation der realen Systemparameter zum Einsatz, welche für die Auslegung eines vorgegebenen Reglers genutzt werden [23].

6.1.3 Selbstoptimierende Regelungen

Selbstoptimierende Systeme müssen in der Lage sein, ihr Verhalten aufgrund geänderter Umgebungsbedingungen oder eines geänderten Benutzerprofils anzupassen. Intelligente mechatronische Systeme haben den Vorteil, dass sie ihre Regelungsstruktur und -parameter zur Laufzeit an unterschiedliche Umgebungsbedingungen und Betriebsmodi anpassen können. Aufbauend auf der Idee der adaptiven Regelungen werden diese um ein Zielsystem erweitert, welches vom Regler zur Laufzeit genutzt wird, um situationsbezogen die optimale Systemkonfiguration einzustellen.

6.1.3.1 Grundlagen der Mehrzieloptimierung und Reglerrekonfiguration

Um die vollen Möglichkeiten der Selbstoptimierung nutzen zu können, hat sich die Mehrzieloptimierung als effektive Technik zur Berechnung der optimalen Systemkonfiguration etabliert. Da sich die einzelnen Regelziele typischerweise widersprechen, ist die

Lösung der Mehrzieloptimierung durch einen Satz von optimalen Kompromissen gegeben, die sogenannte *Pareto-Menge*.

Die Systemkonfigurationen sind auf die Punkte der Pareto-Menge beschränkt, um ein optimales Verhalten im Betrieb sicherzustellen. Im Gegensatz zu modellprädiktiven Regelungen findet der Optimierungsprozess jedoch nicht zur Laufzeit statt, sondern wird offline anhand komplexer nichtlinearer Modelle durchgeführt. Auf diese Weise können ganze Pareto-Mengen im Voraus berechnet werden [15, 18].

Um die passenden Punkte der Pareto-Mengen zu finden und zu variieren, wurde im Rahmen des Cluster-Querschnittsprojekts Selbstoptimierung ein zielbasierter Regler entwickelt, welcher offline berechnete Pareto-Mengen in einem geschlossenen Regelkreis verwendet und in [11, 12] vorgestellt wird. Das Ziel ist, die relative Gewichtung der Systemziele zu regeln, um auf situationsbedingte Störungen durch die Umwelt reagieren und außerdem den Betriebsmodus ändern zu können. Für jeden Betriebsmodus muss eine Pareto-Menge berechnet werden, welche im Falle einer strukturellen Änderung zur Anwendung kommt.

Reglerrekonfiguration

Eine solche Änderung kann z. B. ein Aktorausfall sein. In einem solchen Fall ist eine Reglerrekonfiguration vonnnöten, wahlweise durch Anpassung der Reglerstruktur oder -parameter. Diese Technik hat sich als effektiv erwiesen, um Stabilität und Funktionalität von fehlertoleranten Regelungen aufrecht zu erhalten. Ein geläufiger Ansatz für dieses Szenario basiert auf einem linearen Systemmodell, welches eine fehlerhafte Strecke (Index f) im Zustandsraum beschreibt:

$$\dot{\mathbf{x}}_f = \mathbf{A}\mathbf{x}_f + \mathbf{B}_f \mathbf{u}_f + \mathbf{E}\mathbf{z}, \tag{6.17}$$

$$\mathbf{y}_f = \mathbf{C}\mathbf{x}_f, \tag{6.18}$$

mit mehreren Eingängen $\mathbf{u}_f$ und mehreren Ausgängen $\mathbf{y}_f$. Die Aktorausfälle beeinflussen lediglich die Eingangsmatrix $\mathbf{B}_f$, während die Systemmatrix $\mathbf{A}$ unverändert bleibt. Die entsprechenden Spalten in $\mathbf{B}_f$ werden zu Null gesetzt. Das Ziel der Rekonfiguration ist die Stabilisierung des Systems und die Beibehaltung des Verlaufs der Systemzustände $\mathbf{x}_f$, indem die Bedingung $\mathbf{B}_f \mathbf{u}_f = \mathbf{B}\mathbf{u}$ eingehalten wird. Um dieses Ziel sicherzustellen, müssen die funktionierenden Aktoren des fehlerhaften Systems die Aufgabe der nominalen Konfiguration erfüllen. Eine allgemeine Lösung für diese Gleichung ist die statische Rekonfigurationsmatrix $\mathbf{K}$, für die gilt

$$\mathbf{B}_f \mathbf{K} = \mathbf{B}, \tag{6.19}$$

falls $rank(\mathbf{B}_f) = rank(\mathbf{B}_f \mathbf{B})$ erfüllt ist. Die quadratische Matrix $\mathbf{K}$ wird im Regelkreis zwischen dem nominalen Regler und der fehlerhaften Strecke eingefügt, sodass gilt

$$\mathbf{u}_f = \mathbf{K}\mathbf{u}. \tag{6.20}$$

Der Steuervektor $\mathbf{u}_f$ enthält die rekonfigurierten Zielwerte der funktionierenden Aktoren. Bei diesem Ansatz bleibt der nominale Regler unverändert. Für weitere Details zur Anwendbarkeit auf technische Systeme sei auf [20] verwiesen.

Mehrzieloptimierung

Neben der Rekonfigurierbarkeit ist die bereits in Abschn. 5.1.1 vorgestellte Mehrzieloptimierung eine zentrale Methode im Kontext der Selbstoptimierung, da im Allgemeinen multiple Ziele gleichzeitig berücksichtigt und optimiert werden. Im Folgenden wird das Mehrzieloptimierungsproblem (MOP) wie folgt definiert:

$$\min_{\mathbf{p}}\{\mathbf{J}(\mathbf{p}) : \mathbf{p} \in S \subseteq \mathbb{R}^{n_p}\}, \tag{6.21}$$

wobei $\mathbf{J}$ der Vektor der Zielfunktionen $J_1, \ldots, J_k, k \geq 2$ ist, welche zumindest kontinuierlich sind. S ist die realisierbare Menge, welche durch Gleichheits- und Ungleichheitsbedingungen gegeben ist. Für gegensätzliche Ziele ist die Lösung des Problems kein einzelner Punkt, sondern eine Menge an optimalen Kompromissen, die sog. Pareto-Menge P_S. Das Bild der Pareto-Menge wird Pareto-Front P_F genannt [4]. In mechatronischen Systemen sind die Optimierungsparameter $\mathbf{p}$ typischerweise die Reglerparameter, z. B. die Gewichtungsfaktoren der Reglerverstärkungen. Die realisierbare Menge S ist durch die Reglerparameter begrenzt, welche die Stabilitätskriterien des geschlossenen Regelkreises erfüllen. Diese müssen im Vorfeld der Optimierung ermittelt werden.

Im Kontext der Anwendung auf ein aktives Federungssystem eines Schienenfahrzeugs (vgl. Abschn. 6.3.5) basiert die Lösung des MOP auf komplexen nichtlinearen Optimierungsmodellen, anhand derer numerisch die Pareto-Mengen berechnet werden. Wie solche Modelle systematisch aufgestellt werden können, wird in Abschn 6.2 gezeigt. Die Zielfunktionen werden typischerweise als Durchschnittswerte charakteristischer Signale gewählt, z. B. durch die Integralfunktionen

$$J_i : \mathbb{R}^{n_p} \to \mathbb{R}, \, J_i(\mathbf{p}) = \frac{1}{T}\int_0^T h(\mathbf{y}_e(t))\mathrm{dt}. \tag{6.22}$$

Dieser Ausdruck wird durch die Simulation der Optimierungsmodelle erhoben. Der Vektor $\mathbf{y}_e$ ist der simulierte Ausgang des Streckenmodells und die Funktion h repräsentiert weitere Änderungen, z. B. eine Gewichtung der Komponenten von $\mathbf{y}_e$. Eine Referenzsituation des Systems kann mithilfe der Optimierungsmodelle simuliert werden [15]. Damit die Zielfunktionen gegen stationäre Werte konvergieren, sind große Simulationszeiten T notwendig. Die Zeit T hängt von der Systemdynamik ab, welche sich im Signal $h(\mathbf{y}_e(t))$ zeigt.

Eine Änderung des Betriebszustands des Systems führt zu einer Neuformulierung des MOP, weil das System entweder andere Ziele verfolgt oder die Systemstruktur Veränderungen erfährt. Daher muss für jeden Betriebszustand ein eigenes MOP gelöst werden.

6.1.3.2 Regelung auf Basis Paretooptimaler Konfigurationen

Auf Basis der im vorigen Kapitel vorgestellten Grundlagen wurde ein zielbasierter Regler entwickelt [11]. Dieser soll die Zielwerte in eine gewünschte relative Gewichtung überführen, während unvorhersehbare und kontinuierlich variierende Störungen durch die Umwelt auf das System wirken. Außerdem soll der Regler schnell auf Änderungen der gewünschten Gewichtung reagieren.

Struktur des zielbasierten Pareto-Reglers

Die Referenzstruktur der zielbasierten Regelung ist in Abb. 6.4 zu sehen. Es ist eine hierarchische Struktur mit zwei Regelkreisen. Der unterlagerte Kreis umfasst die Strecke sowie den konfigurierbaren Regler, dessen Parameter und Struktur geändert werden können. Seine Aufgaben sind die Stabilisierung des Systems und die Sicherstellung der gewünschten Funktionalität.

Der übergeordnete zielbasierte Regler passt die optimalen Parameter des unteren Reglers an, ohne dafür ein MOP zur Laufzeit zu lösen. Die aktuellen Werte der Zielfunktionen $\mathbf{J}(\mathbf{p}^*)$ werden anhand der Messungen $\mathbf{y}_e$ berechnet. Diese Werte werden in eine aktuelle relative Gewichtung α_{cur} im Zielraum überführt. Variierende Störungen $\mathbf{z}$ der Umgebung oder Änderungen am System führen zu Schwankungen der aktuellen Zielwerte und ihrer relativen Gewichtung. Der Wert α_{cur} dient dem zielbasierten Regler als Regelgröße. In Kombination mit der Referenzgewichtung α_{ref} berechnet der Regler den Wert α_{use}. Dieser kommt bei der Reglerkonfiguration im unterlagerten Kreis auf Basis der Pareto-Mengen zur Anwendung. Um eine α-Parametrisierung der Pareto-Menge zu erhalten, wird ein Spline durch eine kontinuierliche und bijektive Funktion erzeugt:

$$s : \mathbb{R} \to P_M \subseteq \mathbb{R}^{n_p}, \ \alpha \mapsto s(\alpha). \tag{6.23}$$

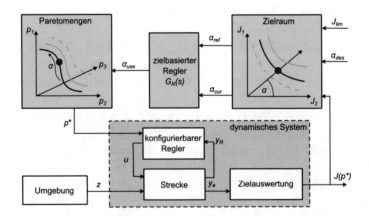

Abb. 6.4 Referenzstruktur des zielbasierten Reglers. (Nach [11, 12]; © IEEE 2014 und © IFAC 2014)

Durch die Anwendung der neuen optimalen Parameter $\mathbf{p}^*$ auf den Regler des unterlagerten Kreises wird dieser zu einem parametervariablen System, dessen Stabilität ungeachtet der Stabilität der Einzelsysteme bewiesen werden muss.

Die Verwendung einer Integralfunktion bei der Zielevaluation führt zu einem diskreten zielbasierten Regler mit einer Abtastzeit von mehreren Sekunden [15]. Um schneller auf Störungen reagieren zu können, ist eine kontinuierliche Approximation der Zielwerte notwendig. Dies geschieht mithilfe einer Tiefpassfilterung des Signals $h(\mathbf{y}_e(t))$. Das Filter berechnet eine Näherung für den Durchschnittswert des Signals $h(\mathbf{y}_e(t))$ über einen voran gegangenen Zeithorizont. Die Übertragungsfunktion des Tiefpassfilters erster Ordnung lautet

$$G_{PT1}(s) = \frac{1}{T_{lp}s + 1}.$$

(6.24)

Bei der Auslegung der Zeitkonstanten T_{lp} ist das dynamische Verhalten des unterlagerten Regelkreises zu berücksichtigen. Das Filter muss über mehrere Zeitschritte die langsamste Systemdynamik mitteln, während hochfrequente Anteile unterdrückt werden. Für den Anfangswert des Filters wird der offline berechnete Wert der Zielfunktion verwendet, der bei der entsprechenden paretooptimalen Lösung $\mathbf{p}^*$ des MOP vorliegt.

Für zwei Ziele wird der zielbasierte Regler des übergeordneten Kreises als SISO-Regler *(single-input, single-output)* mit dem skalaren Eingang α_{cur} und dem skalaren Ausgang α_{use} umgesetzt. Für den Reglerentwurf kommen Methoden der linearen Regelungstechnik zum Einsatz. Außerdem wird ein vereinfachtes Modell des Systems im α-Raum verwendet.

Dieses ist in Abb. 6.5 dargestellt. Der unterlagerte Regelkreis mit der Strecke und dem konfigurierbaren Regler wird durch die Übertragungsfunktion $G_S(s)$ zusammengefasst. Diese Vereinfachung basiert auf der Annahme, dass das dynamische Verhalten zwischen der kontinuierlichen Parameteranpassung $\mathbf{p}^*$ und der Messung $\mathbf{y}_e(t)$ näherungsweise linear ist. Die Ermittlung des Zielwertes mithilfe des Tiefpassfilters muss ebenfalls berücksichtigt werden, da sie die Dynamik der Zieländerung festlegt. Die Störungen $Z(s)$ repräsentieren die Abweichung des Umweltmodells der Optimierung sowie die aktuellen Umweltstörungen in Bezug auf die relative Gewichtung der Zielwerte. Der Regler $G_R(s)$ wird ebenfalls als linear angenommen. Außerdem wird eine Vorsteuerung von α_{ref} vorgenommen, um das Führungsverhalten der Regelung zu verbessern.

Abb. 6.5 Vereinfachtes Modell für die Auslegung des zielbasierten Reglers. (Nach [11]; © IEEE 2014)

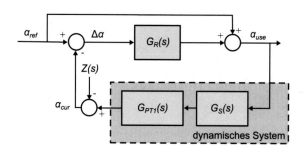

Die Übertragungsfunktion zwischen der Abweichung Z und dem Regelfehler $\Delta\alpha$ kann mithilfe des vereinfachten Modells berechnet werden:

$$\frac{\Delta\alpha(s)}{Z(s)} = \frac{1}{1 + G_{PT1}(s)G_S(s)G_R(s)} \qquad (6.25)$$

Für den Regler $G_R(s)$ im übergeordneten Regelkreis wird ein PI-Regler gewählt, sodass die stationäre Genauigkeit gesichert ist. Daher kann der übergeordnete Kreis vereinfacht als lineares zeitinvariantes System angesehen werden, dessen Eigenwerte vom Filterparameter T_{lp} und den Reglerparametern K_P und K_I abhängen.

Berechnung der relativen Gewichtung

In realistischen Szenarien sind technische Systeme in ihrer Leistungsfähigkeit beschränkt. Es liegen Stellgrößenbeschränkungen durch die Aktoren vor, die beispielsweise durch eine Begrenzung der verfügbaren Energie weiter beschnitten werden. Dies muss bei der Berechnung des Referenzwerts α_{ref} im übergeordneten Regelkreis berücksichtigt werden.

Die Berechnung dieses Wertes im Zielraum wird schematisch in Abb. 6.6 dargestellt. Wie bereits festgestellt wurde, beeinflussen die unbekannten Störungen $\mathbf{z}$ die Werte der aktuellen Ziele $\mathbf{J}(\mathbf{p}^*)$. Die Punkte im Zielraum hängen vom Betrag der Anregung und der aktuellen Konfiguration $\mathbf{p}^*$ ab. Im abgebildeten Ereignis ist der aktuelle Zielwert $J_{1,cur}$ größer als der Zielwert $J_{1,cur}^*$ der Pareto-Front im Bezug auf die aktuelle Gewichtung α_{cur}. Das bedeutet, dass der Betrag der aktuellen Anregung größer ist als der Betrag des Anregungsmodells für den Optimierungsvorgang. Es kann jedoch ohne Kenntnis der Lösung des neuen MOP angenommen werden, dass die neue geglättete Pareto-Front eine ähnliche Form wie die aktuelle Front hat [18].

Die aktuellen Zielwerte $J_{1,cur}$ und $J_{2,cur}$ sind auf Punkte der approximierten Front beschränkt. Unter Annahme eines unteren Grenzwert $J_{1,lim}$, z. B. für einen minimalen Energie-

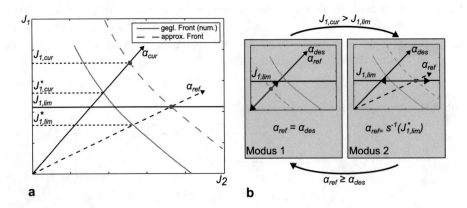

Abb. 6.6 **a** Berechnungsschema des α_{ref}-Wertes im Zielraum; **b** Umschaltlogik für α_{ref}. (Aus [12]; © IFAC 2014)

verbrauch, können beide Zielwerte bestenfalls am Schnittpunkt der approximierten Front mit dem unteren Grenzwert liegen. Die relative Gewichtung an diesem Punkt dient als Referenzwert α_{ref} für den zielbasierten Pareto-Regler des übergeordneten Regelkreises. Für dessen Berechnung wird das Theorem der Schnittlinien genutzt. Dafür muss der entsprechende $J^*_{1,lim}$-Wert der numerischen Lösung des MOP berechnet werden:

$$J^*_{1,lim} = J_{1,lim} \frac{J^*_{1,cur}}{J_{1,cur}} \tag{6.26}$$

Dann ist der Referenzwert α_{ref} eindeutig bestimmt durch

$$\alpha_{\text{ref}} = s^{-1}(J^*_{1,lim}), \tag{6.27}$$

wobei s^{-1} die inverse Funktion von Gl. 6.23 ist. Im betrachteten Fall ist es das Ziel des Pareto-Reglers, den aktuellen Zielwert $J_{1,cur}$ in Richtung des oberen Grenzwerts $J_{1,lim}$ zu treiben. Das bedeutet bei gegensätzlichen Zielen eine Verschlechterung des Zielwerts J_2.

Umschaltstrategie zur Laufzeit
Die aktuellen Zielwerte $\mathbf{J}(\mathbf{p}^*)$ werden kontinuierlich zur Laufzeit mittels einer Approximation durch einen Tiefpassfilter erster Ordnung berechnet. Die Punkte im Zielraum variieren und hängen vom aktuellen Betrag der Störanregung $\mathbf{z}$ ab. Nun müssen zwei Fälle bei der Berechnung von α_{ref} unterschieden werden, die zu zwei verschiedenen Betriebsmodi und Umschaltbedingungen führen (siehe Abb. 6.6).

In Modus 1 wird angenommen, dass der aktuelle Zielwert $J_{1,cur}$ kleiner ist als der entsprechende Grenzwert $J_{1,lim}$. In diesem Fall entspricht α_{ref} einer gewünschten Gewichtung α_{des}. Grenzwert und Wunschgewichtung werden durch externe Quellen vorgegeben, z. B. durch den Benutzer oder ein übergeordnetes Programm im technischen System. Der zielbasierte Pareto-Regler verändert die aktuelle Gewichtung α_{cur} in Richtung der Wunschgewichtung α_{des}. Falls der Betrag der Anregung $\mathbf{z}$ zunimmt, nimmt der aktuelle Zielwert $J_{1,cur}$ ebenso zu, bis er den Grenzwert $J_{1,lim}$ überschreitet. Innerhalb der Reglerstruktur des übergeordneten Kreises ändert sich der Referenzwert α_{ref} situativ von der konstanten Wunschgewichtung α_{des} in Modus 1 zum Wert der relativen Gewichtung in Modus 2, welche den Grenzwert $J_{1,lim}$ berücksichtigt. In diesem Fall ist die Umschaltbedingung einfach gegeben durch die Ungleichheit $J_{1,cur} > J_{1,lim}$.

Im zweiten Betriebsmodus werden die Werte $J^*_{1,lim}$ und α_{ref} kontinuierlich berechnet anhand der Gleichungen (6.26) und (6.27). Falls der Betrag der Störung $\mathbf{z}$ weiterhin ansteigt, verschlechtert sich der aktuelle Zielwert $J_{2,cur}$. Falls sich der Betrag hingegen verringert, verbessert sich dieser Wert. Die umgekehrte Umschaltbedingung von Modus 2 in Modus 1 ist nicht so offensichtlich wie im ersten Fall. Es genügt nicht, nur $J_{1,cur}$ zu berücksichtigen, da dieser Wert sich aufgrund der unbekannten und ständig ändernden Störung innerhalb eines kleinen Bereichs um die obere Grenze bewegt. Dies würde zu einer hochfrequenten Schaltrate mit unbeabsichtigten Sprüngen des α_{ref}-Werts führen. Also wird die kontinuierlich berechnete Gewichtung selbst für die Umschaltbedingung herangezogen. Mithilfe der Ungleichung $\alpha_{\mathrm{ref}} \geq \alpha_{des}$ wird ein kontinuierlicher Referenzwert für den Pareto-Regler sichergestellt. Dieser Fall enthält implizit die Ungleichung $J_{1,cur} \leq J_{1,lim}$.

Für den unterlagerten Regelkreis bedeutet die Abdeckung unterschiedlicher Betriebsmodi, dass er Rekonfigurationen unterworfen ist. In solchen Fällen müssen neue optimale Parameter $\mathbf{p}^*$ berechnet werden und die gesamte Pareto-Menge wird durch diejenige ersetzt, welche zum aktuellen Betriebsmodus gehört. Dennoch ändert sich die Struktur des vereinfachten Reglermodell aus Abb. 6.5 im α-Raum nicht. Die gleiche Art von zielbasiertem Regler kann eingesetzt werden, wobei im Allgemeinen die Parameter T_{lp}, K_P und K_I beibehalten werden können.

6.2 Methodische Unterstützung beim Entwurf intelligenter Steuerungen und Regelungen

Im folgenden Kapitel wird eine systematische Vorgehensweise präsentiert, die bei der Umsetzung von Regelungskonzepten für intelligente technische Systeme unterstützen soll. Diese basiert auf den in Abschn. 6.3 vorgestellten Anwendungsfällen und den daraus abgeleiteten Erfahrungen beim Entwurf der jeweiligen Regelungen. Für die komplette Neuentwicklung eines mechatronischen Systems sei auf das V-Modell nach VDI 2206 [25] oder den Entwurfsprozess nach ENTIME [8] verwiesen.

6.2.1 Leitfaden für den Entwurf von intelligenten Regelungen

Wie bereits in Kap. 3 im Rahmen der Potenzialanalyse zur Steigerung der Intelligenz mechatronischer Systeme herausgearbeitet wurde, ist ein stufenweises Vorgehen zur Steigerung der Intelligenz von mechatronischen Systemen in der Praxis am besten umzusetzen. Insbesondere im Hinblick auf den häufigen Anwendungsfall der Weiterentwicklung bereits bestehender Systeme ist auch beim Einsatz von Regelungen das Anstreben der höchsten Leistungsstufe nicht immer sinnvoll. Stattdessen muss für jede Anwendung individuell entschieden werden, welche Regelung das beste Ergebnis liefert, jeweils unter Berücksichtigung der Realisierbarkeit sowie des zu leistenden Aufwands.

In Abb. 6.7 ist der Leitfaden schematisch in Form eines Phasen-Meilenstein-Diagramms dargestellt. Zur Einordnung ist anzumerken, dass diese Vorgehensweise im Kontext der globalen Potenzialanalyse aus Kap. 3 zu sehen ist. Sie dient als Richtlinie in dem Fall, dass für einen Anwendungsfall ein Potenzial für den Einsatz einer Regelung identifiziert wird. Grundsätzlich steht dabei der Entwurf einer modellbasierten Regelung im Vordergrund, da dieser Ansatz für sämtliche Leistungsstufen gemäß des in Abschn. 3.1.2 vorgestellten Stufenmodelles anwendbar ist.

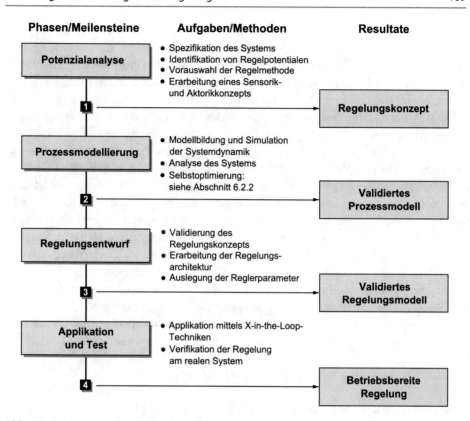

Abb. 6.7 Leitfaden für den Einsatz intelligenter Regelungen

Potenzialanalyse

Der erste Schritt für den Entwurf einer Regelung ist zunächst die Beschreibung des bestehenden Systems bzw. Prozesses, um ein grundlegendes Systemverständnis zu erarbeiten. Dazu können die bereits aus der Potenzialanalyse mithilfe der Techniken OMEGA [7] und CONSENS [2] gewonnenen Erkenntnisse genutzt werden. Ergeben sich hieraus Potenziale für den Einsatz einer Regelung, so sind im Rahmen der Potenzialanalyse drei wesentliche Fragen zur Erarbeitung eines Regelungskonzepts zu klären:

- Welche Prozessgrößen dienen als Regelgrößen?
- Mit welcher Regelmethode ist das beste Ergebnis unter Berücksichtigung von Realisierbarkeit und Entwicklungsaufwand zu erreichen?
- Welche Prozessgrößen müssen aktuiert bzw. sensiert werden?

Für die Festlegung der Regelgröße wird Expertenwissen hinsichtlich des zu regelnden Prozesses benötigt. Für den in Abschn. 6.3.2 vorgestellten Walzprofilierprozess wurde beispielsweise eine Regelung der Profilmaße als zielführend im Sinne der Prozessstabilisierung herausgearbeitet. Oftmals ist das Regelziel jedoch vorgegeben, wie z. B. die Einregelung der Kabinentemperatur durch eine Klimaanlage eines Elektroautos (s. Abschn. 6.3.4).

Die Wahl der Regelmethode erfolgt an dieser Stelle noch nicht auf Basis einer regelungstechnischen Analyse der Systemdynamik. Dennoch kann das gewonnene Systemverständnis genutzt werden, um bereits zu diesem Zeitpunkt eine Regelmethode auszuwählen. Dies ist notwendig, da die Komplexität der anvisierten Regelung entscheidenden Einfluss auf Umfang und Aufwand der folgenden Phasen Prozessmodellierung und Regelungsentwurf hat.

Anhaltspunkte für die Auswahl einer Regelmethode liefert Abb. 6.8. Hier sind beispielhaft ausgewählte Regelmethoden in das Stufenmodell der Systemintelligenz eingeordnet. Zu erkennen ist, dass für das Erreichen einer höheren Intelligenzstufe Methoden aus den Funktionsbereichen *Adaptieren* und *Optimieren* benötigt werden. Zu beachten ist außerdem die Unterteilung der Verfahren in die Kategorien *Steuerung* und *Regelung*.

Sind die Dynamik des Systems sowie die störenden Umwelteinfluss bekannt, so kann eine Steuerung eingesetzt werden. Auf der niedrigsten Intelligenzstufe schaltet eine *Ablaufsteuerung* zwischen zwei binären Werten, wobei die Schaltzeitpunkte entweder manuell oder automatisch anhand von gemessenen Schwellwerten vorgegeben werden [17].

Beispiel: Steuerung eines Teigknetprozesses (Abschn. 6.3.3).

Eine leistungsfähigere Methode der Steuerung erfordert die Modellierung der Systemdynamik zwischen Stellgröße und Regelgröße. Durch Nutzung der *inversen Dynamik* kann somit bei Kenntnis der Solltrajektorie relativ einfach auf den benötigten Stellgrößenverlauf geschlossen werden. Zu beachten sind hierbei allerdings mathematische Einschränkungen bzgl. der Realisierbarkeit [6]. Methoden der *optimalen Steuerung* werden dazu verwendet, Probleme zu lösen, bei denen eine Funktion (in der Regel eine Zeitfunktion) gesucht wird, die ein Kostenfunktional minimiert. Die häufigste Anwendung findet man bei dynamischen Systemen, für die eine optimale Eingangstrajektorie gesucht wird. Ein Beispiel für ein Optimalsteuerungsproblem ist die Bahn- und Steuerungsplanung eines Fahrzeugs, um eine

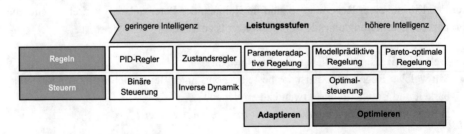

Abb. 6.8 Beispielhafte Einordnung von Regelungsmethoden anhand des Stufenmodells

bestimmte Strecke in möglichst kurzer Zeit zu absolvieren. Für die Lösung eines komplexen Optimalsteuerungsproblems werden im Allgemeinen numerische Methoden verwendet,
welche häufig auf der Diskretisierung der Steuertrajektorie beruhen und damit das unendlich
dimensionale Optimierungsproblem reduzieren [5].

Bei unbekannten Störgrößen ist der Einsatz einer Regelung notwendig, welche eine Rückführung der Messgrößen auf die Führungsgröße beinhaltet. Der bei weitem am häufigsten
eingesetzte Regler ist der *PID-Regler*, u. a. wegen der relativ einfachen rechentechnischen
Implementierung. Diese Methode kann für ein breites Spektrum von Anwendungen verwendet werden, etwa in der Antriebs- oder Verfahrenstechnik. Darauf aufbauend kann durch
Rückführung sämtlicher Zustandsgrößen mithilfe einer *Zustandsregelung* eine gewünschte Systemdynamik eingestellt werden. Zustandsraumbasierte Methoden erfordern jedoch
häufig den Einsatz von Beobachtern, da im Allgemeinen nicht alle Zustände mit einem vertretbaren Aufwand messbar sind [6].

Beispiel: Für einen Walzprofilierprozess wird ein PI-Regler zur Regelung der Produktmaße
eingesetzt (Abschn. 6.3.2).

Auf der nächsten Leistungsstufe finden sich *parameter-adaptive Regelungen,* welche bereits
einen gewissen Grad an autonomen Systemverhalten durch eigenständige Parameterpassun-
gen ermöglichen. Typische Anwendungsfälle sind Flugregelungen mit variablen Flughöhen
oder chemische Prozesse, bei denen eine starke Temperaturabhängigkeit besteht [1]. Auf
dem Gebiet der optimalen Regelungen ist der *Riccati-Regler* ein bekanntes Verfahren, welcher durch die Minimierung einer quadratischen Zielfunktion einen statischen optimalen Zustandsregler berechnet. Zunehmend Verwendung finden auch *Modellprädiktive Regelungen.*
Da der Einsatz dieser Methode ein sehr genaues Systemmodell sowie die rechenintensive
Lösung eines Optimierungsproblems zur Laufzeit beinhaltet, ist sie v. a. für niedrigdynami-
sche Prozesse geeignet.

Beispiel: Für die Klimaregelung eines elektrischen Automobils wird ein modellprädiktiver
Ansatz gewählt (Abschn. 6.3.4).

Auf der höchsten Leistungsstufe stehen selbstoptimierende Regelungen wie die in
Abschn. 6.1.3 beschriebene *paretooptimale Regelung.* Solche Regelungen können ihre
Reglerstruktur adaptieren, um auf vielfältige Betriebszustände reagieren und autonom verschiedene Ziele verfolgen zu können. Dies resultiert in einem aufwendigen Entwurfsprozess, da bereits bei der Entwicklung optimale Reglerkonfigurationen für die einzelnen
Betriebszustände ermittelt werden müssen. Bei geringerer Systemkomplexität ist jedoch
auch eine Optimierung im laufenden Betrieb möglich, sofern ausreichend Rechenkapazität
vorhanden ist.

Beispiel: Das aktive Fahrwerk eines Schienenfahrzeugs wird paretooptimal geregelt (Abschn. 6.3.5).

Die Erarbeitung eines Sensorik- und Aktorikkonzepts erfolgt in enger Abstimmung mit der ausgewählten Regelmethode. Aktorseitig ist sicherzustellen, dass alle Regelgrößen durch die automatische Umsetzung von berechneten Stellsignalen beeinflussbar sind. Im Rahmen der Potenzialanalyse muss eine erste Abschätzung getroffen werden, welche Prozessgrößen erfasst werden müssen, um die Einhaltung der Sollgrößen gewährleisten zu können. Dafür müssen bei bestehenden Anlagen ggf. Sensoren nachgerüstet werden. Für Regelungen im Zustandsraum ist außerdem der Einsatz von virtueller Sensorik in Form von Zustandsbeobachtern vorzusehen, da im Allgemeinen nicht alle Zustandsgrößen direkt messbar sind.

Beispiel: An einer Walzprofilieranlage wird das manuelle Justieren von Einstellschrauben durch Elektromotoren ersetzt. Die automatische Überwachung der Produktmerkmale übernimmt ein Lasersensor (Abschn. 6.3.2).
Beispiel: Eine Teigknetanlage wird mit Sensorik zur Messung des Teigknetmoments ausgerüstet. Darauf basierend werden Beobachterkonzepte zur Bestimmung des Teigwiderstands realisiert (Abschn. 6.3.3).

Prozessmodellierung

Ein valides Modell des Systems ist von entscheidender Bedeutung für den Entwurf einer Regelung. Ohne ein tiefgreifendes Verständnis der Systemdynamik sind lediglich einfache Steuer- und Regelmethoden bis hin zu PID-Reglern einsetzbar. Für die Auslegung kann zudem nur auf heuristische und damit aufwendige Trial-and-Error-Verfahren zurückgegriffen werden. Darüber hinaus kann ein Modell in jedem Fall zur Simulation des Systems genutzt werden, um bei der Untersuchung verschiedener Regler den Aufwand für zeitintensive Prototypentests zu reduzieren.

Eine etablierte Vorgehensweise zur Ableitung eines Simulationsmodells aus den im Rahmen der Potenzialanalyse erstellten Partialmodellen ist in Abb. 6.9 zu sehen. Anhand von Apriori-Kenntnissen werden physikalische Gesetzmäßigkeiten zur Beschreibung der einzelnen Systemelemente genutzt. Die Parameter der daraus resultierenden qualitativen mathematischen Modelle werden anhand von Messungen am realen System quantifiziert. Durch einen Vergleich von weiteren simulierten Testszenarien mit entsprechenden Messdaten wird die Validierung des Prozessmodells abgeschlossen. Für die Simulation erfolgt die Umsetzung der Gleichungen durch Computerprogramme wie *MATLAB/Simulink*, *Dymola/Modelica* oder *RecurDyn*. Diese Vorgehensweise wurde u. a. im Rahmen des ENTIME-Entwurfsprozesses angewendet [8].

Nicht immer jedoch ist es möglich, ein System in Gänze durch physikalische Gesetze zu erfassen, sei es aufgrund bisher nicht verstandener Prozesse oder aufgrund von nicht abbildbaren Effekten. In solchen Fällen ist die Anwendung von Verfahren des maschinellen Lernens hilfreich, wie sie in Kap. 4 erläutert werden. Hierbei lassen sich durch

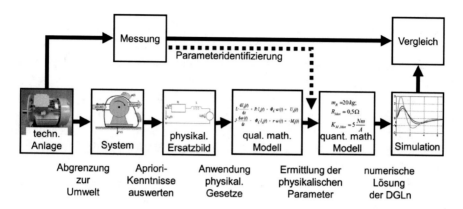

Abb. 6.9 Vorgehensweise zur Erstellung von Dynamikmodellen. (Aus [21]; © Universität Paderborn 2005)

Datenanalyse quantitative mathematische Zusammenhänge zwischen interessierenden Prozessgrößen herstellen.

Beispiel: An einem intelligenten Teigkneter werden Lernverfahren zur Detektion von Prozessphasen eingesetzt (Abschn. 6.3.3).

Die aufgestellten Prozessmodelle werden für eine detaillierte regelungstechnische Analyse auf Basis der Zustandsraumbeschreibung des ungeregelten Systems genutzt. Aus dieser kann mittels einer Analyse der Systempole und -nullstellen oder einer Frequenzgangbetrachtung ein tieferes Verständnis der Systemdynamik gewonnen werden, welches für eine erneute Bewertung des Regelungskonzepts benötigt wird. Außerdem muss das Sensorik- und Aktorikkonzept verifiziert werden. Es muss sichergestellt sein, dass die Regelgrößen in der vorliegenden bzw. geplanten Systemkonfiguration durch eine Regelung beeinflussbar sind. Hier spielen die in Abschn. 6.1.1.3 eingeführten Begriffe der Steuerbarkeit und Beobachtbarkeit eine Rolle. So ist es unter Umständen notwendig, weitere Aktorik vorzusehen, um auf die zuvor definierten Regelgrößen einwirken zu können. Auch die Nachrüstung oder Neuanordnung von Sensoren zur Erfassung der notwendigen Messgrößen muss geprüft werden. Durch den Einsatz von virtueller Sensorik in Form von Zustandsbeobachtern kann ein effizientes Sensorkonzept erarbeitet werden, welches die Kosten durch den Einsatz von Sensoren reduziert. Etwaige Änderungen am Sensorik- und Aktorikkonzept müssen jeweils in den Prozessmodellen nachgehalten werden.

Für selbstoptimierende Regelungen ist das Aufstellen von Prozessmodellen gesondert zu betrachten und wird in Abschn. 6.2.2 vorgestellt. Insbesondere ist hier eine ganzheitliche Betrachtung der Systemdynamik in Verbindung mit vordefinierten Anwendungsszenarien sowie den daraus resultierenden Systemoptimierungen gefordert.

Regelungsentwurf

Der Schritt vom Modell des ungeregelten Systems zum Entwurf einer auf den jeweiligen Prozess abgestimmten Regelung erfordert eine fundierte Expertise auf dem Gebiet der Regelungstechnik. In der Phase der Potenzialanalyse wurden bereits gewünschte Regelgrößen sowie eine Regelmethode festgelegt, auf die als Ziel hingearbeitet werden soll. Anhand der Ergebnisse der Systemanalyse ist zu validieren, ob diese Vorgaben am vorliegenden System umsetzbar sind oder ob eine Anpassung der Regelgrößen und/oder der Leistungsstufe vorgenommen werden muss, um die gewünschte Systemverbesserung zu erreichen. Hierbei spielt insbesondere die Realisierbarkeit der Regelung hinsichtlich des erforderlichen Rechenaufwands eine Rolle.

Die einzelnen Komponenten des validierten Regelungskonzepts wie Regler, Beobachter, Adaption und Optimierung müssen innerhalb einer leistungsfähigen Regelungsarchitektur angeordnet werden. Mit Zunahme der Leistungsstufe und der Anzahl der eingesetzten Verfahren steigt die Komplexität im Zusammenspiel der Komponenten. Eine etablierte Struktur bietet das in Abschn. 2.2.2 beschriebene Operator Controller Modul (OCM), anhand dessen sich die Funktionsbereiche und indirekt die Leistungsstufen intelligenter Regelungen einordnen lassen (vgl. Abb. 3.4). Außerdem wird die spätere Implementierung auf Steuergeräten berücksichtigt, indem Vorgaben für die Echtzeitanforderungen der einzelnen Komponenten gemacht werden.

Beispiel: Für spezielle Anwendungen kann die Entwicklung einer angepassten Architektur notwendig sein, wie das Beispiel einer industriellen Großwäscherei zeigt (Abschn. 6.3.1).

Der schlussendliche Entwurf der gewählten Regelung geschieht durch die Ermittlung der Reglerstruktur und -parameter. Für einfache Regelungen mit PID-Reglern existieren etablierte *experimentelle* Verfahren wie die Einstellregeln nach Ziegler und Nichols. Mit steigenden Anforderungen an Schnelligkeit und Genauigkeit ist jedoch eine *modellbasierte* Reglersynthese empfehlenswert. Das benötigte Expertenwissen für die jeweiligen Regelmethoden kann einschlägiger Fachliteratur entnommen werden [6, 17, 22]. Eine beispielhafte Einordnung von Entwurfsverfahren ist in Abb. 6.10 abgebildet. Das Einstellen von PID-Reglern auf Basis von identifizierten Streckenparametern kann bspw. mithilfe des sym-

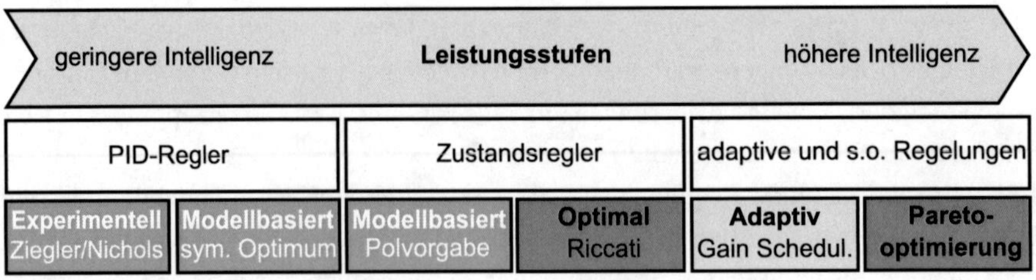

Abb. 6.10 Beispielhafte Einordnung von Entwurfsverfahren anhand des Stufenmodells

metrischen Optimums erfolgen, welches in der Antriebstechnik weit verbreitet ist. Dabei
werden die langsamsten Streckenanteile kompensiert. Zustandsregelungen werden eingesetzt, wenn hohe Anforderungen an Schnelligkeit und Regelgüte bestehen. Der Entwurf
mittels *Polvorgabe* ist geeignet, um direkt die gewünschte Systemdynamik in Form von Ei-
genwerten vorzugeben. Darüber hinaus kann nach dem Verfahren von *Riccati* ein optimaler
Zustandsregler bezüglich eines vorab definierten Ziels berechnet werden, welcher bereits
eine gewisse Robustheit gegenüber Parameterschwankungen besitzt. Für den Entwurf von
selbstoptimierenden Regelungen werden schlussendlich Verfahren der Regleradaption wie
das *Gain-Scheduling-Verfahren* sowie der *Mehrzieloptimierung* benötigt. Zudem werden
ggf. weitere mathematische Optimierungsverfahren eingesetzt, wie sie in Kap. 5 gezeigt
werden.

Für die meisten Entwurfsverfahren existieren benutzerfreundliche Rechneranwendun-
gen, z. B. *MATLAB/Simulink,* welches auch eine Co-Simulation mit physikalischen
Modellierungstools wie *Dymola/Modelica* oder *Recurdyn* ermöglicht [8]. Dadurch lässt
sich anhand von Simulationen überprüfen, ob die ausgelegte Regelung zum gewünschten
Systemverhalten führt.

Applikation und Test

Das Modell der Regelung muss für die Applikation am realen System in ausführbaren Code
umgewandelt werden, der von Steuergeräten oder *speicherprogrammierbaren Steuerungen
(SPS)* in Echtzeit ausführbar ist. Je nach Komplexität der Regelung sind die erarbeiteten
Regleralgorithmen händisch programmierbar, wie bspw. im Falle des PI-Reglers für einen
Walzprofilierprozess. Bei Regelungen einer höheren Intelligenzstufe, z. B. am selbstopti-
mierenden Fahrwerk eines Schienenfahrzeugs, hat sich der Einsatz von X-in-the-Loop-
Techniken wie *Hardware-in-the-Loop* oder *Rapid Control Prototyping* bewährt. Auf diese
Weise ist es möglich, die am Modell ausgelegten Reglerparameter am realen System zu
verifizieren und ggf. Anpassungen vorzunehmen. Vorteilhaft ist die Zeitersparnis durch die
Reduzierung von Prototypentests. Allerdings setzt dieses Vorgehen den Einsatz von leistungsfähiger Echtzeithardware voraus [8].

6.2.2   Erstellen von Prozessmodellen

Wird der Entwurf einer selbstoptimierenden Regelung und damit eine möglichst vollständige
Systemautonomie angestrebt, so ist bei der Modellierung des zugrunde liegenden Prozesses
ein ganzheitlicher Ansatz zu verfolgen. Neben der Systemdynamik müssen weitere Aspekte modelliert werden, damit die Regelung durch Anwendung von Optimierungsverfahren
situationsabhängig und zielbasiert adaptiert werden kann. Dafür wurde eine gesonderte Vorgehensweise entwickelt [10].

Ein Systemmodell erlaubt im Allgemeinen nicht das direkte Ablesen der benötigten Zielgrößen. Diese müssen stattdessen durch Simulationen von Anwendungsszenarien ermittelt werden, die sowohl das Regelziel als auch alle relevanten dynamischen Prozessgrößen erfassen. Dies wird durch das in Abb. 6.11 dargestellte Prozessmodell eines selbstoptimierenden Systems erreicht.

Neben dem zentralen *Dynamikmodell* (Prozess – Dynamik), welches wie im obigen Leitfaden beschrieben erstellt werden kann, sind außerdem Teilmodelle für die Anregung, für Störungen durch unerwünschte Umfeldeinflüsse sowie für die Auswertung der Prozessgrößen hinsichtlich der Systemziele vorgesehen. Das *Anregungsmodell* (Prozess – Anregung) enthält neben Sollvorgaben und Solltrajektorien für die Regelung auch bekannte, dem Systemzweck entsprechende Daten wie bspw. Verläufe von Straßen oder Schienen. Unbekannte Störungen, wie etwa Sensorrauschen oder unerwünschte Vibrationen werden im *Umfeldmodell* (Prozess – Umfeld) abgebildet. Für den Fall, dass die physikalische Ursache der Störungen nicht identifiziert oder quantifiziert werden kann, eignen sich maschinelle Lernverfahren zur Modellierung. Im *Auswertungsmodell* (Prozess – Auswertung) wird die Auswertung der Systemziele definiert. Dazu werden Messgrößen und weitere beobachtete Systemgrößen herangezogen, welche ggf. gegenüber Signalen des Anregungsmodells bewertet werden. Auch die Berechnungsvorschriften zur Ermittlung der Zielgrößen werden hinterlegt.

Die optimalen Systemkonfigurationen lassen sich nur unter Berücksichtigung des Zusammenspiels aller Teilmodelle ermitteln. Es existiert dabei kein globales optimales Systemverhalten, sondern lediglich eine Optimalität bzgl. eines bestimmten Szenarios.

Das idealtypische Vorgehen zum Erstellen von Prozessmodellen für selbstoptimierende Systeme ist in drei Phasen unterteilt, die in Abb. 6.12 zu sehen sind. Im Rahmen des oben

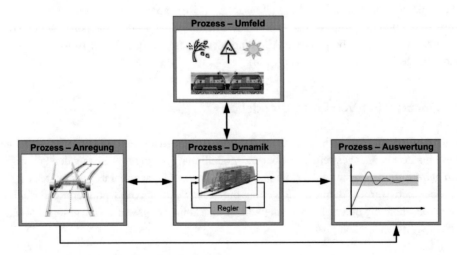

Abb. 6.11 Prozessmodell eines selbstoptimierenden Systems [10]

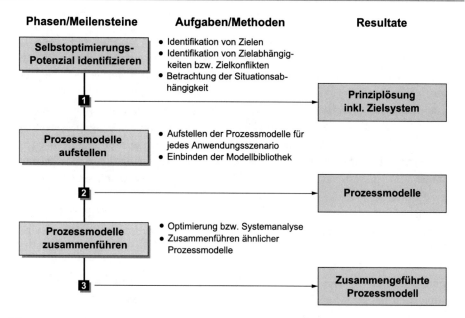

Abb. 6.12 Vorgehen für das Erstellen eines Prozessmodels nach [10]

vorgestellten Leitfadens ist die Vorgehensweise als Erweiterung der Phasen Potenzialana-lyse und Prozessmodellierung zu sehen.

Selbstoptimierungs-Potenzial identifizieren

Auf Basis der in CONSENS vorliegenden Beschreibung der Prinziplösungen des mecha-tronischen Systems werden Ziele im Sinne der Selbstoptimierung identifiziert und gemäß der definierten Anwendungsszenarien unterschiedlich priorisiert. Dabei sind die Abhängig-keiten der Ziele untereinander sowie Konflikte (z. B. Leistungsfähigkeit gegen Energieersparnis) zwischen den Zielen herauszuarbeiten. Anschließend wird anhand der Anwendungsszenarien qualitativ festgelegt, welche Ziele situationsabhängig wichtiger sind als andere.

Prozessmodelle aufstellen

Für jedes Anwendungsszenario ist nun ein eigenes Prozessmodell zu erstellen. Eine teil-automatisierte Erstellung ist auf Basis der Prinziplösung bei vorhandenen Lösungsmus-tern möglich. Abgesehen vom allgemeingültigen Dynamikmodell werden die drei weiteren Teilmodelle des Prozessmodells, das Umfeld-, Anregungs- und Auswertungsmodell, jeweils situationsspezifisch erstellt. Die Informationen dazu liefern die vier Partialmodelle Umfeld, Wirkstruktur, Zielsystem und Anforderungen.

Anhand des Partialmodells *Umfeld* können die Einflüsse auf das System dem Anregungsmodell oder dem Umfeldmodell zugeordnet werden. Außerdem lässt sich die Art der Einflüsse (Energie-, Stoff-, oder Informationsfluss) sowie die Erscheinungsform (stochastisch
oder periodisch) ableiten. Aus dem Partialmodell *Anwendungsszenarien* kann abgelesen
werden, welche Einflüsse aktiv sind und ggf. mit welcher Intensität sie auftreten.

In der *Wirkstruktur* sind die Elemente des Systems zu finden, aus denen sich die Verkopp-
lung des Anregungs- und des Umfeldmodells mit dem Dynamikmodell ergibt. Auch für die
Modellierung des Auswertungsmodells sind die Elemente wichtig, weil beispielsweise die
Art der Aktorik (z.B. hydraulisch, elektrisch, etc.) die Auswertung von Zielen bestimmt,
die mit dem Energieverbrauch oder Leistungsbedarf des Systems zusammenhängen.

Das Partialmodell *Zielsystem* bestimmt, welche Systemgrößen auf welche Weise zur
Berechnung der Ziele im Auswertungsmodell genutzt werden. Das Partialmodell *Anfor-
derungen* liefert weitere Informationen wie beispielsweise zu beachtende physikalische
Grenzen. Daraus ergeben sich Nebenbedingungen für die Optimierung, die ebenfalls im
Auswertungsmodell modelliert werden.

Anhand der vorliegenden qualitativen Informationen in den Partialmodellen kann nun
ein simulationsfähiges Modell erstellt werden. Die Modellbildung wird durch eine Modellbibliothek und ein Referenzmodell unterstützt. Das Referenzmodell bildet die Modellstruktur aus Abb. 6.11 in *MATLAB/Simulink* ab. Hiermit wurde auch die Modellbibliothek
erstellt, die in Anlehnung an die drei Teilmodelle Prozess – Anregung, Prozess – Umfeld und
Prozess – Auswertung unterteilt ist. Vorbereitete Elemente können zur Erstellung konkreter
Modelle genutzt werden. Beispielhaft zu nennen sind Filter zur Bewertung von Schwingungen auf den menschlichen Körper für die Komfortberechnung eines Fahrzeugs.

Prozessmodelle zusammenführen
Basierend auf den verschiedenen Prozessmodellen werden Simulationen der Anwendungsszenarien durchgeführt, die jeweils als Basis für eine Optimierung dienen. Die erzielten Ergebnisse werden zur Berechnung von situationsabhängig optimalen Systemkonfigurationen genutzt, welche im Betrieb zur Laufzeit eingestellt werden. Dabei können
Ähnlichkeiten in den Modellen oder auch in den erzielten Ergebnissen auftreten. Führen
beispielsweise Optimierungen von zwei Anwendungsszenarien zu identischen oder ähnlichen Systemkonfigurationen, so werden die zugehörigen Prozessmodelle zusammengeführt,
um bei der weiteren Entwicklung eine unnötig hohe Anzahl an Optimierungen zu vermeiden.

6.3   Einsatz intelligenter Steuerungen und Regelungen

Im Folgenden wird eine Reihe von Anwendungsbeispielen für den Einsatz intelligenter
Steuerungen und Regelungen gezeigt. Dabei werden Industrieprojekte betrachtet, welche
im Rahmen des Spitzenclusters durchgeführt wurden, sowie Forschungsarbeiten im Kontext
der Selbstoptimierung.

6.3.1 Architektur der Informationsverarbeitung einer intelligenten Großwäscherei

Der allgemeine Trend zur Reduzierung des Ressourcenverbrauchs stellt auch neue Anforderungen an industrielle Großwäschereien, welche im Innovationsprojekt *ReSerW* in Kooperation mit der Firma *Herbert Kannegießer GmbH* weiterentwickelt werden. Auf dem Weg zu einer intelligenten Produktion im Sinne der Industrie 4.0 ist eine Optimierung der ablaufenden Prozesse durchzuführen. Hierbei muss die Wäscherei in Gänze betrachtet werden, da eine separate Optimierung von Einzelprozessen unter Umständen zu einem suboptimalen Gesamtverhalten führen kann.

In einer traditionellen Wäscherei erfolgt die Beplanung der Anlagen und des Wäschetransports manuell durch geschultes Personal. Um eine optimale Auslastung der Wäscherei und damit eine Einsparung von Ressourcen wie Klarwasser, Waschmittel, Desinfektionsmittel und elektrischer Energie zu erreichen, wird eine intelligente Informationsverarbeitung entwickelt. In dieser hierarchischen Architektur werden die Methoden der Selbstoptimierung und der kognitiven Informationsverarbeitung sowohl auf die operative Planung der Wäscherei als auch auf die einzelnen lokalen Prozessschritte angewendet. Dafür müssen die folgenden Kriterien erfüllt sein:

- *Echtzeit-Anforderungen:* Die Informationsverarbeitung muss verschiedene Echtzeitanforderungen erfüllen. So arbeitet die globale logistische Planung unter weichen Echtzeitbedingungen mit einem langen Zeithorizont, während die lokalen technischen Prozesse harte Echtzeitbedingungen mit kurzen Zeithorizonten erfüllen müssen.
- *Rekonfigurierbarkeit der Regler:* Die Randbedingungen der Wäscherei sind von verschiedensten Faktoren abhängig, wie z. B. der Jahreszeit oder den Kundenwünschen. Daher müssen sich die Prozessregler automatisch an geänderte Arbeitsbedingungen anpassen.
- *Einfache Erweiterbarkeit:* Technologische Entwicklungen und neue Kundenwünsche können Anpassungen des Maschinenparks notwendig machen. Die Eingliederung neuer Maschinen oder die Erweiterung der bestehenden Maschinen um kognitive Fähigkeiten sollte einfach möglich sein.

Es existieren bereits zwei bekannte Architekturen für die Informationsverarbeitung in automatisierten technischen Anlagen, namentlich die Automatisierungspyramide [13] und das OCM. Diese wurden jedoch für unterschiedliche Zwecke entwickelt, sodass keine der beiden die genannten Kriterien erfüllt. Es wurde daher auf dieser Basis eine neue Architektur entworfen, die der intelligenten Großwäscherei zugrunde liegt (vgl. Abb. 6.13).

Die Grundidee ist, die Automatisierungspyramide nach unterschiedlichen Echtzeitanforderungen in eine *Planungsebene* und eine *Aktionsebene* zu unterteilen. Eine angepasste OCM-Architektur wird dann sowohl für die Prozessplanung als auch für jeden einzelnen technischen Prozess wie Waschstraße, Trockner oder Mangel eingesetzt. Die obere Ebene – die Planungsebene – lässt sich dabei wiederum in einen *kognitiven* sowie einen *reflektorischen Operator* unterteilen. Ersterer optimiert die Bearbeitungsfolge der Wäsche, während letzterer diese für eine feste Zeitspanne simuliert. Zunächst wird eine Prädiktion erzeugt, die als Grundlage für die erste Prozessplanung dient. Diese Planung ist allerdings zumeist noch suboptimal. Um die Prozessplanung zu optimieren, werden idealisierte Prozessmodelle für die Komponenten der Wäscherei benötigt, anhand derer eine Simulation der Planung durchgeführt wird. Die Simulationsergebnisse werden dann anhand vordefinierter Kriterien ausgewertet, wie z. B. Einhalten von Kundenterminen, Auslastung der Maschinen oder Ressourcenverbrauch. Je nach Zielformulierung wird die Prozessplanung durch eine Veränderung der Bearbeitungsfolge oder die Auswahl eines alternativen Bearbeitungswegs optimiert. Dieser Ablauf von Simulation, Analyse und Optimierung wird iterativ wiederholt, bis eine optimale Planung entstanden ist.

Die bisher beschriebene Planungsebene besitzt jedoch keinen direkten Zugriff auf die lokalen Anlagen. Das Überführen der optimierten Prozessplanung geschieht durch eine Kommunikation zwischen Planungsebene und Aktionsebene, wobei wiederum eine Architektur für jede lokale Maschine benötigt wird. Gegenüber der Planungsebene wird ein zusätzlicher dritter Operator für die *Maschinensteuerung* benötigt, welcher eine direkte Kommunikation mit der Maschine ermöglicht. Aufgrund unterschiedlicher Echtzeitanforderungen dürfen nur gleichartige Operatoren verschiedener Anlagen miteinander kommunizieren. Die Umsetzung der Prozesssteuerung und des Monitoring erfolgt auf speicherprogrammierbaren

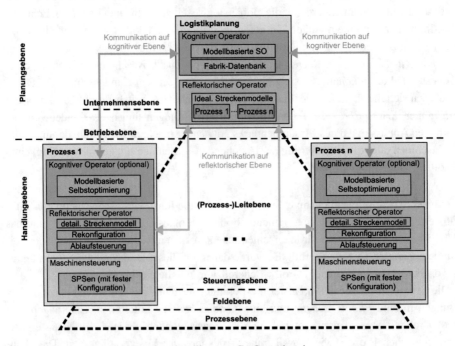

Abb. 6.13 Referenzarchitektur einer intelligenten Großwäscherei

Steuerungen, welche über Feldbussysteme mit den Aktoren und Sensoren direkt an den Anlagen kommunizieren.

Die optimierte Prozessplanung definiert Randbedingungen und Einschränkungen für jeden Prozess, die streng eingehalten werden müssen. Je nach Komplexität einer Anlage ist ein kognitiver Operator optional. Beispielsweise soll für die Waschstraße mit dem Ziel *selbstoptimierende Waschmitteldosierung* der Optimierungsalgorithmus auf dem lokalen kognitiven Operator ausgeführt werden. Der kognitive Operator entscheidet, welches Waschprogramm am besten geeignet ist hinsichtlich der aktuellen Wäschekategorie. Analog zur Optimierung der Prozessplanung wird das Waschprogramm anhand des Prozessmodells der Waschstraße iterativ simuliert, ausgewertet und optimiert. Angesichts der harten Echtzeitanforderungen können die Simulationszeiten verkürzt werden, indem auf die Ergebnisse des reflektorischen Operators der Planungsebene zurückgegriffen wird. Das optimale Waschprogramm wird dann an die Maschinensteuerung überführt. Die Maschinenzustände wie etwa die Waschmittelmenge im Schmutzwasser werden durch Messung identifiziert und an den kognitiven Operator für die Optimierung zurückgeführt.

Somit ist eine mehrstufige Architektur entstanden, bei der auf jeder Ebene Methoden der Selbstoptimierung implementiert sind. Gleichzeitig gibt es eine Trennung zwischen der in weicher Echtzeit ablaufenden Gesamtplanung der Wäscherei und den lokalen Einzelprozessen, welche einen optimalen Betrieb der Maschinen sicherstellen.

6.3.2 Intelligente Regelungen im Bereich des Walzprofilierens

Ein zentraler Aspekt der Industrie 4.0 ist die Automatisierung von Produktionsprozessen. Im Innovationsprojekt *Self-X-Pro* wurde dazu u. a. der Prozess des Walzprofilierens betrachtet. Dieser kommt bei der Firma *Hettich GmbH* im Rahmen der Herstellung von Profilen für die Möbelindustrie zum Einsatz. Kennzeichen des Prozesses ist die Umformung eines ebenen Blechbandes durch mehrere angetriebene Umformstationen, bis die gewünschte Form erreicht ist. Bei starken Schwankungen des Rohmaterials kommt es jedoch zu Maßabweichungen, welche durch manuelle Messungen von Stichproben festgestellt werden können. Um das gewünschte Prozessfenster wiederherzustellen, ist die Stilllegung der Maschinen zwecks zeitaufwendiger manueller Nachjustierung notwendig. Ziel ist daher, durch den Einsatz selbstlernender, geregelter Umformstrategien eine höhere Maschinenverfügbarkeit, eine bessere Ressourceneffizienz sowie geringere Anforderungen an das Rohmaterial zu realisieren.

Dafür ist es zunächst notwendig, ein geeignetes Prozessmodell für die simulationsgestützte Analyse zu entwickeln. Als Ansatz wurde die Umsetzung mittels einer *Mehrkörpersimulation (MKS)* gewählt, welche gegenüber anderen Methoden geringere Rechenzeiten und die Möglichkeit zur Integration von Aktorik und Werkzeugdynamik bietet. Mithilfe des MKS-Programms *RecurDyn* wurden für jede Umformstation jeweils die statische Unter- sowie die bewegliche Oberwalze als Starrkörper modelliert. Das Biegeprozessmodell zur

Beschreibung der nichtlinearen Verformung des Profilquerschnitts bedient sich der elementaren Biegetheorie nach LUDWIK [16]. Hierbei wird das Werkstück durch eine Gliederkette mehrerer Starrkörper modelliert, welche durch elastische Feder-Dämpferelemente miteinander verbunden sind. Die plastische Verformung wird durch die parallele Aufschaltung eines Drehmoments abgebildet. Als Ergebnis wird jede Umformstation als ein diskreter, zweidimensionaler Biegevorgang dargestellt, für welchen die Umformungen durch Absenkung der Oberwalze oder Zustellung einer Seitenwalze auf das Werkstück zeitkontinuierlich simuliert wird.

Für die Reglerauslegung ist es nun notwendig, eine mathematische Beschreibung des nichtlinearen Ein-/Ausgangsverhaltens des Prozesses in Form eines einfachen, linearen Zustandsraummodells zu finden. Die Zustände sind die Normabweichungen der Relativwinkel zwischen den Elementen des Werkstückmodells. Für die Ausgänge werden die Abweichungen der vier charakteristischen Profilmaße, die Radien ΔR_{14} und ΔR_{23}, die Diagonalmaße ΔD sowie die Diagonalenwinkel $\Delta \alpha$, herangezogen, welche auch als Regelgrößen dienen (vgl. Abb. 6.14). Als Eingänge werden die vier Walzenzustellungen jener Umformstationen definiert, deren Variationen sich bei einer Analyse des Simulationsmodells als besonders einflussreich herausgestellt haben. Diese sog. *Mastersticke* werden an der realen Anlage mit elektrischen Verstellmechanismen für die automatische Korrektur der Walzenposition ausgerüstet.

Da das kontinuierlich hergestellte Blechprofil durch eine Stanze auf die gewünschte Länge gebracht wird, läuft die Anlage mit einer diskreten Taktung. Die somit entstehenden Totzeiten können durch ein zeitdiskretes zustandsraumbasiertes Modell abgebildet werden. Zu jedem diskreten Zeitschritt können die Relativwinkel der Profile an den einzelnen Umformstationen für den nächsten Zeitschritt durch die aktuelle Verstellung der Walzspalthöhen berechnet werden. Die Merkmale des aktuell gefertigten Profils ergeben sich aus den Relativwinkeln zum selben diskreten Zeitschritt und den anliegenden Eingängen.

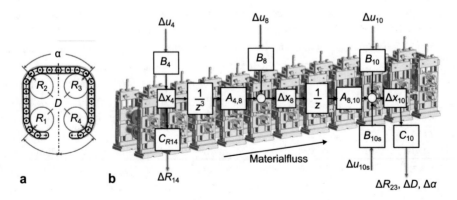

Abb. 6.14 a Modellierung des Profils als Starrkörperkette; **b** Struktur des Zustandsraummodells. Der Operator $\frac{1}{z}$ symobilisiert einen diskreten Zeitschritt

In Abb. 6.14 ist die Struktur des Zustandsraummodells zu erkennen. Dabei sind Δx_i die Zustandsänderungen an Umformstation i und Δu_j die Walzspaltänderungen an Umformstation j. Die Dynamikmatrizen A_{ij} bilden den Einfluss von Umformstation i auf Umformstation j ab, während B_i und C_i die Eingangs- bzw. Ausgangsmatrizen sind. Die entsprechenden Gleichungen des diskreten Zustandsraummodells lauten wie folgt:

$$x(k+1) = Ax(k) + Bu, \quad x(k=0) = x_0, \tag{6.28}$$

$$y(k) = Cx(k). \tag{6.29}$$

Der Vorteil des entwickelten Modells liegt darin, dass die Systemmatrizen direkt für den Regelungsentwurf genutzt werden können. Für die Merkmalsregelung werden PI-Regler eingesetzt. Ein Regelkreis ergibt sich für die Radien ΔR_{14}, welche direkt über die Walzenzustellung an Station 4 eingestellt werden können und sich im folgenden Prozess nicht mehr ändern. Da eine starke Kopplung zwischen den drei weiteren Stellgrößen und Merkmalen vorliegt, wird der Ansatz eines Entkopplungsreglers nach [6] gewählt. Diese Regelungsstruktur ermöglicht die unabhängige Beeinflussung der Merkmale durch je eine Stellgröße. Eine Analyse der Simulationsdaten zeigt, dass gute Ergebnisse durch die Zuordnungen $\Delta u_8 - \Delta R_{23}$, $\Delta u_{10} - \Delta D$ und $\Delta u_{10s} - \Delta \alpha$ erzielt werden können.

6.3.3 Prädiktive Steuerung von Teigknetprozessen

Anhand des bereits in Abschn. 4.6.1 gezeigten Anwendungsfalls des intelligenten Teigkneters lässt sich die Integration von Methoden des Maschinellen Lernens zur Unterstützung von Steuerungen und Regelungen zeigen. Wie in [19] beschrieben, wurde im Innovationsprojekt *InoTeK* mit der *WP Kemper GmbH* basierend auf der Knetphasenerkennung eine intelligente Ansteuerung der Maschine entwickelt, die einen automatischen Knetprozess mit einer gleichbleibend hohen Teigqualität ermöglicht. Die Maschine soll autonom über die Drehzahl der Knetspirale sowie den Zeitpunkt der Abschaltung entscheiden.

Um ein entsprechendes Konzept umsetzen zu können, ist zunächst die Ausrüstung einer Serienmaschine mit zusätzlicher Sensorik und Aktorik notwendig. Neben der serienmäßigen Messung der Teigtemperatur wird außerdem die Überwachung des ausgangsseitigen Moments der Knetspirale mittels eines Messflansches vorgenommen. Den Antrieb übernehmen Servomotoren, während Riementriebe durch ein Kegelstirnradgetriebe ersetzt wurden. So sind eine reproduzierbare Einstellung der Drehzahl sowie die Messung von Motormoment und Drehzahl möglich.

Modellierung des Teigs

Das der Steuerung zugrunde liegende Prozessmodell bildet aufgrund der komplexen rheologischen Eigenschaften des Teigs nicht direkt die ablaufenden chemischen Reaktionen ab. Stattdessen wird eine einfache Energiebilanz genutzt, um eine Berechnung der

Teigtemperatur durchzuführen. Hierzu wird der spezifische Energieeintrag E_S herangezogen, welcher durch Messung des Drehmoments des Knetwerkzeugs M_t, der Drehzahl ω und der identifizierten Reibung im Antriebsstrang ermittelt wird. Aus dem Moment lässt sich der Teigwiderstand M_d ablesen, welcher charakteristisch für die Erkennung der Knetphase ist:

$$M_d = M_t - M_{loss} = M_t - (d_{fric} \cdot \omega). \qquad (6.30)$$

Durch Multiplizieren mit der relativen Winkelgeschwindigkeit zwischen Knetwerkzeug und Bottich und anschließender Integration über die Zeit erhält man die *spezifische Energie*. Bei maximalem Teigwiderstand ist das Glutennetzwerk komplett ausgebildet. Aus dem zugehörigen Energieeintrag lässt sich der Zeitpunkt des Prozessendes bestimmen. Die spezifische Energie, bei der das Maximum erreicht wird, liegt über mehrere Messungen gemittelt bei etwa $\bar{E}_S = 22{,}5\,\text{kJ/kg}$.

Für das Modell des Teigs wird eine Kombination aus physikalischer und empirischer Beschreibung gewählt. Den Ausgangspunkt bildet eine über mehrere Messungen gemittelte *Energie-Teigmoment-Kennlinie*. Hierbei wird die eingebrachte mechanische Leistung durch das Produkt aus aktueller Drehzahl und niederfrequentem Teigmoment bestimmt. Diese wird auf die Teigmasse bezogen und zur spezifischen Energie integriert. Den Zusammenhang zum niederfrequenten Teigmoment $M_{d\varphi}$ liefert die Kennlinie. Das Motordrehmoment kann anschließend durch Addition der Reibungsverluste und Berücksichtigung der Getriebeübersetzung i ermittelt werden. Zusätzlich wurde der zeitlichen Verzögerung bei der Erwärmung des Teiges durch Einbringung mechanischer Leistung Rechnung getragen, indem ein Verzögerungsglied erster Ordnung eingefügt wurde. Dadurch ergibt sich folgende Gleichung im Laplace-Bereich für die Teigtemperatur T_d:

$$T_d = \frac{1}{m_d C_p \cdot s} \left(M_{d\varphi} \cdot \omega \cdot \frac{1}{T(E_s) \cdot s + 1} - h_d S_d \cdot (T_d - T_{env}) \right) \qquad (6.31)$$

Dabei ist C_p die spezifische Wärmekapazität, h_d der Wärmeübergangskoeffizient für den Wärmeaustausch zwischen Teig und Umgebung mit der Temperatur T_{env} und S_d die Teigoberfläche, die sich aus der Füllhöhe und dem Bottichdurchmesser ergibt. Simulationen auf Basis der identifizierten Prozessparameter liefern eine gute Übereinstimmung mit Messdaten für die Verläufe des Motordrehmoments und der Teigtemperatur. Das Teigmodell wurde weiterhin in ein detailliertes Mehrkörper-Modell des Prüfstands eingebunden.

Informationsverarbeitung

Die Regelungssoftware muss die akquirierten Sensordaten der Momenten-, Drehzahl- und Temperaturgeber verarbeiten und daraus die entsprechenden Referenzwerte für die Servomotoren des Bottichs und der Knetspirale berechnen. Sie besteht aus den drei Teilen *Erkennung, Steuerung* und *Prädiktion*. Das aufgebaute Teigmodell wird genutzt, um im Teil Prädiktion während des Knetprozesses sein voraussichtliches Ende sowie die dann vorliegende Teigtemperatur vorherzusagen. Dazu wird das Modell alle 5 Sekunden mit den aktuellen Eingangsgrößen initialisiert und mittels eines expliziten Euler-Algorithmus numerisch integriert, bis das Teigoptimum erreicht wurde.

Zur Erkennung der einzelnen Teigphasen wurden verschiedene Verfahren entwickelt, die sich entweder auf einzelne Sensorsignale beziehen oder auf der Erkennung eines gelernten Zusammenhangs verschiedener Signale beruhen. Das Ende der Mischphase wird anhand der Detektion eines eindeutigen Temperaturminimums bestimmt, während das Ende der Knetphase durch das Maximum des Teigwiderstands gekennzeichnet ist. Die Verfahren liefern jeweils eine boolesche Größe b_i, welche zu einem übergeordneten Kriterium für das Ende der Knetphase mit $b = \kappa > \bar{\kappa}$ gemittelt werden.

$$\kappa = \frac{1}{n} \sum_{i=1}^{n} \frac{1}{1 + e^{-(E_S - \bar{E}_S)}} \cdot b_i \qquad (6.32)$$

- *Verfahren 1:* Um die hochfrequenten Störanteile im Messsignal herauszufiltern kann ein *diskretes Moving-Average-Filter* eingesetzt werden, welches den Mittelwert über ein wanderndes Fenster der Breite 10 s berechnet. Die Schrittweite beträgt 1 ms.
- *Verfahren 2 und 3:* Das zweite und dritte Extraktionsverfahren entspricht einem *linearen Beobachterkonzept*, welcher basierend auf der Messung des Motormoments die vom Teig entgegenwirkenden Kräfte berechnet. Es lässt sich annehmen, dass das dynamische Widerstandsmoment des Teiges aus niederfrequenten viskositätsabhängigen Dämpfungsmomenten und hochfrequenten Momenten aufgrund der zyklischen Quetschung des Teigs besteht. Für die beiden Teilmomente lassen sich nun Störbeobachter formulieren. Die Beobachterdynamik kann durch Auslegung der Beobachtermatrix bestimmt werden (vgl. Abschn. 6.1.1.3). Verfahren 2 und 3 unterscheiden sich nun lediglich hinsichtlich der Auslegungskriterien der Beobachtermatrix. Das Verfahren 2 verfolgt dabei den Ansatz nach LUENBERGER, welcher eine Eigenwertplatzierung vornimmt. Das Verfahren 3 wird als *Kalman-Filter* ausgelegt und verwendet dabei eine Zustandsgewichtung um optimales Abklingverhalten der Beobachterabweichungen zu erhalten. Der Anteil des Teigmoments, auf dessen Basis der Teigzustand bewertet werden soll, ist das niederfrequente Teigmoment $M_{d\varphi}$, da dieses durch die Viskositätszu- bzw. -abnahme während der Teigausbildung besonders aussagekräftig ist. Damit die zugehörige Dynamik des Integrator-Zustands wenig Oszillationen aus der Messgröße übernimmt, wird dessen Eigenwert beim Entwurf nach LUENBERGER vergleichsweise klein gewählt bzw. der Zustand nach KALMAN nur gering gewichtet.
- *Verfahren 4:* Anhand der obigen Modellierung des Teigmoments und der Teigtemperatur kann ein Zustandsbeobachter formuliert werden, der die gemessene Teigtemperatur zum Abgleich mit dem der Realität nutzt. Aufgrund der beschränkten Gültigkeit dieses Ansatzes für eine homogene Teigmasse wurde dieses Verfahren jedoch im späteren Betrieb deaktiviert, da es keinen Hinzugewinn an Erkennungssicherheit zur Folge hatte.

Über diese modellbasierten Verfahren hinaus werden Methoden des Maschinellen Lernens zur Erkennung der Knetphasenübergänge genutzt und in das Kriterium (6.32) eingebunden. Diese Vorgehensweise wird in Abschn. 4.6.1 gezeigt.

Ergebnisse des automatisierten Knetens

Die einzelnen Bestandteile der Informationsverarbeitung werden in Simulationen ausgelegt und aufeinander abgestimmt *(Model-in-the-Loop)*. Außerdem erfolgt die Erprobung anhand im Vorfeld aufgezeichneter Messungen. Es zeigt sich, dass die überlagerten Kriterien eine sichere Detektion der Phasenübergänge ermöglichen. Die Verzögerung von ca. 20 s ist zufriedenstellend. Nach dem erfolgten modellbasierten Test wird die Informationsverarbeitung am Demonstrator mittels *Rapid-Control-Prototyping* implementiert. Die extrahierten und gemessenen Drehmomentverläufe während einer automatischen Knetung sind in Abb. 6.15 zu sehen. Das gemessene Signal M_t ist stark verrauscht. Die beobachteten Signale $M_{d\varphi 2}$ und $M_{d\varphi 3}$ liegen nahe beieinander und weichen um das Verlustmoment M_{loss} vom gefilterten Signal $M_{d\varphi 1}$ ab. Sofern die vorliegenden Bedingungen näherungsweise mit dem Modell übereinstimmen, kann die Prädiktion den Bediener bereits zu Beginn der Knetphase über die Endtemperatur und die Zeit bis zum Prozessende informieren. Die Genauigkeit der Vorhersage liegt bei ca. 10 s bzw. 1 °C.

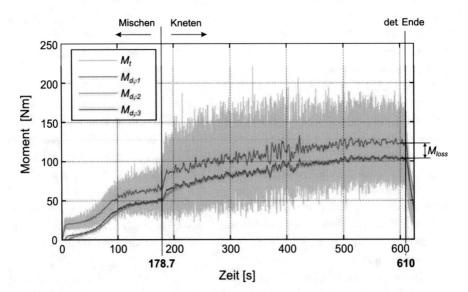

Abb. 6.15 Drehmomentverläufe während einer automatischen Knetung mit $\bar{\kappa} = 0.4$. (Nach [19]; © Elsevier Ltd. 2016)

6.3.4 Modellprädiktive Regelung der Klimatisierung elektrisch angetriebener Fahrzeuge

Auch im Bereich der Individualmobilität sind intelligente Regelungen gefragt, um zukünftige Herausforderungen zu meistern. Im Innovationsprojekt *ReelaF* wurde mit der *HELLA KGaA Hueck & Co.* in diesem Rahmen an Konzepten zur Reichweitenerweiterung elektrisch angetriebener Fahrzeuge gearbeitet. Ein Aspekt dabei ist die effiziente Klimatisierung des Innenraums, da mit dem Wegfall des Verbrennungsmotors auch die Nutzung der Abwärme für die Klimaanlage entfällt. Stattdessen ist die Belastung der Batterie so zu steuern, dass möglichst viel Energie für den Antrieb verwendet werden kann. Zu diesem Zwecke wird der Ansatz einer *Modellprädiktiven Regelung* verfolgt, welcher in [3] vorgestellt wurde.

Prozessmodell

Die Grundlage für die Prädiktion ist ein anerkanntes Modell zur Beschreibung der Thermodynamik der Fahrzeugkabine [14]. Dazu werden thermische Speicher definiert, wie z. B. Fenster, Dach, Kabinenluft sowie innere Komponenten wie Sitze oder Armaturen. Auch die Passagiere werden berücksichtigt. Für jede Komponente wird eine Gleichung zur Bilanzierung ihrer Wärmeströme über die Mechanismen Konvektion, Strahlung und Absorption aufgestellt. Unter Berücksichtigung der Sonneneinstrahlung ergibt sich somit ein nichtlineares Zustandsraummodell, mithilfe dessen die Kabinentemperatur T_{cabin} beschrieben werden kann. Als Modelleingänge dienen der Volumenstrom ($u_1 = \dot{V}$) sowie die Temperatur ($u_2 = T_{in}$) der einströmenden Luft durch die Klimaanlage.

Um das Modell im Rahmen einer MPC effizient für die Prognose verwenden zu können, wird es zu jedem Zeitschritt um den aktuellen Zustand mittels einer Taylor-Approximation linearisiert. Um nun die Reichweite zu erhöhen, ist es das Ziel der MPC, eine Minimierung der Verlustleistung der Batterie zu erreichen. Die Verlustleistung P_l ergibt sich aus der Antriebsleistung P_{dt} und der Leistung der Klimaanlage P_{cl}.

$$P_l(u_1, u_2) = RI^2 = R\left(\frac{P_{dt} + P_{cl}(u_1, u_2)}{V_{bat}}\right)^2 \tag{6.33}$$

$$P_{cl}(u_1, u_2) = \frac{1}{\eta}c_p \cdot \rho \cdot u_1 \cdot |u_2| \tag{6.34}$$

Der Batteriewiderstand R, der Strom I und die Spannung V_{bat} beeinflussen sich gegenseitig, während die Antriebsleitung lediglich vom Fahrprofil abhängt. Zur Vereinfachung werden die Umgebungstemperatur T_{amb}, die Luftdichte ρ, der Wirkungsgrad der Wärmeübertragungs η und die spezifische Wärmekapazität von Luft c_p als konstant angenommen.

Modellprädiktive Regelung

Die Einbindung der Verlustleistung in eine Kostenfunktion analog zu Abschn. 6.1.2.2 führt zu Gl. (6.35), welche zwei zusätzliche lineare und quadratische Terme in den Stellgrößen **U** enthält. Diese entstehen durch das Auflösen der Klammern in Gl. (6.33).

$$J(\mathbf{Y}(k), \mathbf{U}(k)) = (\mathbf{Y}(k) - \mathbf{Y}_R(k))^T \mathbf{Q}(\mathbf{Y}(k) - \mathbf{Y}_R(k)),$$
$$+ \mathbf{U}^T(k)(\mathbf{R} + \mathbf{P}_{quad})\mathbf{U}(k) + \mathbf{U}^T(k)\mathbf{P}_{lin}. \tag{6.35}$$

Die Matrizen $\mathbf{P}_{j,*}$ enthalten die Parameter aus Gl. (6.33). Außerdem enthalten sie die Trajektorie des im vorherigen Zeitschritt $k - 1$ optimierten Eingangs, wodurch das Produkt der beiden Eingänge zur Berechnung der Verlustleistung abgebildet wird. Da zwischen den beiden Eingängen durch die gegenseitige Multiplikation ein nichtlinearer Zusammenhang besteht, wird der Ansatz der *bilinearen Programmierung* gewählt. Hierbei wird für einen Zeitschritt jeweils ein Eingang konstant gehalten, während für den anderen ein lineares Optimierungsproblem gelöst wird. Im nächsten Zeitschritt wird dieses Vorgehen entsprechend umgekehrt angewendet. Um das reale Systemverhalten in die Optimierung einzubeziehen, werden Beschränkungen für die Eingänge und Eingangsänderungsraten sowie den Ausgang Kabinentemperatur berücksichtigt. Dadurch entsteht wiederum ein nichtlineares Optimierungsproblem, welches numerisch mittels *quadratischer Programmierung* gelöst wird.

Die Funktionsweise der Regelung sieht vor, dass nach dem Erreichen des Sollwertes eine Variation der Temperatur im Rahmen eines nicht fühlbaren Toleranzbands erlaubt ist. Für die Optimierung wird eine Schrittweite von 1s und ein Prädiktionshorizont von 10s verwendet. Simulationsergebnisse zeigen, dass die Regelung verstärkt dann Energie für die Klimatisierung aufwendet, wenn das vorgegebene Fahrprofil Phasen geringer Motorleistung vorsieht. Außerdem ist in Abb. 6.16 zu sehen, dass ein geringer Luftvolumenstrom mit hoher Temperatur zu einer effizienten Klimatisierung führt. Auf diese Weise lassen sich beim *Neuen Europäischen Fahrzyklus* durch Verwendung einer MPC im Heizfall bis zu 13 % weniger Verlustenergie erzielen.

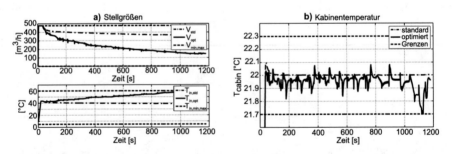

Abb. 6.16 Vergleich von Referenz- und Optimalfall der **a** Stellgrößen Volumenstrom $\dot{V}$ und Einlasstemperatur T_{in} und **b** Kabinentemperatur. (Nach [3]; © Elsevier Ltd. 2016)

6.3.5 Paretooptimale Regelung des Feder-Neige-Moduls eines schienengebundenen Fahrzeugs

Der in Abschn. 6.1.3 vorgestellte paretooptimale Regler wird für die Regelung des aktiven Fahrwerks des innovativen Schienenfahrzeugs *RailCab* eingesetzt [9, 11, 12]. Das Fahrwerk soll durch eine *Sky-Hook-Regelung* Stöße und andere Störungen der Schienen gegenüber der Fahrgastkabine kompensieren. Dafür ist es mit sechs Hydraulikzylindern ausgestattet.

Die aktive Federung wird mathematisch sowohl durch ein lineares und als auch ein nichtlineares Modell beschrieben. Das detaillierte nichtlineare Modell hat 92 Zustände, während das lineare Modell über sechs Zustände für die Dynamik der Kabine in jedem Freiheitsgrad verfügt. Die Eingänge sind die gewünschten Referenzpositionen der sechs Hydraulikzylinder.

Es werden zwei Betriebszustände betrachtet, ein nominaler und ein Fehlerfall. Im Falle eines Aktorausfalls ist ein Hydraulikzylinder arretiert, sodass die Aktorgruppe ihre Funktion mit der nominalen Konfiguration nicht erfüllen kann. Im schlimmsten Fall kann das Systemverhalten instabil werden. Da nun fünf Aktoren die Aufgabe von sechs Aktoren übernehmen müssen, wird die Struktur des unterlagerten Regelkreises rekonfiguriert. Mit sechs Aktoren und drei Freiheitsgraden ist das Aufhängungssystem redundant. Für die Reglerrekonfiguration wird das lineare Modell verwendet, für welches die Matrix **K** aus Gl. (6.19) berechnet werden kann. Simulationen mit dem nichtlinearen Modell zeigen, dass im Bereich der Halteposition des ausgefallenen Zylinders die statische Rekonfiguration anwendbar ist.

Die optimalen Parameter des Sky-Hook-Reglers **p*** werden durch die Lösung eines Mehrzieloptimierungsproblems (MOP) offline berechnet. Dabei liegen zwei gegensätzliche Ziele vor, nämlich die Minimierung des Energieverbrauchs sowie die Minimierung von Komforteinbußen, welche durch folgende Zielfunktionen beschrieben werden:

$$J_1 : \mathbb{R}^3 \to \mathbb{R},\ J_1(\mathbf{p}) = \frac{1}{T} \int_0^T \sum_{j=1}^6 P_{hyd,j}(\mathbf{p}, t)dt, \tag{6.36}$$

$$J_2 : \mathbb{R}^3 \to \mathbb{R},\ J_2(\mathbf{p}) = \frac{1}{T} \int_0^T \sum_{i=1}^3 |\omega_i(\alpha_i(\mathbf{p}, t))|dt. \tag{6.37}$$

Die erste Gleichung beschreibt den Energieverbrauch mithilfe des Durchschnittswerts der hydraulischen Energie P_{hyd} der sechs Zylinder. Der Wert der Komforteinbuße berücksichtigt den Durchschnittswert der frequenzgewichteten Aufbaubeschleunigungen α_i in den drei Freiheitsgraden. Die Gewichtungsfilter werden gemäß der VDI-Norm [24] gewählt. Beide Funktionen sind gegensätzlich, da eine stärkere Unterdrückung der Aufbaubeschleunigungen einen höheren Energieverbrauch erfordern.

Neben den beiden Zielen werden auch zwei Betriebsmodi berücksichtigt, sodass für jeden Modus ein MOP anhand des nichtlinearen Modells gelöst werden muss. Die resultierenden Pareto-Mengen dienen dem Pareto-Regler als Basis. Jede Pareto-Menge wird durch einen Spline nach Gl. (6.23) parametriert.

Die Struktur der zielbasierten Regelung ist in Abb. 6.17 zu sehen. Der unterlagerte Regelkreis enthält den nominalen Sky-Hook-Regler mit den Parametern p_i und die Rekonfiguration. Im Falle eines Aktorausfalls wird das fehlerhafte System durch die Zuschaltung der statischen Rekonfigurationsmatrix **K** stabilisiert. Die optimalen Parameter werden anhand der Pareto-Mengen mithilfe der relativen Gewichtung der Ziele α_{use} berechnet und kontinuierlich aufgeschaltet.

Die Evaluierung der Ziele wird anhand der Messungen y_e durchgeführt. Dabei berechnet zum einen die Funktion $h(y_e)$ die relevanten Daten für die Zielfunktionen. Zum anderen werden die Integrale der Zielfunktionen durch das Tiefpassfilter G_{PT1} angenähert. Die Zeitkonstante T_{lp} wird zu 0,5 s gesetzt, sodass hochfrequente Signalanteile wie die Leistungsspitzen der Hydraulikzylinder unterdrückt werden. Die Übertragungsfunktion der Strecke G_S aus Abb. 6.5 wird zu 1 angenommen, was eine unverzögerte Auswirkung der Parameteränderung auf die Messwerte impliziert. Die Eigenwerte des zielbasierten Regelkreises werden als $s_{1,2} = -5$ gewählt mit den Parametern $K_p = 4$ und $K_i = 12, 5$.

Für die Bewertung der Regelung wird diese auf das detaillierte nichtlineare Modell angewendet. Simuliert wurde ein Szenario, bei dem nach 5 s ein Aktorausfall und nach 10 s ein Änderung der gewünschten Zielgewichtung α_{des} stattfindet. Abb. 6.18a zeigt den Verlauf der Zielgewichtung des zielbasierten Reglers im Vergleich mit einer einfachen Steuerung. Die Steuerung wählt die Sky-Hook-Parameter anhand der vorgegebenen Wunschgewichtung aus, was in einer durchschnittlichen Abweichung des α_{cur}-Werts von 0,1 gegenüber α_{des} und

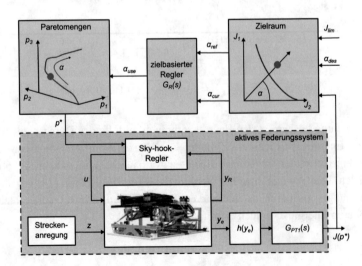

Abb. 6.17 Zielbasierte Regelung des aktiven Federungssystems. (Nach [11, 12]; © IEEE 2014 und © IFAC 2014)

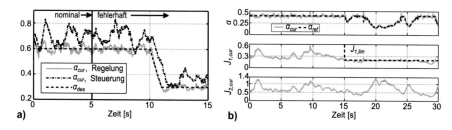

Abb. 6.18 a Aktueller und gewünschter α-Wert (aus [11]; © IEEE 2014); **b** Prüfstandsergebnisse der Zielgewichtung und der approximierten Zielwerte (aus [12]; © IFAC 2014)

großen Ausschlägen resultiert. Der zielbasierte Regler hingegen stellt die gewünschte Gewichtung mit kleinen Abweichungen ein und passt die Sky-Hook-Parameter kontinuierlich an.

Mit dem Nachweis der Funktionalität des Pareto-Reglers beim Einregeln einer gewünschten Zielgewichtung kann im nächsten Schritt die Logik zum Umschalten der Zielgewichtung zur Laufzeit untersucht werden. Dazu wird die Regelung auf einer Echtzeit-Hardware implementiert und auf den realen Prüfstand angewendet. Abb. 6.18b zeigt die Verläufe der Zielgewichtung sowie die aktuellen Werte der Zielfunktionen.

Zunächst wird die gewünschte Zielgewichtung $\alpha_{des} = 0{,}4$ als Referenzwert α_{ref} übernommen und eingeregelt. Die Schwankungen sind auf die variierenden Streckenstörungen zurückzuführen. Ab Sekunde 15 wird in den zweiten Betriebsmodus umgeschaltet, welcher eine Begrenzung des Energieverbrauchs bedeutet ($J_{1,lim} = 0{,}2$). Der Referenzwert α_{ref} wird kontinuierlich angepasst und liegt unter dem gewünschten Wert α_{des}, während der Zielwert $J_{1,cur}$ eng um den Grenzwert $J_{1,lim}$ gehalten werden kann. Aufgrund des begrenzten Energieverbrauchs verschlechtert sich jedoch der Komfort, wodurch der Wert der zweiten Zielfunktion $J_{2,cur}$ zunimmt. Ab Sekunde 27 nimmt die Amplitude der Störanregung wieder ab und die Rückkehr in Betriebsmodus 1 wird erkennbar. Der Energieverbrauch sinkt und die gewünschte Zielgewichtung kann wieder eingestellt werden.

Literatur

1. Adamy, J.: Nichtlineare Regelungen. Springer, Berlin, Heidelberg (2009)
2. Dorociak, R., Dumitrescu, R., Gausemeier, J., Iwanek, P.: Specification Technique CONSENS for the Description of Self-optimizing Systems. In: J. Gausemeier, F. Rammig, W. Schäfer (Hrsg.) Design Methodology for Intelligent Technical Systems, S. 119–127. Springer, Berlin (2014)
3. Eckstein, J., Lüke, C., Brunstein, F., Friedel, P., Köhler, U., Trächtler, A.: A novel approach using model predictive control to enhance the range of electric vehicles. Procedia Technology **26**, 177–184 (2016)
4. Ehrgott, M.: Multicriteria Optimization. Springer, Berlin, Heidelberg (2005)
5. Föllinger, O.: Optimale Regelung und Steuerung. Walter de Gruyter, Oldenbourg (1994)

6. Föllinger, O.: Regelungstechnik: Einführung in die Methoden und ihre Anwendung. VDE Verlag, Berlin (2013)
7. Gausemeier, J., Plass, C.: Zukunftsorientierte Unternehmensgestaltung: Strategien, Geschäftsprozesse und IT-Systeme für die Produktion von morgen. Carl Hanser, München (2014)
8. Gausemeier, J., Schäfer, W., Trächtler, A. (Hrsg.): Semantische Technologien im Entwurf mechatronischer Systeme: Effektiver Austausch von Lösungswissen in Branchenwertschöpfungsketten. Carl Hanser, München (2014)
9. Henke, C., Tichy, M., Schneider, T., Bocker, J., Schafer, W.: System architecture and risk management for autonomous railway convoys. In: 2008 2nd Annual IEEE Systems Conference, S. 1–8. IEEE (2008)
10. Keßler, J.H., Gausemeier, J., Iwanek, P., Köchling, D., Krüger, M., Trächtler, A.: Erstellung von Prozessmodellen für den Entwurf selbst-optimierender Regelungen. In: Internationales Forum Mechatronik, Winterthur (2013)
11. Keßler, J.H., Krüger, M., Trächtler, A.: Continuous objective-based control for self-optimizing systems with changing operation modes. In: 2014 European Control Conference (ECC), S. 2096–2102. IEEE (2014)
12. Keßler, J.H., Trächtler, A.: Control of Pareto Points for Self-Optimizing Systems with Limited Objective Values. IFAC Proceedings Volumes **47**(3), 626–632 (2014)
13. Kiel, E.: Industrielle Produktion und Automatisierung. In: Antriebslösungen, S. 7–76. Springer, Berlin, Heidelberg (2007)
14. Konz, M., Lemke, N., Försterling, S., Eghtessad, M.: Spezifische Anforderungen an das Heiz-Klimasystem elektromotorisch angetriebener Fahrzeuge. FAT-Schriftenreihe 233 (2011)
15. Krüger, M., Remirez, A., Keßler, J.H., Trächtler, A.: Discrete objective-based control for self-optimizing systems. In: American Control Conference (ACC), 2013, S. 3403–3408. IEEE (2013)
16. Lange, K.: Umformtechnik: Blechbearbeitung. Bd. 3. Springer, Berlin, Heidelberg (1990)
17. Lunze, J.: Regelungstechnik 1. Springer, Berlin, Heidelberg (2014)
18. Münch, E.: Selbstoptimierung verteilter mechatronischer Systeme auf Basis paretooptimaler Systemkonfigurationen. Dissertation, Fakultät für Maschinenbau, Universität Paderborn, Paderborn (2012)
19. Oestersötebier, F., Traphöner, P., Reinhart, F., Wessels, S., Trächtler, A.: Design and Implementation of Intelligent Control Software for a Dough Kneader. Procedia Technology **26**, 473–482 (2016)
20. Steffen, T.: Control Reconfiguration of Dynamical System – Linear Approaches and Structural Tests. Springer, Berlin, Heidelberg (2005)
21. Trächtler, A.: Modellbildung in der Mechatronik. Unterlagen zur Vorlesung. Universität Paderborn, Paderborn (2005)
22. Unbehauen, H.: Regelungstechnik I – Klassische Verfahren zur Analyse und Synthese linearer kontinuierlicher Regelsysteme. Vieweg+Teubner Verlag, Wiesbaden (2007)
23. Unbehauen, H.: Regelungstechnik III – Identifikation, Adaption, Optimierung. Vieweg+Teubner Verlag, Wiesbaden (2011)
24. Verein Deutscher Ingenieure (VDI): VDI 2057:2002. Human exposure to mechanical vibrations. Beuth, Berlin (2002)
25. Verein Deutscher Ingenieure (VDI): VDI 2206 – Entwicklungsmethodik für mechatronische Systeme. Beuth, Berlin (2004)

Steigerung der Verlässlichkeit technischer Systeme

7

Tobias Meyer, Thorben Kaul, James Kuria Kimotho und Walter Sextro

Zusammenfassung

Selbstoptimierung bietet die Möglichkeit der autonomen Anpassung des Systemverhaltens an veränderliche Ziele. Dabei ist vor allem der Aspekt Zuverlässigkeit von maßgeblicher Bedeutung, da über einen an die aktuelle Systemzuverlässigkeit angepassten Betriebspunkt die Leistungsfähigkeit verbessert wird, während das Ausfallverhalten besser vorhersehbar wird. Zur Anpassung des Systemverhaltens an die aktuelle Zuverlässigkeit mittels Selbstoptimierung müssen die ersten beiden Schritte des Selbstoptimierungsprozesses unterstützt werden. Für die Analyse der Ist-Situation ist eine Erkennung des aktuellen Degradationszustands mittels Condition Monitoring notwendig. Zur Auswahl geeigneter Verfahren werden bestehende Ansätze hinsichtlich ihrer Eignung klassifiziert. Der zweite Schritt, die Bestimmung der Systemziele, wird durch eine strukturierte Methode zum Finden verlässlichkeitsrelevanter Zielfunktionen ergänzt. Dabei werden kritische Komponenten identifiziert, Optimierungsparameter festgelegt und die Verlässlichkeit in Abhängigkeit des Systemverhaltens quantifiziert. Entwickler

T. Meyer (✉) · T. Kaul · J. K. Kimotho · W. Sextro
Lehrstuhl für Dynamik und Mechatronik, Universität Paderborn, Paderborn, Deutschland
E-Mail: tobias.meyer@uni-paderborn.de

T. Kaul
E-Mail: thorben.kaul@uni-paderborn.de

J. K. Kimotho
E-Mail: james.kuria.kimotho@uni-paderborn.de

W. Sextro
E-Mail: walter.sextro@uni-paderborn.de

© Springer-Verlag GmbH Deutschland, ein Teil von Springer Nature 2018
A. Trächtler und J. Gausemeier (Hrsg.), *Steigerung der Intelligenz mechatronischer Systeme*, Intelligente Technische Systeme – Lösungen aus dem Spitzencluster it's OWL, https://doi.org/10.1007/978-3-662-56392-2_7

selbstoptimierender Systeme werden somit durch geeignete Mittel bei der Implementierung beider Schritte unterstützt. Abschließend wird der praktische Einsatz der vorgestellten Methoden anhand zweier Beispiele gezeigt.

7.1   Grundlagen der Verlässlichkeit

Intelligente technische Systeme bieten die Möglichkeit, ihr Verhalten während des Betriebs anzupassen. Selbstoptimierung ist eine mögliche Umsetzung dieser Verhaltensanpassung, die auf der Priorisierung von vorab definierten Zielen basiert. Das Systemverhalten wird dazu über die vom System verfolgten Ziele, etwa *Minimaler Energieverbrauch* oder *Maximale Leistungsfähigkeit,* beschrieben.

Diese Möglichkeit kann auch genutzt werden, um die Verlässlichkeit der Systeme zu erhöhen. Um dies während der Betriebsphase durch eine Prioritätsanpassung zu erreichen, muss *Verlässlichkeit* als Ziel des Systems berücksichtigt werden. Auf Basis aller definierten Ziele werden sodann mittels Mehrzieloptimierungsverfahren mögliche Betriebspunkte berechnet, zwischen denen während des Betriebs ausgewählt werden kann. Mehrzieloptimierungsverfahren basieren auf der Minimierung verschiedener konfliktärer Zielgrößen mittels Variation freier Parameter. Als Grundlage der Selbstoptimierung müssen daher die Zielfunktionen ein Modell des Systemverhaltens beinhalten, das freie Parameter, üblicherweise Reglerparameter oder -sollwerte, hat, und dessen Simulationsergebnis automatisch hinsichtlich der Ziele ausgewertet werden kann. Die Auswertung ergibt dann die Werte der einzelnen Zielfunktionen. Ein numerischer Mehrzieloptimierungsalgorithmus wählt dann die freien Parameter so, dass sich Kompromisse zwischen den Zielen ergeben, die nicht mehr bezüglich aller Ziele zugleich verbessert werden können. Diese Eigenschaft wird als *Pareto-Optimalität* bezeichnet. Die zu allen optimalen Betriebspunkten gehörigen Zielfunktionswerte werden als *Pareto-Front* bezeichnet, die jeweils zugehörigen Parameterwerte als *Pareto-Menge.*

Durch Auswahl zwischen diesen vorab berechneten Betriebspunkten ist sichergestellt, dass das System trotz angepassten Verhaltens immer in einem optimalen Betriebspunkt betrieben wird. Zudem ist dadurch die Menge aller zugelassenen Betriebspunkte eingeschränkt, was es ermöglicht, sie einzeln hinsichtlich weiterer Eigenschaften zu prüfen. Dazu zählen einerseits harte Randbedingungen, die auch direkt während der Optimierung vom Mehrzielalgorithmus als Nebenbedingung berücksichtigt werden können, aber auch weniger strikt formulierbare oder schwer zu prüfende Randbedingungen, die mit einer manuellen Prüfung sichergestellt werden können. Zu den harten Randbedingungen kann beispielsweise die maximal umgesetzte Leistung zählen, aber auch die Stabilitätsreserve eines Reglers.

Die Ergebnisse der Mehrzieloptimierung werden dann zur Laufzeit genutzt, indem ein zur aktuellen Situation passender Betriebspunkt ausgewählt und im System eingestellt wird. Dies wird im verlässlichkeitsoptimalen Betrieb genutzt, um entstehenden übermäßigen Verschleiß durch Wahl eines Betriebspunkts mit höherer Priorisierung der Verlässlichkeit auszugleichen. Die in den einzelnen Schritten des Selbstoptimierungsprozesses, siehe auch [1], zu durchlaufenden Aktionen sind:

Analyse der Ist-Situation

Es ist notwendig, den aktuellen Verlässlichkeitsgrad des Systems festzustellen. Dazu ist es nötig, sowohl verschleißbedingte Schädigungen als auch aufgetretene Fehlerfälle zu detektieren. Diese unterscheiden sich durch die Art des Auftretens: verschleißbedingte Schäden nehmen über die Nutzungsdauer zu und wirken schließlich lebensdauerbegrenzend, während Fehlerfälle spontan auftreten können und eine schnelle Reaktion bedingen. Eine solche Analyse des aktuellen Systemzustands kann über Condition-Monitoring-Verfahren erreicht werden.

Bestimmung der Systemziele

Eine verlässlichkeitsbasierte Anpassung des Systemverhaltens setzt voraus, dass die Verlässlichkeit über die Priorisierung von Systemzielen gesteigert werden kann. Dazu muss Verlässlichkeit bereits bei der Formulierung der Systemziele berücksichtigt werden, was insbesondere bei der Entwicklung eines Systems nötig ist.

Anpassung des Systemverhaltens

Sobald die Ist-Situation bekannt ist und die Verlässlichkeit über die Priorisierung entsprechender Ziele verändert werden kann, ist eine Anpassung über Selbstoptimierungsverfahren möglich. Eine gesonderte Berücksichtigung ist nur noch für sicherheitskritische, schnelle Reaktionen auf plötzlich auftretende Ereignisse notwendig. Diese können als hartes Umschalten hin zu anderen Zielprioritäten oder zu speziellen Reglerverfahren implementiert werden.

Zur Steigerung der Verlässlichkeit durch Anpassung des Systemverhaltens wurde bereits das *Mehrstufige Verlässlichkeitskonzept* entwickelt [19, 20]. Dieses ermöglicht eine Reaktion auf plötzlich eintretende Ereignisse, wie sie beispielsweise durch Sensorausfälle entstehen. Es basiert dabei auf zwei Möglichkeiten der Reaktion: Einerseits können vorab festgelegte Umschaltungen vorgenommen werden, andererseits können Zielprioritäten vorgegeben werden. Als Ergänzung dazu wurde eine kontinuierliche Priorisierung der Ziele basierend auf einem geschlossenen Regelkreis entwickelt [9]. Diese basiert auf der ständigen Anpassung der Prioritäten von Zielen, von denen mindestens eines die Verlässlichkeit des Systems abbildet.

Zur mathematischen Formulierung dieser Ziele sind Zielfunktionen notwendig, die die Verlässlichkeit des Systems abbilden. Die Formulierung von Zielfunktionen zur Abbildung der Verlässlichkeit eines Systems in Abhängigkeit von dessen Verhalten stellt auch für erfahrene Entwickler eine Herausforderung dar und erfordert genaue Systemkenntnis. Die steigende Komplexität der zu entwickelnden Systeme erschwert die ganzheitliche Identifikation von Degradationsmechanismen, Fehlerursachen und Abhängigkeiten im Ausfallverhalten von Komponenten und Subsystemen.

Aufgrund unzureichender Softwareunterstützung werden Zielfunktionen meist durch einen Experten mit genauer Kenntnis des Systems formuliert. Einen solchen Experten gibt es aber nicht in jedem Unternehmen. Insbesondere in kleinen und mittelständischen Unternehmen, die keine separate Abteilung zur Absicherung der Verlässlichkeit unterhalten, ist das Wissen verteilt bei Mitarbeitern des Service, die entstandene Ausfälle vorheriger Entwicklungen kennen, und Entwicklern, die Annahmen über Belastungen sowie Ausfall- und Degradationsmechanismen im Entwurf treffen. Um diesen verschiedenen Gruppen die gemeinsame Arbeit zu erleichtern, wurde eine Methode entwickelt, welche das Aufstellen verlässlichkeitsrelevanter Zielfunktionen formalisiert.

In intelligenten technischen Systemen, die sich an die Umgebungsbedingungen oder geänderte Anforderungen anpassen können, ist die nutzbare Lebensdauer von den gewählten Betriebsparametern abhängig. Soll eine vorgegebene Nutzungsdauer sichergestellt werden, beispielsweise um ein Wartungsintervall einzuhalten, muss dazu während des Betriebs die verbleibende nutzbare Lebensdauer bestimmt werden. Werden Verhaltensanpassungsstrategien verwendet, hängt die verbleibende Lebensdauer vom aktuellen Verhalten ab. Bei diesen Systemen wird daher statt einer Schätzung der Restlebensdauer der aktuelle *Health Index*, ein dimensionsloses Maß für die Systemdegradation, genutzt. Die verschiedenen Verfahren werden hinsichtlich der erreichbaren Genauigkeit der Erkennung des Health Index oder der Vorhersage der verbleibenden Restlebensdauer, der Robustheit gegenüber Parameterschwankungen und der industriellen Anwendbarkeit verglichen.

7.2   Vorgehen zur Steigerung der Verlässlichkeit

Um Selbstoptimierung zur Steigerung der Verlässlichkeit zu nutzen, müssen die ersten beiden Schritte des Selbstoptimierungsprozesses durch individuelle Beiträge unterstützt werden. Die Analyse der Ist-Situation umfasst dabei die Erkennung des aktuellen Schädigungszustands bzw. des Health Index, der maßgeblich für die verbleibende Nutzungsdauer oder Belastungsfähigkeit des Systems ist. Er wird mittels *Condition-Monitoring-Verfahren* bestimmt, die gezielt ausgewählt und implementiert werden müssen. Durch die Nutzung von Condition-Monitoring-Verfahren als Grundlage der Selbstoptimierung ergeben sich spezifische Anforderungen, die beachtet werden müssen. Um den zweiten Schritt des Prozesses, die Bestimmung der Systemziele, umzusetzen, müssen verlässlichkeitsbezogene Ziele bereits während der Entwicklung berücksichtigt werden. Dazu müssen kritische Komponenten identifiziert werden, die dann durch geeignete Ziele entlastet werden können. Zuletzt ist eine Implementierung der Ziele im Optimierungsproblem, das der Verhaltensanpassung zugrunde liegt, sicherzustellen, um über eine geeignete Priorisierung der Ziele das Systemverhalten hinsichtlich der Verlässlichkeit anzupassen.

Die beiden wichtigsten verlässlichkeitsspezifischen Punkte für die Entwicklung eines selbstoptimierenden Systems sind somit die Formulierung von verlässlichkeitsrelevanten

Zielen und die Erkennung des aktuellen Systemzustands mittels Condition-Monitoring-Verfahren. Diese beiden Punkte werden im Folgenden erläutert.

7.2.1   Leitfaden zur Auswahl von Condition-Monitoring-Verfahren

Die Zustandsüberwachung eines technischen Systems wird auf Basis einer kontinuierlichen oder regelmäßigen Datensammlung aus einem Netz von Sensoren oder Betriebsdaten unter Nutzung von Condition-Monitoring-Verfahren implementieren. Das Ziel von Condition-Monitoring ist die Bestimmung des aktuellen Systemzustands im Betrieb. Die gesammelten Daten werden aufbereitet und charakteristische Merkmale extrahiert und mithilfe verschiedener Verfahren und Algorithmen verstärkt, um Rückschlüsse auf Systemzustände zu ermöglichen. Charakteristische Merkmale können jeweils im Zeit- (z. B. Mittelwert, Varianz, Entropie) und Frequenzbereich (z. B. Energie und Amplituden) betrachtet werden als auch im Zeit-Frequenzbereich (z. B. Koeffizienten aus diskreter Wavelet-Transformation). Identifizierte Zustände können nachfolgend als Entscheidungsgrundlage für die Wartungsplanung oder als Eingangssignal für zuverlässigkeitsadaptive Systeme verwendet werden. Durch die Umsetzung dieser Maßnahmen kann die Zuverlässigkeit, Verfügbarkeit und Sicherheit des Systems maßgeblich gesteigert werden.

Bei einfachen Anwendungen werden die aus Mess- oder Betriebsdaten extrahierten Merkmale direkt für eine Bestimmung des Systemzustands verwendet. So werden Systemauffälligkeiten erkannt und eine Wartungsentscheidung aufgrund dieser Angaben ermöglicht. Für die Umsetzung einer zustandsorientierten Instandhaltung ist eine Zustandsüberwachung auf höherem Niveau notwendig. Auf Basis von Diagnose- und Prognoseverfahren kann ausgehend vom aktuellen Zustand des Systems die Restnutzungsdauer (RUL) bestimmt werden. Die Prognose der Restnutzungsdauer bietet die Möglichkeit einer vorausschauenden Wartungsplanung und damit eine Abkehr von reaktiven Wartungsstrategien. Die zustandsorientierte Instandhaltungsstrategie kann somit für eine effiziente Wartungsplanung eingesetzt werden. Der Ansatz zur Prognose der Restlebensdauer kann um ein Modul, das die Information des Zustandsüberwachungssystems nutzt, um die Zuverlässigkeit zu steuern, ergänzt werden.

Um eine Verhaltensanpassung auf Basis der aktuellen Systemzuverlässigkeit zu ermöglichen, ist ein Maß für die Belastbarkeit des Systems notwendig, das möglichst unabhängig von der künftigen Nutzung ist. Ein solches Maß ist der sogenannte *Health Index HI*, der das verbleibende Lastaufnahmevermögen als Anteil des gesamten Lastaufnahmevermögens angibt. Bei Systemen mit mechanischem Verschleiß kann dies über das Verhältnis des bereits umgesetzten Verschleißvolumens zum gesamten erträglichen Verschleißvolumen ausgedrückt werden. Als allgemeine Definition des Health Index *HI* ergibt sich daher:

$$HI = 1 - \frac{\text{Ertragene Belastung}}{\text{Ertragbare Belastung}}.$$

Damit ergibt sich ein Wertebereich von 1 für ein neues System bis 0 für ein vollständig degradiertes bzw. vor dem Ausfall stehendes System.

7.2.1.1 Auswahl und Vorbereitung von Messdaten für Condition Monitoring

Der Erfolg eines Zustandsüberwachungssystems ist abhängig von den für Entwicklung und Betrieb anfallenden Kosten sowie von der Genauigkeit der Zustandsschätzung als Eingangsgröße der Wartungsplanung. Entscheidend ist hier die Aufnahme von Mess- oder Betriebsdaten, die relevante Informationen für die Zustandsüberwachung kritischer Komponenten liefern. Für eine effiziente Umsetzung einer Zustandsüberwachung ist es daher wichtig die Datenmengen zu begrenzen und nur Messdaten zu nutzen, die die meisten Informationen über den Zustand der verschiedenen Komponenten innerhalb des Systems enthalten. Um die Kosten und die Komplexität des Systems zu verringern, ist es darüber hinaus wichtig, eine möglichst geringe Anzahl Sensoren zu nutzen. Dies kann erreicht werden, indem in erster Linie diejenigen Sensoren eingesetzt werden, die für Primärfunktionen der Anlage ohnehin vorhanden sind und zusätzliche Sensorik vermieden werden kann. Um zu überprüfen, ob diese Messdaten geeignet sind, werden sie vorverarbeitet und, um die Dimensionalität zu verringern, charakteristische Merkmale extrahiert. In den Abb. 7.1, 7.2 und 7.3 sind Zustandsüberwachungsdaten für verschiedene Systeme gezeigt. Es werden die aufgenommenen Messdaten mit aus ihnen extrahierten Merkmalen, die einen Rückschluss auf die Degradation des betrachteten Systems zulassen, gegenübergestellt.

7.2.1.2 Auswahl des Condition-Monitoring-Ansatzes

Die Wahl eines geeigneten Condition-Monitoring-Ansatzes hängt von den zur Verfügung stehenden Zustandsüberwachungsdaten und weiteren zusätzlichen Informationen über die Degradation des Systems ab. Für Condition Monitoring existieren neben modellbasierten Ansätzen, wobei ein Degradationsmodell für die Bestimmung des Systemzustands verwendet wird, noch datengetriebene Ansätze auf Basis von Maschinenlernverfahren.

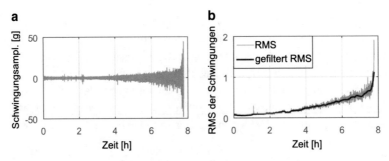

Abb. 7.1 Zustandsüberwachungsdaten eines Kugellagers: **a** Rohe Schwingungsdaten und **b** Extrahierte Merkmale, die den Degradierungstrend zeigen [11]

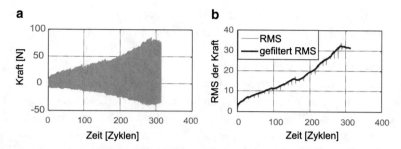

Abb.7.2 Zustandsüberwachungsdaten des Werkzeugs einer Fräsmaschine **a** Kraftdaten **b** Extrahierte Merkmale, die den Verlauf des Verschleißes zeigen [11]

Abb.7.3 Spannungsdaten von Protonenaustauschmembran-Brennstoffzellen, die auch zur Überwachung der Leistungsfähigkeit genutzt werden [11]

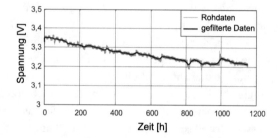

Modellbasiertes Condition Monitoring

Diese Methode nutzt ein Modell der Degradation der betrachteten Komponente oder Systems und basiert auf einer vollständigen Beschreibung des Systems und der Degradationsvorgänge. Die Variablen des Degradationsmodells korrelieren mit möglichen Fehlerarten und können durch Simulation des Modells unter Berücksichtigung der Nutzung und der Umgebung des Systems, evaluiert werden. Dies ermöglicht eine Schätzung des aktuellen Systemzustands [7] als auch eine Prognose der Restnutzungsdauer [18]. Steht, beispielsweise aus dem Entwurf eines technischen Systems, ein detailliertes Systemmodell zur Verfügung, sind modellbasierte Verfahren zur Vorhersage der Restnutzungsdauer die erste Wahl. Zudem können diese leicht in zuverlässigkeitsadaptive Systeme integriert werden. Allerdings erfordert die Modellentwicklung ein umfassendes Verständnis des Systems und kann für komplexe Systeme sehr schwierig zu entwickeln sein.

Modellbasierte Verfahren stoßen an Grenzen, wo modellbasierte Verfahren das Systemverhalten nicht adäquat abbilden können. Als Beispiel sei die Erweichung von Metallen unter Einwirkung von Ultraschall genannt für die noch kein geeignetes physikalisches Modell erarbeitet werden konnte [22]. Systeme mit nur sehr kurzer Lebensdauer sind möglicherweise nicht für eine Anwendung modellbasierter Verfahren geeignet, da eine Simulation des Systemmodells sehr rechenintensiv sein kann. In diesem Zusammenhang ist insbesondere darauf zu achten, dass die zwangsläufig notwendige Rechendauer zur Simulation des Modells nicht zu einer übermäßigen Phasenverschiebung zwischen aufgenommenen

Messdaten und geschätztem Health Index oder Restnutzungsdauer führt, da dieser die Stabilität einer Verhaltensanpassung nachteilig beeinflussen könnte.

Datengetriebenes Condition Monitoring

Datengetriebene Condition-Monitoring-Methoden benötigen im Gegensatz zu modell basierten Verfahren keine umfängliche Kenntnis des Systems. Eine aufwendige Modellierung des Systems entfällt somit [2]. Stattdessen werden Verfahren des maschinellen Lernens verwendet um Zustandsüberwachungsdaten bzw. die aus diesen Daten extrahierten Merkmale auf eine Zielgröße abzubilden. Diese Zielgröße ist auch bei datengetriebenen Verfahren die Klassifikation des aktuellen Zustands, die Restnutzungsdauer oder ein Health Index, der mit der Degradation des Systems korreliert. Es finden verschiedene Maschinenlernverfahren, wie *neuronale Netze, Support Vector Machines (SVM), Klassifikations- und Regressionsbäume, Random forests, k nearest neighbors (k-NN)* usw. Anwendung.

Die Verfahren müssen zunächst offline anhand von Degradationstrajektorien der extrahierten Merkmale angelernt werden. Dabei wird ein Modell erstellt, das die Zustandsüberwachungsdaten auf die Zielgröße abbildet. Das Anlernen der Modelle erfordert eine umfangreiche Datenbasis, die Zustandsüberwachungsdaten auf die tatsächlichen Werte der Zielgröße, aktuellen Systemzustand, Restnutzungsdauer oder Health Index, referenziert. Dieses Modell kann online mit einem ähnlichen System verwendet werden, um dessen Zustandsüberwachungsdaten auf die Zielgröße abzubilden.

Datengetriebene Verfahren sind einfach zu implementieren, da eine Anzahl gebrauchsfertiger Pakete verfügbar ist und diese nahezu ohne Systemkenntnis anwendbar sind. Daher sind diese Verfahren leicht an unterschiedliche Systeme anzupassen, erfordern jedoch eine große Menge von Trainingsdaten, um das darunterliegende Verhalten des Systems zu lernen. Sind keine Betriebsdaten vorhanden, müssen Trainingsdaten kosten- und zeitintensiv experimentell erzeugt werden. Datengetriebene Verfahren sind anfällig für *Overfitting* (Trainingsdaten werden sehr genau abgebildet, neue Daten jedoch sehr ungenau) oder *Underfitting* (alle Daten werden ungenau abgebildet). Diese Effekte korrelieren stark mit der zur Verfügung stehenden Datenmenge, die für das Training zur Verfügung steht. Darüber hinaus können die Verfahren sowohl bei Analyse und Umsetzung rechenintensiv sein [2].

7.2.1.3 Diagnose und Prognose

Modellbasierte und datengetriebene Condition-Monitoring-Ansätze können jeweils zur Diagnose und Prognose von Fehlzuständen in technischen Systemen verwendet werden. Die Identifikation von Fehlzuständen basiert dabei auf einer Schätzung und Klassifikation des aktuellen Systemzustands während die Prognosefähigkeit auf einer Prädiktion der Restnutzungsdauer beruht.

Zustandsschätzung

Sind aus Zustandsüberwachungsdaten diskrete Degradationszustände oder einzelne Fehlerarten eines Systems identifizierbar, können *Klassifizierungsverfahren* für die Schätzung des

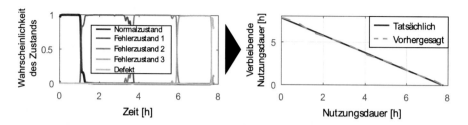

Abb. 7.4 Schätzung der Restnutzungsdauer in Abhängigkeit von der Wahrscheinlichkeit des jeweiligen Zustands [11]

aktuellen Zustands verwendet werden. Diese Verfahren klassifizieren die Zustandsüberwachungsdaten anhand referenzierter Zustände in den Trainingsdaten. Diese Klassifikation ermöglicht die Identifikation kritischer Zustände des Systems. Die diskrete Klassifikation ist aber für eine Regelung der Systemzuverlässigkeit nicht oder nur bedingt geeignet. Für eine kontinuierliche Regelung kann anhand der von anderen, ähnlichen Systemen bekannten Restnutzungsdauer innerhalb eines jeden Zustands die Restnutzungsdauer oder anhand des bekannten Health Index selbiger geschätzt werden [8], um eine stetige Größe für die Regelung bereit zu stellen. Für eine zufriedenstellende Regelung ist eine solche Schätzung nicht ausreichend. Algorithmen des maschinellen Lernens können verwendet werden, um den aktuellen Zustand des Systems zu klassifizieren und darauf aufbauend den Health Index oder die Restnutzungsdauer zu schätzen. Abb. 7.4 zeigt die identifizierten Zustände eines degradierenden Kugellagers und eine Prognose der verbleibenden Nutzungsdauer zum aktuellen Zeitpunkt.

Abbilden der extrahierten Merkmale auf einen Health Index
Der Health Index ist ein abstrahiertes Maß für die Degradation eines Systems und unabhängig von der tatsächlichen Nutzung des Systems. Dennoch ist es möglich, dass der Health Index für die Generierung von Trainingsdaten direkt messbar ist, sodass extrahierte Merkmale aus Messdaten direkt auf diesen abgebildet werden können [18]. Der abgebildete Health Index kann entsprechend der Degradationstrajektorien des Systems von einem Zeitpunkt t_c extrapoliert werden, um die Ausfallzeit t_{EOL} und damit auch die *Restnutzungsdauer (RUL)* zu bestimmen (vergleiche Abb. 7.5). Erreicht die extrapolierte Trajektorie einen vorab definierten Schwellwert, ab dem das System als ausgefallen betrachtet wird, kann darüber die Restnutzungsdauer bestimmt werden. In Abb. 7.5 ist ein Beispiel für die Nutzung von Zustandsüberwachungsdaten dargestellt. Der Verschleiß des Werkzeugs kann während des Betriebs nicht direkt gemessen, stattdessen liefern verschiedene extrahierte Merkmale die Basis für eine Schätzung des Health Index.

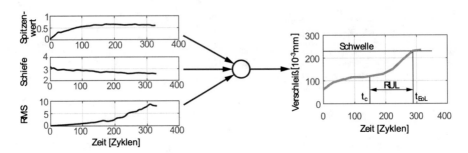

Abb. 7.5 Abbilden der extrahierten Merkmale auf den Health Index [11]

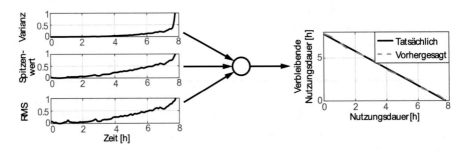

Abb. 7.6 Abbildung von extrahierten Merkmalen auf die Restnutzungsdauer [11]

Der Health Index weist typischerweise einen stetigen Verlauf auf und ist damit im Gegensatz zur Bestimmung diskreter Werte (Zustände) besonders gut für die Anpassung der Verlässlichkeit eines selbstoptimierenden Systems geeignet.

Abbilden der extrahierten Merkmale auf die Restnutzungsdauer

Sind Zustandsüberwachungsdaten mit Ausfallzeiten und -arten einer Gruppe von ähnlichen Systemen vorhanden, können diese genutzt werden, um extrahierte Merkmale direkt auf die Restnutzungsdauer abzubilden. Für die direkte Abbildung der Merkmale auf die Restnutzungsdauer werden maschinelle Lernverfahren wie neuronale Netze verwendet [6]. Abb. 7.6 zeigt eine Anwendung. Mithilfe von Maschinenlernverfahren bietet dieser Ansatz eine direkte Abbildung auf die Restnutzungsdauer und bietet daher eine hohe Prädiktionsgüte.

Die Restnutzungsdauer ist in einem hohen Maße von der tatsächlichen Nutzung des Systems abhängt. Daher ist dieser Ansatz für zuverlässigkeitsadaptive Systeme weniger geeignet. Eine alternative Möglichkeit zur Beschreibung der Degradation unabhängig von der tatsächlichen Nutzung kann über den Health Index geschehen. Dieser kann aus der Restnutzungsdauer geschätzt und für die Selbstoptimierung genutzt werden.

7.2.1.4 Condition-Monitoring-Verfahren in selbstoptimierenden Systemen

Zuverlässigkeitsadaptive Systeme erfordern eine möglichst genaue Vorhersage eines Maßes für die Degradation des betrachteten Systems, das zudem unabhängig von der tatsächlichen Nutzung sein soll. Die Schätzung und Prognose des Health Index ist dabei vielversprechend. Die bestmögliche Schätzung ist dabei von einem Modell zu erwarten, das die aus Zustandsüberwachungsdaten extrahierten Merkmale direkt auf den Health Index abbildet. Dieses kann entweder auf Basis der physikalischen Effekte aufgebaut oder mithilfe von Maschinenlernverfahren generiert werden. Ist dies nicht möglich, bleibt das Schätzen von diskreten Zuständen des Systems. Diese können nur eingeschränkt für eine kontinuierliche Anpassung der Verlässlichkeit genutzt werden, sind aber zumindest für eine Reaktion auf unerwünschte Ereignisse geeignet.

Bei allen datengetriebenen Zustandsüberwachungsverfahren ist die zwangsläufig auf tretende Verzögerung zu beachten. Da das gelernte Modell typischerweise sehr einfach auszuwerten ist, ist die dadurch entstehende Verzögerung vernachlässigbar. Kritisch hingegen ist die Datenvorverarbeitung, also die Datenakquise, Filterung, und vor allem die Merkmalsextraktion. Je nach Art des Merkmals kann dabei eine sehr große Verzögerung entstehen, etwa bei der Wandlung in den Frequenzbereich, bei der immer eine gewisser Zeithorizont betrachtet und ausgewertet werden muss. Die Eignung von Merkmalen muss daher immer individuell abgewägt und auf Eignung untersucht werden.

Kann somit der aktuelle Zustand des Systems bestimmt werden, ist eine Anpassung des Verhaltens über die Priorisierung geeigneter Zielfunktionen notwendig.

7.2.2 Methode zum Aufstellen verlässlichkeitsrelevanter Zielfunktionen

Die entwickelte Methode zur Berücksichtigung von Verlässlichkeit in der Verhaltensanpassung basiert auf den in Abschn. 5.1.1 erläuterten Verfahren zur Mehrzieloptimierung. Dabei werden Zielfunktionen ausgewertet, die ein Modell des Systemverhaltens beinhalten. Soll nun Verlässlichkeit berücksichtigt werden, müssen das Modell und die Zielfunktionen entsprechend erweitert werden. Durch Priorisierung der Verlässlichkeits-Zielfunktion zur Laufzeit kann somit ein verlässlicherer Betriebspunkt eingestellt werden. Das Ziel der Methode ist, ein strukturiertes Vorgehen zum Aufstellen verlässlichkeitsrelevanter Zielfunktionen zu geben. Sie ist in fünf Schritte unterteilt, die in Abb. 7.7 dargestellt sind und im Folgenden beschrieben werden. Die Beschreibung basiert dabei auf [14].

Zuverlässigkeit analysieren

Zu Beginn wird die Systemzuverlässigkeit analysiert. Dazu können klassische Methoden wie *Fehlerbaumanalyse, Zuverlässigkeitsblockdiagramme, Fehlermöglichkeits- und -einflussanalyse (FMEA)* oder komplexere Methoden wie *Markov-Modelle* oder *Bayes'sche Netze* genutzt werden. Dabei ist das Ziel, die kritischen Komponenten durch die dominierenden Ausfallarten des Systems zu identifizieren. Aus den dominierenden Ausfallarten

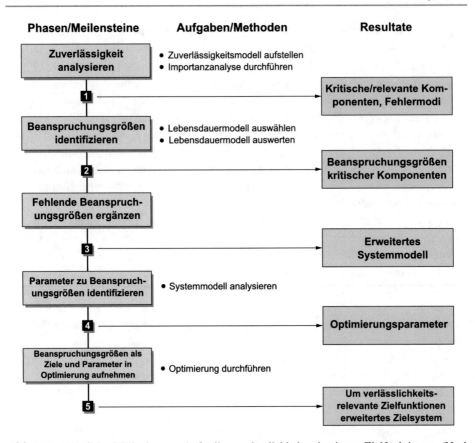

Abb. 7.7 Ablauf der Methode zum Aufstellen verlässlichkeitsorientierter Zielfunktionen. (Nach [14]; © Elsevier Ltd. 2014)

können dann die kritischen Komponenten abgeleitet werden. Eine Komponente gilt als kritisch, wenn sie stark zu der Dominanz einer Ausfallart beiträgt. Um effiziente Berechnungen möglicher Arbeitspunkte mittels numerischer Mehrzieloptimierungsverfahren zu ermöglichen, ist eine niedrige Anzahl von Zielen erwünscht. Aus diesem Grund kann es notwendig sein, nicht dominierende Ausfallarten zu vernachlässigen. Dabei muss aber sichergestellt werden, dass nicht mehr Ausfallarten als möglich vernachlässigt werden, da eine Selektion in diesem frühen Schritt bereits eine zuverlässigkeitsbasierte Verhaltensanpassung für die jeweilige Ausfallart und die assoziierten Komponenten ausschließt.

Beanspruchungsgrößen identifizieren

Wenn die kritischen Komponenten bekannt sind, kann eine zugehörige Möglichkeit zur Verhaltensanpassung generiert werden. Dies geschieht über Beanspruchungsgrößen der kritischen Komponenten, die zur Verringerung der Degradation manipuliert werden. Da die

Art der Beanspruchungsgrößen stark von der jeweiligen Komponente abhängen, müssen sie für alle kritischen Komponenten einzeln identifiziert werden. Dazu werden *Degradationsmodelle* genutzt. Üblicherweise sind die kritischen Komponenten Aktoren, Leistungselektronik oder tragende, mechanisch belastete Bauteile. Für derartige Komponenten sind Degradationsmodelle oder zumindest die Einflussgrößen für die Lebensdauer bekannt. Eingangsgrößen der Degradationsmodelle sind dann beispielsweise wirkende Kräfte, Ströme oder Temperatur. Diese Eingangsgrößen werden als Beanspruchungsgrößen aufgefasst und aus dem Modell des Systemverhaltens bestimmt.

Fehlende Beanspruchungsgrößen in Systemmodell ergänzen
Die Nutzung von Mehrzieloptimierung zur Bestimmung möglicher optimaler Betriebspunkte eines intelligenten mechatronischen Systems erfordert ein Modell des Systemverhaltens. Dieses basiert üblicherweise auf einem Modell der Systemdynamik. Je nach benötigten Beanspruchungsgrößen werden diese im Dynamikmodell ohnehin bereits während einer Simulation bestimmt, etwa Kräfte in einem Mehrkörpermodell. Ist dies nicht der Fall, muss das Verhaltensmodell entsprechend erweitert werden. Dazu kann es notwendig sein, noch nicht modellierte Effekte im Dynamikmodell zu ergänzen oder gar vollständig neue Modelle hinzuzufügen, beispielsweise für thermische Beanspruchung. Alle benötigten Modelle müssen im Systemmodell mit den real existierenden Abhängigkeiten zusammengeführt werden um eine Systemsimulation mit allen für die Degradation relevanten Effekten zu ermöglichen. Dieses **erweiterte Modell des Systemverhaltens** wird dann als Basis der modellbasierten Mehrzieloptimierung genutzt.

Parameter zu Beanspruchungsgrößen identifizieren
Um die Systemverlässlichkeit zur Laufzeit beeinflussen zu können, müssen die Beanspruchungsgrößen durch die Priorisierung von Zielen beeinflusst werden können. Durch eine Veränderung von Zielprioritäten wird der aktuell genutzte Zielkompromiss aus der Pareto-Front ausgewählt und der Betriebspunkt durch Wahl der zugehörigen Systemparameter aus der Pareto-Menge entsprechend geändert. Um sicherzustellen, dass die Verlässlichkeit jeder kritischen Komponente durch Priorisierung von Zielen beeinflusst werden kann, muss die Auswirkung von Optimierungsparametern auf die Komponentenzuverlässigkeit garantiert werden können. Dieser Schritt basiert auf dem Modell der Systemdynamik, das auch als Basis der Mehrzieloptimierung dient. Das Modell kann üblicherweise auf ein System gewöhnlicher Differentialgleichungen oder differential-algebraischer Gleichungen reduziert werden.

Die Optimierungsparameter können nun als Systemeingang und die Komponentenzuverlässigkeit, bzw. die zugehörigen Beanspruchungsgrößen, als Systemausgang aufgefasst werden. Dadurch wird das Problem auf einen Nachweis der Steuerbarkeit zurückgeführt, der mit etablierten Methoden der Regelungstechnik problemlos durchgeführt werden kann.

Wenn sich dabei herausstellt, dass das System nicht steuerbar ist, so müssen zusätzliche Optimierungsparameter gefunden werden. In den meisten intelligenten technischen

Systemen gibt es weitere Regelkreise, die nicht adaptiv sind. Diese sind gute Kandidaten für zusätzliche Optimierungsparameter. Durch Anpassen ihrer Parameter in der Optimierung ergeben sich zusätzliche Systemeingänge zu geringen oder sogar ohne zusätzliche Kosten. Falls dies jedoch nicht möglich ist, aber eine Beanspruchungsgröße noch nicht durch die Optimierungsparameter steuerbar ist, sind Änderungen an der Systemstruktur, etwa durch zusätzliche Aktoren, unausweichlich. Dies zieht Änderungen an allen Systemmodellen mit sich und ist deshalb ein großer Schritt zurück im Produktentwicklungsprozess, sodass inhärent zuverlässigere Komponenten auch in Betracht gezogen werden sollten. Diese können beispielsweise neu ausgelegte Strukturbauteile oder überdimensionierte Leistungselektronik sein, wodurch die Komponenten nicht mehr zu den kritischen Komponenten gehören.

Beanspruchungsgrößen als Ziel und Parameter in Optimierung aufnehmen
Wenn ein intelligentes System sein Verhalten autonom an die aktuelle Systemzuverlässigkeit anpassen soll, muss es in der Lage sein, Ziele, die die Zuverlässigkeit erhöhen, höher zu priorisieren. Dazu müssen diese Ziele in die Gesamtmenge aller verfolgten Ziele und das daraus abgeleitete Mehrzieloptimierungsproblem aufgenommen werden. Um dies zu erreichen, werden die Beanspruchungsgrößen aller kritischen Komponenten als zusätzliche Ziele aufgenommen. Da Mehrzieloptimierungsprobleme auf der Minimierung von Zielen basieren, werden Betriebspunkte gefunden, die möglichst niedrige Beanspruchungen bewirken und damit die Degradation der kritischen Komponenten reduzieren.

7.2.3   Verknüpfung des Systemverhaltens mit verlässlichkeitsrelevanten Zielfunktionen

Das aktuelle Vorgehen zum Aufstellen verlässlichkeitsrelevanter Zielfunktionen basiert auf manueller Arbeit der beteiligten Entwickler. Sie nutzen Expertenwissen und Systemkenntnis, um Zielfunktionen zu formulieren und implementieren diese innerhalb des System modells. Die steigende Komplexität intelligenter technischer Systeme stellt dabei insbesondere mit der starken Vernetzung von Komponenten und Systemen eine große Herausforderung dar und erschwert die vollständige Identifizierung von Degradationsmechanismen und Fehlerarten [15]. Bei stark steigender Komplexität ist ein manuelles Auffinden aller relevanten Aspekte nahezu ausgeschlossen. Dadurch bilden die entstehenden Modelle das reale Degradations- und Ausfallverhalten des Systems nur stark vereinfacht ab.

Während des Entwurfs intelligenter mechatronischer Systeme hat die Analyse des dynamischen Verhaltens des Gesamtsystems einen hohen Stellenwert. Dabei wird die Interaktion der verschiedenen Komponenten, beispielsweise der Informationsverarbeitung, den Aktoren und der mechanischen Struktur, mithilfe domänenübergreifender Simulationswerkzeuge modelliert. Ziel ist es hier, eine möglichst ganzheitliche Abbildung des Systemverhaltens mit allen relevanten Einflussgrößen und beteiligten Domänen, wie Elektronik, Mechanik, Informatik und Thermodynamik, zu erreichen. Dabei werden neben der mechanischen Struktur, die als Mehrkörpermodell abgebildet wird, auch Aktoren wie beispielsweise elektrische Komponenten und die notwendige Informationsverarbeitung, beispielsweise Regler, berücksichtigt.

Die Überprüfung und Absicherung der geforderten Verlässlichkeitsanforderungen sind ein wichtiger Schritt in der Entwicklung (intelligenter) mechatronischer Systeme. Dazu wird üblicherweise parallel zum Modell des dynamischen Systemverhaltens ein Modell der Systemverlässlichkeit aufgebaut, das das Ausfallverhalten und die Auswirkung von Komponentenausfällen auf das Gesamtsystem abbildet. Die Komponentenausfälle sind dabei stark vom Verhalten des Systems abhängig, da das Systemverhalten maßgeblich die wirkenden Belastungen auf einzelne Komponenten beeinflusst. Das Degradationsverhalten der Komponenten ist wiederum stark von diesen Lasten abhängig. Die Systemverlässlichkeit wird auf Basis der Verlässlichkeit der Komponenten bestimmt und ist daher stark sensitiv gegenüber Änderungen der Degradation der Komponenten. Folglich ist die Systemverlässlichkeit maßgeblich vom (dynamischen) Systemverhalten abhängig.

Der Entwicklungsprozess mechatronischer Systeme folgt einem iterativen Ansatz zur Absicherung der Anforderungen [23]. Kommt es nun zu einer Iteration im Entwicklungsprozess, indem das Verhalten des Systems angepasst werden muss, beispielsweise durch veränderte Regelalgorithmen oder -parameter, so müssen sowohl das Verhaltensmodell als auch das Modell der Verlässlichkeit erneut angepasst werden, um die Veränderungen zu repräsentieren. Die bestehende Interaktion der Modelle kann durch die strikte Trennung nicht oder nur mit unverhältnismäßig hohem Aufwand abgebildet werden. Um diese manuelle Synchronisierung und das sich daraus ergebende Fehlerpotenzial zu vermeiden, ist eine gemeinsame synchrone Modellierung anzustreben. Durch diese ergibt sich der Vorteil, dass die Interaktion der Modelle im Rahmen einer gemeinsamen Entwicklung der jeweilig betrachteten Aspekte ausgenutzt werden kann: So ist es möglich, gezielt die dynamischen Eigenschaften durch entsprechende Parameterwahl so zu verändern, dass die gewünschte Verlässlichkeit sichergestellt wird.

Um die integrierte Modellierung von Verhalten und Verlässlichkeit zu ermöglichen, wurden Algorithmen erarbeitet, die eine automatisierte Ableitung eines Modells der Systemverlässlichkeit aus einem Modell des (dynamischen) Systemverhaltens ermöglicht. Um ein Verlässlichkeitsmodell automatisiert aus dem Modell des Verhaltens zu synthetisieren, werden die Topologie des Systems sowie die Interaktion der Komponenten analysiert, um auf Abhängigkeiten im Ausfallverhalten des Systems schließen zu können. Auf dieser Basis wird die Struktur des Verlässlichkeitsmodells aufgebaut. Die automatisierte Analyse der Systemtopologie stellt daher auch eine Untersuchung rekonfigurierbarer Systeme in Aussicht. Zur Abbildung des Systemverhaltens auf die Degradation der Komponenten ist es notwendig Degradationsmodelle für kritische Komponenten aufzustellen. Diese modellieren den Einfluss der wirkenden Lasten auf die Verlässlichkeit der einzelnen Komponenten mit denen das Modell der Systemverlässlichkeit parametriert werden kann. Somit wird eine automatisierte Analyse der Verlässlichkeit des Systems für verschiedene Entwicklungsiterationen als auch für verschiedene Parametersätze im Rahmen einer Optimierung möglich.

Durch Berücksichtigen der Verlässlichkeit des gesamten Systems in der Optimierung wird es somit möglich, optimale Kompromisse nicht nur hinsichtlich des Systemverhaltens, sondern auch hinsichtlich der Verlässlichkeit zu bestimmen. Das intelligente technische System kann später, während des Betriebs, durch eine autarke Anpassung von Parametern, wie z. B. den Reglerparametern, die Ziele der Verlässlichkeit priorisieren.

Entsprechende Verlässlichkeitsmodelle für intelligente, selbstoptimierende mechatronische Systeme wurden in [5, 15] und [21] publiziert. Das Vorgehen zur Transformation selbst wurde in [3, 4] veröffentlicht.

7.3   Anwendung von Ansätzen zur Steigerung der Verlässlichkeit technischer Systeme

Zur Steigerung der Verlässlichkeit durch Selbstoptimierung reicht es unter Umständen aus, die Arbeiten auf den Aspekt *Zuverlässigkeit* zu fokussieren. Weitere Verlässlichkeitsaspekte, wie die *Verfügbarkeit,* spielen zunächst eine untergeordnete Rolle, da hier weitergehende Aspekte bezüglich der Wartungsstrategie berücksichtigt werden müssen. Eine optimale Wartungsstrategie wird bereits durch die aktive Beeinflussung der Zuverlässigkeit unterstützt, da hier die Restnutzungsdauer auf geplante Wartungszeiträume angepasst werden können. Eine praktische Anwendung zuverlässigkeitsadaptiver Regelung ist auf Systeme beschränkt, deren Zuverlässigkeit kritisch ist, deren Lebensdauer kurz ist und mit denen innerhalb eines überschaubaren Zeitraums zu geringen Kosten Lebensdauerversuche durchgeführt werden können. Da insbesondere der letzte Punkt bei typischen industriellen Produkten nicht gegeben ist, wurde ein dediziertes Demonstrationssystem aufgebaut.

7.3.1   Steigerung der Verlässlichkeit einer Reibkupplung

Als Beispielsystem wurde eine Einscheiben-Trockenkupplung aufgebaut, wie sie häufig in Personenfahrzeugen verwendet wird, um den Motor mit dem Antriebsstrang zu verbinden. Da dieses System der Veranschaulichung der Methoden dient, weicht sein Aufbau von dem von kommerziell erhältlichen Kupplungen deutlich ab. Insbesondere ist es wesentlich kleiner, überträgt nur geringe Leistungen und degradiert sehr schnell. Es ist in Abb. 7.8 dargestellt. Das Kupplungssystem besteht aus zwei Reibbelägen, von denen der Eingangsbelag mit dem Antrieb und der Ausgangsbelag mit der Last verbunden sind. Die Last wäre in einer realen Anwendung das Fahrzeuggetriebe, über das das Fahrzeug beschleunigt wird. Der Einkuppelvorgang wird durch Aneinanderpressen der beiden Reibbeläge initiiert, wodurch eine Drehmomentübertragung vom Eingangs- zum Ausgangsbelag ermöglicht wird. Dieses Drehmoment wirkt auf die Last und beschleunigt sie. Die Normalkraft wird von einem elektrischen Motor über ein Getriebe und eine Kugelumlaufspindel aufgebracht. Sie wird von einem Kraftaufnehmer gemessen, ein Positionssensor nimmt gleichzeitig die

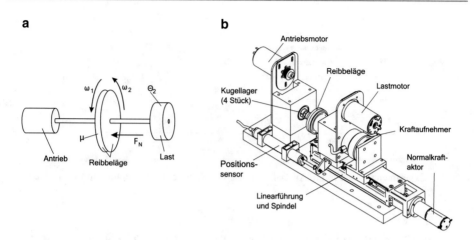

Abb. 7.8 Kupplungssystem für Verlässlichkeitsuntersuchungen: **a** Prinzipschaubild, **b** Schematische Darstellung des aufgebauten Versuchssystems [12]

Position des verschiebbaren Reibbelags auf und ermöglicht somit eine Messung des verbleibenden Verschleißvorrats. Beide Reibbeläge werden von je zwei Kugellagern geführt. Sobald es eine Differenz in den Drehgeschwindigkeiten der beiden Reibbeläge gibt, tritt Verschleiß auf. Die im Versuchsaufbau vorhandenen Antriebs- und Lastmotoren zählen nicht zum betrachteten System, da sie nur Antrieb und Last des realen Systems simulieren.

Um verlässlichkeitsrelevante Zielfunktionen zu identifizieren, wird die in Abschn. 7.2.2 vorgestellte Methode genutzt. Im ersten Schritt wird eine Zuverlässigkeitsanalyse in Form einer FMEA durchgeführt. Als Ausfallarten wurden dabei *unzureichende Führung der Reibbeläge* durch verschlissene Kugellager, Ausbleiben des Normalkraftaufbaus aufgrund eines Fehlers im Aktor, in der Spindel oder in der Linearführung, und *unzureichende Drehmomentübertragung* durch verschlissene Reibbeläge identifiziert. Um die Anzahl möglicher Ausfallarten zu reduzieren wurden die Kugellager, der Normalkraftaktor und alle weiteren mechanischen Bauteile überdimensioniert. Die zusätzlich zum mechanischen Aufbau notwendigen Antriebsregler haben kein lastabhängiges Ausfallverhalten und müssen daher nicht im Verhaltensmodell berücksichtigt werden. Die verbleibende Ausfallart ist auf Verschleiß der Reibbeläge zurückzuführen, der durch die Ansteuerstrategie beeinflusst werden kann. Wird „schnell" eingekuppelt, tritt wenig Verschleiß auf; bei „langsamen" Einkuppeln verschleißen die Reibbeläge sehr stark.

Als zweiter Schritt müssen die Beanspruchungsgrößen identifiziert werden. Kritische Komponenten sind nur die Reibbeläge, die etwa proportional zur Reibarbeit verschleißen. Die Reibleistung kann während der Simulation aus bestehenden Dynamikgrößen bestimmt werden und wird daher als Beanspruchungsgröße aufgefasst.

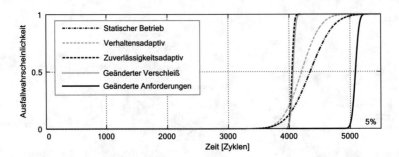

Abb. 7.9 Experimentell bestimmte Ausfallwahrscheinlichkeit der Reibkupplung mit verschiedenen Betriebsstrategien

Im dritten Schritt wird die Beanspruchungsgröße im Systemmodell ergänzt, wie es bereits im Detail in [13] erläutert wurde. Als viertes müssen Optimierungsparameter identifiziert werden. Das gewünschte Systemverhalten ist ein Einkuppelvorgang der Kupplung, während dem die Last auf Antriebsdrehzahl beschleunigt wird. Optimierungsparameter sind dabei die Zeit des Beschleunigungsvorgangs und der Verlauf des Normalkraftaufbaus.

Im letzten Schritt werden die Beanspruchungsgrößen als zusätzliches Ziel in der Mehrzieloptimierung eingebunden. Die Berechnung eines exakt stimmenden numerischen Wertes ist dabei nicht notwendig; es reicht für die Verhaltensanpassung aus, wenn die Zielfunktion Verlässlichkeit qualitativ wiedergibt. Es kann daher vorteilhaft sein, weitere Konvertierungen durchzuführen, etwa die Bildung eines Lastkollektivs durch Integration, Mittelwertbildung oder die Auswertung stochastischer Eigenschaften wie etwa der Standardabweichung. Im Falle der Reibkupplung ist das Integral der Reibleistung die Reibarbeit und somit maßgeblich für den absoluten Verschleiß pro Kupplungszyklus. Resultat der Mehrzieloptimierung sind die Pareto-Front und -Menge, die dann zur Verhaltensanpassung genutzt werden können.

Eine solche Verhaltensanpassung wurde aufgebaut wie in [9, 10] beschrieben. Dabei konnte durch Priorisierung der Verlässlichkeits-Zielfunktion eine Erhöhung der Lebensdauer erreicht werden. Durch ständige Anpassung während des Betriebs kann somit die gewünschte Lebensdauer exakt eingehalten oder sogar nach Bedarf auf Kosten der Leistungsfähigkeit verlängert werden. Experimentelle Untersuchungen haben gezeigt, dass durch den Einsatz von Selbstoptimierung zur Steigerung der Verlässlichkeit die Lebensdauer sehr viel präziser bestimmbar ist, wie in Abb. 7.9 dargestellt.

7.3.2 Steigerung der Verlässlichkeit des Kupferdrahtbondens

Leistungshalbleiter bestehen, neben dem eigentlichen Halbleiter, aus verschiedenen elektromechanischen Komponenten zur Verbindung des Halbleiters mit weiteren Bauteilen, zu seinem Schutz oder zur Abfuhr von Wärme. Ein typischer Aufbau von Leistungshalbleitern besteht daher aus einem Keramik-Kupfersubstrat, dessen Oberseite den Halbleiter trägt und durch Leiterbahnen verschiedene Komponenten elektrisch verbindet, und dessen Unterseite zur Wärmeableitung mit einer massiven Montageplatte verbunden wird. Zum Schutz wird ein Kunststoffgehäuse mit eingelassenen Kontakten und Leistungsverbindern ergänzt und der Halbleiter mit dem Kupfersubstrat vergossen. Zur elektrischen Verbindung des Halbleiters, des Kupfersubstrats und der Kontakte und Verbinder dienen gebondete Drähte.

Im Rahmen des Innovationsprojekts *InCub* mit der Firma *Hesse Mechatronics* wurde der Herstellungsprozess solcher Drahtverbindungen betrachtet. *Bonden* ist ein Reibschweißverfahren, bei dem die Drähte mit Schwingungen im Ultrafrequenzbereich auf dem Untergrund bewegt werden und dann anbinden. Klassischerweise kamen bei Leistungshalbleitern dicke Aluminiumdrähte zum Einsatz, die aber aufgrund gestiegener Arbeitstemperaturen der Halbleiter bei der thermischen Belastbarkeit begrenzend sind und die aufgrund der Materialeigenschaften eine vergleichsweise niedrige mechanische Stabilität bieten. Um diesen beiden Problemen zu begegnen, wird daher ein Umstieg zu Kupferbondverbindungen angestrebt, da Kupferdraht fester ist, sich dank seines geringeren elektrischen Widerstands weniger erwärmt und zudem höhere Temperaturen ertragen kann.

Die Fertigung von Kupferbondverbindungen bringt aber aufgrund der höheren Festigkeit des Drahtes die Schwierigkeit mit sich, dass die zum Anbinden notwendigen Andruckkräfte und Reibenergien um ein Vielfaches höher sind als bei Aluminiumdraht. Daraus ergibt sich ein schwieriger zu handhabender Prozess, der durch Anpassung mittels Selbstoptimierung unterstützt werden kann.

Dazu notwendig sind eine Definition der vom Prozess verfolgten Ziele und eine Implementierung dieser in einem Mehrzieloptimierungsproblem, das als Grundlage einer Verhaltensanpassung dient. In Anlehnung an die in Abschn. 7.2.2 vorgestellte Methode wurden diese identifiziert. Aufgrund der großen Unterschiede zwischen einem mechatronischen System, für das diese Methode entwickelt wurde, und dem Fertigungsprozess der Bondverbindungen war eine problemspezifische Anpassung der Methode notwendig. Statt der Lebensdauer des Systems selbst, die bei mechatronischen Systemen maßgeblich ist, geht es beim Fertigungsprozess um die Lebensdauer der gefertigten Komponenten, also der Bondverbindungen. Die Zuverlässigkeit der fertigenden Maschine liegt daher nicht im Fokus der Betrachtung, sondern die des Prozesses. Es ist äußerst schwierig, den bei Bondverbindungen auftretenden Fehlermechanismen während des Fertigungsprozesses anpassbare Parameter zuzuordnen.

Stattdessen werden zunächst die entscheidenden Eigenschaften einer guten Bondverbindung festgelegt. Diese werden anschließend quantifiziert, sodass sie als Ziele verfolgt werden können. Dieses Vorgehen entspricht den ersten beiden Schritten, nach denen die Beanspruchungsgrößen vorliegen.

Im Falle des Bondprozesses sind die für eine gute Verbindung maßgeblichen Größen eine möglichst große *Anbindungsfläche* und eine geringe Wahrscheinlichkeit von *Werkzeugaufsetzern*. Werkzeugaufsetzer entstehen, wenn der Draht während des Bondprozesss so stark verformt wird, dass sich das Werkzeug bis auf das Kupfersubstrat absenkt. Zugleich müssen Ziele zur Sicherstellung der *Systemleistungsfähigkeit* verfolgt werden, die als möglichst kurze Prozessdauer und möglichst geringer *Werkzeugverschleiß* identifiziert wurden [16].

Das Systemmodell wurde um alle vier Ziele ergänzt. Dabei hat sich herausgestellt, dass das bereits bestehende Modell des Prozesses um ein zusätzliches Modell für die Wahrscheinlichkeit von Werkzeugaufsetzern erweitert werden musste. Die Parameter für alle vier Ziele wurden als Zeitverlauf der Normalkraft und der Ultraschallspannung, die die Werkzeugschwingung anregt, festgelegt.

Mit allen Zielgrößen und allen Parametern konnte sodann eine Optimierung durchgeführt werden. Die Ergebnisse dienen als Grundlage einer online-Adaption des Fertigungsprozesses [17].

Literatur

1. Gausemeier, J. (Hrsg.): Selbstoptimierende Systeme des Maschinenbaus.Heinz Nixdorf Institut, Universität Paderborn, HNI-Verlagsschriftenreihe, Bd. 155, Paderborn (2004)
2. Goebel, K., Saxena, A., Daigle, M., Celaya, J., Roychoudhury, I.: Introduction to Prognostics. Tutorial at First European Conference of the Prognostics and Health Management, Dresden (2012)
3. Kaul, T., Meyer, T., Sextro, W.: Integrated Model for Dynamics and Reliability of Intelligent Mechatronic Systems. In: Podofillini et al. (Hrsg.) European Safety and Reliability Conference (ESREL2015). Taylor and Francis, London (2015)
4. Kaul, T., Meyer, T., Sextro, W.: Integrierte Modellierung der Dynamik und der Verlässlichkeit komplexer mechatronischer Systeme. In: 10. Paderborner Workshop Entwurf mechatronischer Systeme, S. 101–112. HNI-Verlagsschriftenreihe, Paderborn (2015)
5. Kaul, T., Meyer, T., Sextro, W.: Modeling of complex redundancy in technical systems with bayesian networks. In: Proceedings of the Third European Conference of the Prognostics and Health Management Society 2016 (2016)
6. Kimotho, J.K., Sextro, W.: An approach for feature extraction and selection from non-trending data for machinery prognosis. In: Proceedings of the Second European Conference of the Prognostics and Health Management Society 2014, Bd. 5 (2014)
7. Kimotho, J.K., Sextro, W.: Comparison and ensemble of temperature-based and vibration-based methods for machinery prognostics. In: Annual Conference of the Prognostics and Health Management Society 2015, Bd. 6 (2015)
8. Kimotho, J.K., Sondermann-Woelke, C., Meyer, T., Sextro, W.: Machinery prognostic method based on multi-class support vector machines and hybrid differential evolution – particle swarm optimization. Chemical Engineering Transactions **33**, 619–624 (2013)
9. Meyer., G., Ansari, S.M., Nyhuis, P.: Synergieeffekte von Methoden besser nutzen – Ansatz zur prozessverbessernden und kompetenzsteigernden Methodenauswahl in produzierenden KMU. wt Werkstatttechnik online, Jahrgang 104 (2014), Springer-VDI-Verlag, Düsseldorf (2014)
10. Meyer, T., Kaul, T., Sextro, W.: Advantages of reliability-adaptive system operation for maintenance planning. In: Proceedings of the 9th IFAC Symposium on Fault Detection, Supervision and Safety for Technical Processes, S. 940–945 (2015)

11. Meyer, T., Kimotho, J.K., Sextro, W.: Anforderungen an Condition-Monitoring-Verfahren zur Nutzung im zuverlässigkeitsgeregelten Betrieb adaptiver Systeme. In: 27. Tagung Technische Zuverlässigkeit (TTZ 2015) – Entwicklung und Betrieb zuverlässiger Produkte, 2260, S. 111–122. Leonberg (2015)
12. Meyer, T., Sextro, W.: Closed-loop Control System for the Reliability of Intelligent Mechatronic Systems. In: Proceedings of the Second European Conference of the Prognostics and Health Management Society 2014, Bd. 5 (2014)
13. Meyer, T., Sondermann-Wölke, C., Kimotho, J.K., Sextro, W.: Controlling the Remaining Useful Lifetime using Self-Optimization. Chemical Engineering Transactions **33**, 625–630 (2013)
14. Meyer, T., Sondermann-Wölke, C., Sextro, W.: Method to Identify Dependability Objectives in Multiobjective Optimization Problem. Procedia Technology **15**, 46–53 (2014)
15. Meyer, T., Sondermann-Wölke, C., Sextro, W., Riedl, M., Gouberman, A., Siegle, M.: Bewertung der Zuverlässigkeit selbstoptimierender Systeme mit dem LARES-Framework. In: 9. Paderborner Workshop Entwurf mechatronischer Systeme, S. 161–174. HNI-Verlagsschriftenreihe, Bd. 310, Paderborn (2013)
16. Meyer, T., Unger, A., Althoff, S., Sextro, W., Brökelmann, M., Hunstig, M., Guth, K.: Modeling and Simulation of the ultrasonic wire bonding process. In: 2015 17th Electronics Packaging Technology Conference (2015)
17. Meyer, T., Unger, A., Althoff, S., Sextro, W., Brökelmann, M., Hunstig, M., Guth, K.: Reliable Manufacturing of Heavy Copper Wire Bonds Using Online Parameter Adaptation. In: IEEE 66th Electronic Components and Technology Conference, S. 622–628 (2016)
18. Sankavaram, C., Pattipati, B., Kodali, A., Pattipati, K., Azam, M., Kumar, S., Pecht, M.: Model-based and data-driven prognosis of automotive and electronic systems. In: 2009 IEEE International Conference on Automation Science and Engineering, S. 96–101 (2009)
19. Sondermann-Woelke, C.: Entwurf und Anwendung einer erweiterten Zustandsüberwachung zur Verlässlichkeitssteigerung selbstoptimierender Systeme. Dissertation, Fakultät für Maschinenbau, Universität Paderborn, Paderborn (2015)
20. Sondermann-Wölke, C., Sextro, W.: Integration of condition monitoring in self-optimizing function modules applied to the active railway guidance module. International Journal on Advances in Intelligent Systems **3**(1 & 2), 65–74 (2010)
21. Sondermann-Wölke, C., Sextro, W., Reinold, P., Trächtler, A.: Zuverlässigkeitsorientierte Mehrzieloptimierung zur Aktorrekonfiguration eines X-by-wire-Fahrzeugs. In: 25. Tagung Technische Zuverlässigkeit (TTZ 2011) – Entwicklung und Betrieb zuverlässiger Produkte, Leonberg, *VDI-Berichte*, Bd. 2146, S. 291–302. Düsseldorf (2011)
22. Unger, A., Sextro, W., Althoff, S., Meyer, T., Brökelmann, M., Neumann, K., Reinhart, R.F., Guth, K., Bolowski, D.: Data-driven Modeling of the Ultrasonic Softening Effect for Robust Copper Wire Bonding. In: Proceedings of 8th International Conference on Integrated Power Electronic Systems, S. 175–180 (2014)
23. Verein Deutscher Ingenieure (VDI): VDI 2206 – Entwicklungsmethodik für mechatronische Systeme. Beuth, Berlin (2004)

Verbesserung von Produktionssystemen

8

Daniel Köchling, Jürgen Gausemeier und Robert Joppen

Zusammenfassung

Kürzer werdende Produktlebenszyklen, steigende Volatilität der Märkte und Kostendruck erhöhen die Anforderungen an Produktionssysteme, bspw. hinsichtlich der Verlässlichkeit, Produktivität und Ressourceneffizienz. Es ergeben sich zwei wesentliche Handlungsfelder im Kontext der Verbesserung von Produktionssystemen, um diesen Herausforderungen entgegenzuwirken. Zum einen effektive Verbesserungsprozesse, die eine Grundvoraussetzung für den Unternehmenserfolg darstellen, und zum anderen intelligente technische Systeme zur Optimierung der Produktion. Vor diesem Hintergrund wird zunächst das Vorgehen zur Auswahl bedarfsgerechter Verbesserungsmethoden vorgestellt. Es ermöglicht insbesondere kleineren und mittleren Unternehmen (KMU) die systematische Identifikation benötigter Verbesserungsmethoden bei unterschiedlichen Zielstellungen. Anschließend wird die Funktionsweise eines intelligenten technischen Systems zur Optimierung der Fertigung erläutert. Die entwickelte selbstoptimierende Fertigungssteuerung ermöglicht es, unter verschiedenen Betriebsbedingungen, selbstständig das optimale Fertigungsprogramm zu ermitteln und umzusetzen.

D. Köchling (✉) · J. Gausemeier · R. Joppen
Heinz Nixdorf Institut, Strategische Produktplanung und Systems Engineering,
Universität Paderborn, Paderborn, Deutschland
E-Mail: daniel.koechling@hni.uni-paderborn.de

J. Gausemeier
E-Mail: Juergen.Gausemeier@hni.uni-paderborn.de

R. Joppen
E-Mail: robert.joppen@hni.uni-paderborn.de

© Springer-Verlag GmbH Deutschland, ein Teil von Springer Nature 2018
A. Trächtler und J. Gausemeier (Hrsg.), *Steigerung der Intelligenz mechatronischer Systeme,* Intelligente Technische Systeme – Lösungen aus dem Spitzencluster it's OWL, https://doi.org/10.1007/978-3-662-56392-2_8

8.1   Identifikation bedarfsgerechter Verbesserungsmethoden

Der Erfolg des Verbesserungsprozesses eines Unternehmens hängt maßgeblich von dem Wissen der Verantwortlichen über die einzusetzenden Verbesserungsmethoden und der getroffenen Methodenauswahl ab [3, 11]. Viele Unternehmen verwenden bereits verschiedene Verbesserungsmethoden, zu denen bspw. 5S oder Six Sigma zählen. Die Herausforderung besteht darin, dass in kleinen und mittleren Unternehmen oft nicht die Wirkung vieler Verbesserungsmethoden bekannt ist. Zudem fehlt ein praxistaugliches Vorgehen zur Identifikation der notwendigen Verbesserungsmethoden. In der Praxis erfolgt die Auswahl einer Verbesserungsmethode oft intuitiv auf Basis der Erfahrungsgrundlage einzelner Personen. Zur Absicherung der gewünschten Ergebnisse ist ein strukturierter Methodenauswahlprozess erforderlich. Darüber hinaus müssen die Wirkzusammenhänge zwischen den Verbesserungsmethoden und den Zielen bekannt sein [11] .

Zur Unterstützung der Verantwortlichen des Verbesserungsprozesses wurde daher ein *Vorgehen zur Auswahl bedarfsgerechter Verbesserungsmethoden* entwickelt, das in den folgenden Kapiteln vorgestellt wird. Die Grundlage dieses Vorgehens ist der *Methodenkatalog*. Dieser beschreibt systematisch Verbesserungsmethoden in einem übersichtlichen und schnell zu erfassenden standardisierten Muster. Mit den in Abschn. 8.1.6 beschriebenen Methodensteckbriefen wird ein solches Muster zur Verfügung gestellt. Es erleichtert den verantwortlichen Entscheidern eine Methode auszuwählen und sich das für die Methodenanwendung notwendige Wissen anzueignen. Insgesamt besteht der entwickelte Methodenkatalog aus 33 Methoden, die jeweils in Methodensteckbriefen spezifiziert wurden (siehe Abb. 8.1).

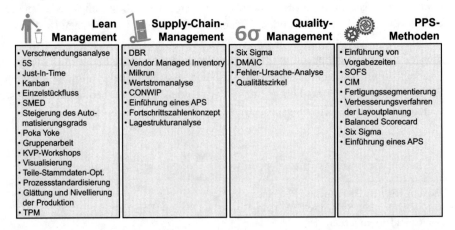

Abb. 8.1 Umfang des Methodenkataloges

8.1.1 Vorgehen zur Auswahl bedarfsgerechter Verbesserungsmethoden

Das Vorgehen zur Auswahl bedarfsgerechter Verbesserungsmethoden aus Anwendersicht in Form eines Phasen-Meilenstein-Diagrammes zeigt Abb. 8.2. Die einzelnen Phasen werden in den folgenden Unterkapiteln erläutert. In Anlehnung an den kennzahlenbasierten Controlling-Regelkreis von NYHIUS und WIENDAHL wird die Definition des Soll-Zustands vor der Analyse des Ist-Zustands durchgeführt [13]. Durch den Vergleich der Ist-Situation mit der Soll-Situation ist es möglich, Aussagen über die Güte des aktuellen Zustands zu treffen, Abweichungen zu erkennen und Handlungsbedarfe abzuleiten. In der Phase des Zustandsabgleiches wird nachfolgend der aktuelle Zustand der Produktion abgeleitet und Verbesserungspotenzial identifiziert. Im nächsten Schritt wird die zu fokussierende

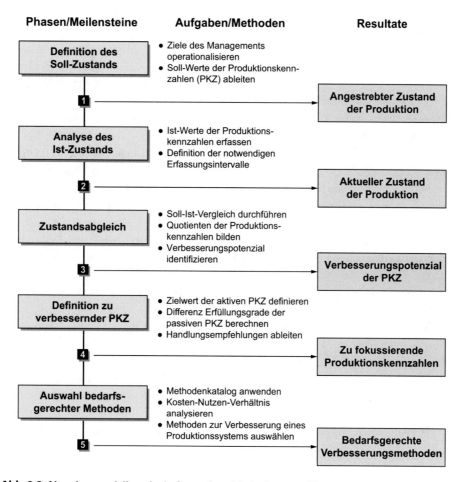

Abb. 8.2 Vorgehensmodell zur bedarfsgerechten Methodenauswahl

Produktionskennzahl auf Basis abgeleiteter Handlungsempfehlungen definiert. Ausgehend von diesem Zwischenresultat wird in der letzten Phase mittels des Methodenkatalogs die bedarfsgerechte Verbesserungsmethode ausgewählt.

8.1.2 Definition des Soll-Zustands

Eine wichtige Teilaufgabe besteht im ersten Schritt darin, klare und aussagekräftige Ziel-vorgaben zu bestimmen. Diese Zielbildung ist ein iterativer Prozess, da sowohl die Ziele selbst, als auch deren Ausmaße an die Unternehmensentwicklung und die geschäftlichen Rahmenbedingungen geknüpft sind. Als Basis dienen interne und externe Faktoren. Externe Faktoren beschreiben die Veränderungen in der wirtschaftlich relevanten Umwelt, während die internen Faktoren strategische oder personelle Veränderungen im Unternehmen selbst beschreiben [1].

Die Überführung der vom Management vorgegebenen Ziele auf Maßnahmen und mess-bare Kennzahlen wird als Operationalisierung bezeichnet. Im ersten Schritt der Operatio-nalisierung werden die Ziele des Managements einer bestimmten, auf den Produktionsbe-reich bezogenen Zielkategorie zugeordnet. Daraufhin werden in einem zweiten Schritt die entstandenen Ziele durch Kennzahlen ausgedrückt. Dabei ist darauf zu achten, dass die ermittelten Kennzahlen tatsächlich laufend und einheitlich erfasst und verarbeitet werden können. Das vom Management formulierte Ziel Erhöhung der Kundenzufriedenheit könnte bspw. der Zielkategorie Qualität zugeordnet werden. In dieser Zielkategorie wird es dann z. B. durch Kennzahlen wie Fehleranzahl oder Fehlerkosten abgebildet. Dadurch ist es mög-lich, von Kennzahlveränderungen in der Produktion, Rückschlüsse auf die Erreichung der Managementziele zu ziehen. Als Resultat der Operationalisierung liegt eine finale Liste von Produktionskennzahlen vor. Im Folgenden wird untersucht, welche Einflüsse die Kennzahlen aufeinander ausüben. Die Ergebnisse dieser Untersuchung werden in einer Einflussmatrix [5] dargestellt (siehe Abb. 8.3).

Die Werte innerhalb der Einflussmatrix dienen als Grundlage für die Berechnung der Veränderungen von Kennzahlen als folge auf eine bewussten Verbesserung einer spezifi-schen Kennzahl (vgl. Abschn. 8.1.5). Die Aktivsummen der Einflussmatrix stellen dabei den Einfluss einer Kennzahl auf das gesamte Kennzahlensystem dar.

Für die identifizierten Kennzahlen werden nun auf Basis der Managementziele konkrete Soll-Werte abgeleitet und somit der Soll-Zustand definiert. Bei der Festlegung der Soll-Werte kann sich an Vorjahreswerten, Jahresvorgaben und erwarteten Steigerungswerten orientiert werden. Abhängig von der Größe des Produktionssystems sind die Kennzahlen auf einzelne Bereiche zu beziehen, woraufhin sie dann als bereichsindividuelle Vorgaben dienen [10].

Fragestellung: „Wie stark beeinflusst die Kennzahl j (Spalte) die Kennzahl i (Zeile)?" Bewertungsmaßstab 0 = stark negativer Einfluss 4 = neutraler Einfluss 8 = stark positiver Einfluss	Kennzahlen	Fehleranzahl [ppm]	Fehlerkosten	Durchlaufzeit	Streuung DLZ	Auslastung	Stückkosten	Bestand	Kapazitätflexibilität	Produktmix-Flexibilität	Passivsumme
Kennzahlen	Nr.	1	2	3	4	5	6	7	8	9	
Fehleranzahl [ppm]	1		7	3	4	4	3	5	3	3	32
Fehlerkosten	2	7		2	4	4	3	5	3	3	31
Durchlaufzeit	3	6	6		6	1	2	7	7	2	37
Streuung DLZ	4	7	7	6		2	2	6	6	1	37
Auslastung	5	4	4	2	2		7	2	5	2	28
Stückkosten	6	6	6	6	5	7		6	6	1	43
Bestand	7	5	4	5	5	1	5		6	7	38
Kapazitätflexibilität	8	4	4	5	6	1	2	6		3	31
Produktmix-Flexibilität	9	4	4	2	2	3	1	7	5		28
Aktivsumme (Einflussstärke)		43	42	31	34	23	25	44	41	22	

Abb. 8.3 Einflussmatrix zur Ermittlung des systemischen Verhaltens der Kennzahlen nach [5]

8.1.3 Analyse des Ist-Zustands

Hier werden die Ist-Werte der definierten Kennzahlen erfasst und aufbereitet. Wenn noch nicht geschehen, müssen dazu Messpunkte, Messgrößen und Messverfahren festgelegt werden [13]. Die Festlegung und Standardisierung der Messungen sind essentiell, um aussagekräftige und vergleichbare Kennzahlen zu erhalten. Des Weiteren ist darauf zu achten, dass ausschließlich auf aktuelle Daten zurückgegriffen und ein transparenter Informationsfluss gewährleistet wird. Um die Datenerfassungsaufwände so niedrig wie möglich zu halten, kann auf ohnehin erfasste Berichtsdaten zurückgegriffen werden. Als Quellen für solche Daten können bspw. die betriebliche Kostenrechnung, die Produktionsplanung und -steuerung, die Betriebsdatenerfassung oder Personalabrechnungssysteme herangezogen werden [15]. Zudem ist der Zeitabstand festzulegen, in dem die Kennzahlen gemessen werden. Dabei handelt es sich um einen Kompromiss zwischen hohen Erfassungsaufwänden bei einer hohen Frequenz und der Gefahr einer unzureichend genauen Abbildung der Produktionssituation bei einer niedrigen Frequenz.

8.1.4 Zustandsabgleich

Hier wird aus dem Ist- und dem Soll-Wert der Quotient gebildet. Aus Absolutzahlen werden dadurch Verhältniszahlen, die eine erhöhte Aussagekraft besitzen. So ist z. B. der Ist-Wert einer durchschnittlichen Durchlaufzeit in Höhe von fünf Tagen eine Absolutzahl, die ohne weiteres keine qualitativen Rückschlüsse zulässt. Durch das Beziehen dieser Absolutzahl auf den Soll-Wert entsteht dagegen ein *Zielerfüllungsgrad*. Dieser drückt in einem Prozentwert aus, inwiefern der Ist-Wert dem Soll-Wert entspricht und wird als Verhältniszahl bezeichnet. Durch den Einsatz von Verhältniszahlen entsteht der Vorteil, dass der aktuelle Zustand der Produktion, gemessen am Soll-Zustand, übersichtlich dargestellt und dadurch schnell erfasst werden kann. Durch die Prozentzahl ist auf einen Blick ersichtlich, bei welchen Kennzahlen die größten Abweichungen bestehen.

Liegen alle Zielerfüllungsgrade der Kennzahlen vor, wird daraus der aktuelle Zustand der Produktion abgeleitet. Darauf aufbauend lässt sich nun eine Abweichungsanalyse durchführen, um das primäre Verbesserungspotenzial zu ermitteln. Der wichtigste Anhaltspunkt dafür ist der Erfüllungsgrad.

8.1.5 Definition zu verbessernder Produktionskennzahlen

Nachdem die zu verbessernde Kennzahl mit dem höchsten Potenzial festgelegt wurde, wird ein angestrebter *Zielwert für den Erfüllungsgrad* dieser Kennzahl bestimmt. Ein Zielwert in Höhe von 100 % ist an dieser Stelle oft nicht sinnvoll, da andere Kennzahlen von diesem Zielwert beeinflusst werden. Dabei sind vor allem die negativen Beeinflussungen von Interesse, da sie zu einer Verschlechterung der Kennzahlenwerte führen und somit zu einer Verschlechterung des Gesamtsystems. Anhand des systemischen Verhalten der Kennzahlen, welches in der Einflussmatrix abgebildet wurde (vgl. Abschn. 8.1.2), lässt sich die Ausprägung des Einflusses der zu verbessernden Kennzahl auf die übrigen Kennzahlen ablesen.

Der Zielwert für die zu verbessernde Kennzahl ist die Grundlage für die Berechnung der *Differenz-Erfüllungsgrade der passiven Kennzahlen* in Abhängigkeit der definierten Einflussmatrix. Die erwarteten Differenz-Erfüllungsgrade der betrachteten Kennzahlen hängen von der Differenz der zu verbessernden Kennzahl und von der Höhe des Einflussmatrixwertes ab. Die dementsprechende Berechnungsvorschrift für die erwarteten Differenz-Erfüllungsgrade der einzelnen Prozesskennzahlen ist in Gl. 8.1 dargestellt. Ein Beispiel ist das Ziel der Verbesserung der Durchlaufzeit von 60 auf 85 %. In diesem Beispiel wird der Differenz-Erfüllungsgrad der passiven Kennzahl Fehleranzahl (Einflussmatrixwert: Durchlaufzeit zu Fehleranzahl = 3) errechnet. Dieser Wert wird negativ um $-6,25\,\%$ beeinflusst, da eine kürzere Durchlaufzeit in dem betrachteten System eine leicht negative Auswirkung auf die Fehleranzahl hat.

$$PKZ_{x,DE} = (PKZ_{V,ZE} - PKZ_{V,IE}) \cdot \frac{B_{V,x} - 4}{4} \qquad (8.1)$$

$PKZ_{x,DE}$: Differenz-Erfüllungsgrad der Kennzahl x
$PKZ_{V,ZE}$: Ziel-Erfüllungsgrad der zu verbessernden Kennzahl
$PKZ_{V,IE}$: Ist-Erfüllungsgrad der zu verbessernden Kennzahl
$B_{V,x}$: Beeinflussung der zu verbessernden Kennzahl auf Kennzahl x

Durch die Änderung der aktiv zu verbessernden Kennzahl und der damit einhergehenden Beeinflussung der passiven Kennzahlen, folgt eine *Beeinflussung des Gesamtsystems*. Die Berechnung erfolgt gemäß Gl. 8.2 durch die Multiplikation des Differenz-Erfüllungsgrades mit der Aktivsumme. Die Beeinflussung des Gesamtsystems wird aus den erwarteten, zukünftigen Erfüllungsgraden aller Kennzahlen berechnet und quantifiziert. Diese Gesamtbeeinflussung repräsentiert die Auswirkungen der aktiven Verbesserung einer Kennzahl im Gesamtsystem. Sie basiert auf der Aktivsumme der Einflussmatrix, die der Spaltensumme entspricht und ein Maß für die gesamte Einflussstärke einer Kennzahl ist.

$$GB_x = PKZ_{x,DE} \cdot \frac{AS_x - 32}{4} \qquad (8.2)$$

GB_x: Gesamtbeeinflussung durch Kennzahl x
AS_x: Aktivsumme der Kennzahl x

Diese Vorgehensweise erweitert den Blick auf die Zusammenhänge und Veränderungen, die sich im gesamten Kennzahlensystem ergeben. Zur Visualisierung aller Veränderungen und Beeinflussungen der Kennzahlen wird die Verbesserungsgrafik eingeführt. Abb. 8.4 zeigt eine solche Grafik für die im Beispiel verwendeten Kennzahlen. Die horizontale Achse stellt dar, wie sich die einzelnen Kennzahlen aufgrund der Veränderung der aktiv zu verbessernden Kennzahl (hier Durchlaufzeit) verändern. Auf der vertikalen Achse wird die Beeinflussung des Gesamtsystems durch die einzelnen Kennzahlen dargestellt. Die Verbesserungsgrafik veranschaulicht auf einen Blick die Auswirkungen einer konkreten Verbesserung auf das auf das Gesamtsystem. In dem gewählten Beispiel ist die Zielstellung eine aktive Verbesserung der Durchlaufzeit um 25 %. Eine ausschließlich zahlenmäßige Darstellung der Ergebnisse wäre demgegenüber nur mit höherem Aufwand zu erfassen. Der *Abstand der Kenngrößen von dem Koordinatenursprung* ist ein Indikator für die Bedeutung der Kennzahl bei der Auswahl der erforderlichen Verbesserungsmethoden. Zudem wurde die Verbesserungsgrafik in vier Quadranten unterteilt. Die mit den Quadranten korrelierenden Handlungsempfehlungen werden in der folgenden Auflistung erläutert. Die Aussagekraft dieser Handlungsempfehlungen wächst mit dem Abstand des jeweils betrachteten Kennwertes zum Koordinatenursprung.

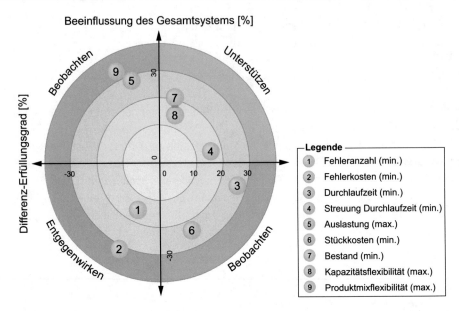

Abb. 8.4 Verbesserungsgrafik zur Visualisierung der Kennzahlbeeinflussung (Durchlaufzeit aktiv verbessert)

- *Unterstützend:* Kennzahlen, die bezüglich ihrer Veränderung als auch ihrer Gesamtbeeinflussung positiv reagieren, werden durch die aktiv verbesserte Produktionskennzahl bereits positiv unterstützt. Die Kennzahlen können bei der Methodenauswahl zunächst in den Hintergrund der Betrachtung rücken.
- *Entgegenwirkend:* Sind Kennzahlveränderung und Gesamtbeeinflussung negativ, sollte diese Kennzahlen fokussiert und aktiv positiv beeinflusst werden. Durch diese Maßnahme wird negativen Effekten zielgerichtet entgegengewirkt, die mit einer Verbesserung einer Kennzahl (z. B. Durchlaufzeit) im Gesamtsystem einhergehen.
- *Beobachtend:* In Fällen mit jeweils einem positiven und einem negativen Wert sind zunächst nicht eindeutig zu bewerten. Somit sollten diese Werte im Fokus der Beobachtung bleiben. Eine Priorisierung hin zu fokussierenden Produktionskennzahlen ist jedoch nicht erforderlich.

Anhand der sich aus dem systemischen Verhalten der Kennzahlen und in der Verbesserungsgrafik veranschaulichten Werte wird im Fall des Beispiels klar, dass eine Verbesserung der *Durchlaufzeit* eine Verschlechterung der Kennzahlen *Fehleranzahl* und *Fehlerkosten* einhergehen wird. Dies ergibt sich aus den jeweiligen Positionen der Kennzahlen *Fehleranzahl* und *Fehlerkosten* in der Verbesserungsgrafik. Somit ergeben sich drei Kennzahlen die das betrachtete Unternehmen im weiteren Verlauf des Vorgehens fokussieren sollte. Dies sind, der Gewichtung nach gelistet, beginnend mit der wichtigsten Kennzahl: *Durchlaufzeit, Fehlerkosten* und *Fehleranzahl*.

8.1.6 Auswahl bedarfsgerechter Verbesserungsmethoden

Auf der Grundlage der zu fokussierenden Kennzahlen können nun bedarfsgerechte Methoden zur Produktionssystemverbesserung ausgewählt werden. Die Auswahl erfolgt aus dem einleitend erwähnten *Methodenkatalog,* der 33 aufbereitete Verbesserungsmethoden enthält. Im ersten Schritt wird der Nutzer hierzu im Methodenkatalog zu den Methoden geleitet, die für die Verbesserung der zu fokussierenden Kennzahlen geeignet sind. Die komplexe und zeitaufwendige Identifikation der relevanten Verbesserungsmethoden wird hierdurch wesentlich erleichtert. Durch die eingängige Aufbereitung der Verbesserungsmethoden in Form von *Methodensteckbriefen* werden diese vergleichbar dargestellt und dienen dem Anwender als Entscheidungsunterstützung. Abb. 8.5 zeigt das Layout und den Aufbau eines Methodensteckbriefs, hier exemplarisch für die Methode Kanban. Der Methodensteckbrief unterteilt sich in die elf Segmente: Kurzbeschreibung, Zusammenfassung,

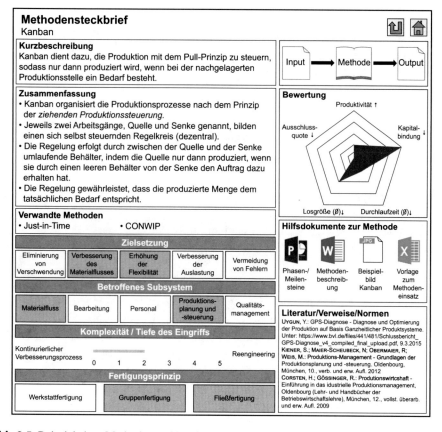

Abb. 8.5 Beispiel eines Methodensteckbriefs

verwandte Methoden, Zielsetzung, betroffene Subsysteme, Komplexität, Fertigungsprinzip, In- und Output, Bewertung, Hilfsdokumente und Literatur.

Die linke Spalte dient vorrangig dazu, allgemeine Informationen über die Verbesserungsmethode zusammenzufassen. Dazu steht an erster Stelle eine Kurzbeschreibung, die das Ziel und die Wirkungsweise der Methode in einem Satz prägnant wiedergibt. Die Kurzbeschreibung ermöglicht dadurch eine schnelle Einordnung, insbesondere wenn die Methode dem Leser zuvor völlig unbekannt ist. An zweiter Stelle folgt eine Zusammenfassung, die eine detailliertere Methodenbeschreibung beinhaltet. Diese konkretisiert die jeweilige Zielsetzung und stellt Informationen bezüglich des Ablaufs bereit. Unter der Zusammenfassung werden verwandte Methoden aufgelistet, die dadurch gekennzeichnet sind, dass sie ein ähnliches Ziel verfolgen. Um dem Produktionsplaner eine Kategorisierung und den Vergleich der Methoden untereinander zu ermöglichen, befinden sich in der linken Spalte abschließend vier Kriterien, anhand derer jede Methode klassifiziert wird.

Unter dem Kriterium Zielsetzung werden fünf Ziele genannt:

1. Eliminierung von Verschwendung,
2. Verbesserung des Materialflusses,
3. Erhöhung der Flexibilität,
4. Verbesserung der Auslastung und
5. Vermeidung von Fehlern.

Zur übersichtlichen Darstellung der *betroffenen Subsysteme* einer Verbesserungsmethode wurden diese kategorisiert. Es werden fünf Subsysteme unterschieden [18]:

1. Materialflusssystem
2. Bearbeitungssystem
3. Personalsystem
4. Produktionsplanungs- und -steuerungssystem (PPS)
5. Qualitätsmanagementsystem

Das Kriterium *Komplexität/Tiefe des Eingriffs* stellt auf einer Skala von 0 bis 5 den Umfang einer Methode auf die Produktionsprozesse dar. Der Wert 0 repräsentiert dabei die Eingriffstiefe von kontinuierlichen Verbesserungsprozessen, die grundsätzlich durch kleinere Veränderungen gekennzeichnet sind. Der Wert 5 dagegen markiert einen sehr weitreichenden Eingriff, wie er bspw. bei Reengineering-Maßnahmen typisch ist. Solche Maßnahmen sind oft gekennzeichnet durch eine radikale Änderung oder sogar Neugestaltung der Produktionsprozesse [2].

Der Fokus einiger Methoden ist auf spezifische *Fertigungsprinzipien* ausgerichtet. Aus diesem Grund erfolgt eine Zuordnung zu einem oder mehreren Fertigungsprinzipien. Als Ausprägungen dieses Kriteriums werden die Prinzipien Werkstattfertigung,

Gruppenfertigung und Fließfertigung verwendet [4]. Die Zuordnung liefert eine Einschätzung darüber, ob die jeweilige Methode auf das vorliegende Fertigungsprinzip angewendet werden kann.

Der Schwerpunkt der rechten Spalte des Methodensteckbriefs liegt im Wesentlichen in der Informationsaufbereitung über die Anwendung der Methode. In der obersten Zeile befindet sich eine Verlinkung zu einem Dokument mit den Ein- und Ausgangsgrößen der Methode. Auf der Inputseite werden für die Durchführung der Methode benötigte Informationen aufgelistet, z. B. Kennzahlen oder Prozessdokumentationen. Die Outputseite fasst demgegenüber die Ergebnisse der Methode zusammen. Am Beispiel der Methode *Poka Yoke* wäre dies bspw. eine Liste mit technischen Vorrichtungen, die so gestaltet sind, dass sie Fehler des Werkers ausschließen.

Das folgende Spinnennetz-Diagramm vermittelt dem Betrachter auf einen Blick, hinsichtlich welcher Kennzahlen eine Verbesserung durch die Methodenanwendung zu erwarten ist. Die Bewertung der Methoden wurde im Rahmen einer Nutzwertanalyse vorgenommen. Dementsprechend wurden die verschiedenen Methoden anhand von fünf Kriterien bewertet. Die Methodenbewertungen erfolgten auf der Grundlage einer umfassenden Literaturrecherche [14]. Um möglichst quantifizierbare Bewertungskriterien zu erhalten, wurden die fünf bereits vorgestellten Ziele durch Kennzahlen ausgedrückt. Dem Ziel *Eliminierung von Verschwendung* wurde die Kennzahl *Produktivität* zugeordnet, die das Verhältnis des Outputs zum Input angibt. Je nach Ausprägung der Verschwendungseliminierung ist es erforderlich, diese Kennzahl auf Teilproduktivitäten zu beschränken, sodass bspw. bei der Maschinenproduktivität die hergestellten Erzeugnisse (Output) zu den eingesetzten Maschinenlaufzeiten (Input) in Beziehung gesetzt werden [8]. Das Ziel *Verbesserung des Materialflusses* wird durch die Kennzahl *Durchlaufzeit* messbar gemacht, da sich ein möglichst lückenloser Materialfluss in einer geringen Durchlaufzeit niederschlägt. Die *Erhöhung der Flexibilität* lässt sich durch die Kennzahl *Losgröße* ausdrücken, da eine Fertigung umso flexibler ist, desto kleiner die Losgrößen sind, die wirtschaftlich hergestellt werden können. Das Ziel *Verbesserung der Auslastung* ist eng mit den Umlaufbeständen in der Produktion verbunden. Diese lassen sich auf die *Kapitalbindung* zurückführen, sodass die Kapitalbindung bezüglich dieses Ziels als korrespondierende Kennzahl bestimmt wurde. Das fünfte Ziel ist die *Vermeidung von Fehlern*. Der Zielerreichungsgrad lässt sich hier durch die Kennzahl *Ausschuss- und Nacharbeitsquote* bestimmen.

Unterhalb der Methodenbewertung befinden sich Hilfsdokumente, die weiterführende Informationen beinhalten. Für jede Methode kann ein Phasen-/Meilensteindiagramm aufgerufen werden, das den Ablauf der Methode schrittweise darstellt. Darüber hinaus existieren eine ausführliche Methodenbeschreibung und eine beispielhafte Anwendung. Zudem wurden Vorlagen verlinkt, welche die Anwendung der Methode erleichtern. Als abschießendes Element des Methodensteckbriefs werden Literaturquellen, Verweise und Normen aufgeführt.

Die Grundlage für die Auswahl der zu verwendenden Methoden bilden, wie erwähnt, die zu fokussierenden Produktionskennzahlen. Zudem wird eine *Kosten-Nutzen-Analyse* als weitere Entscheidungsgrundlage durchgeführt. Basis hierfür sind die Bewertungen, die im Rahmen der Erstellung des Methodenkatalogs für jede Methode vorgenommen wurden. Um ein Kosten-Nutzen-Verhältnis zu erhalten, wird die zu verbessernde Kennzahl auf ihr jeweiliges Hauptziel zurückgeführt. Dies ermöglicht eine Zuordnung der Methodenbewertungen des Methodenkataloges zu unternehmensspezifischen Kennzahlen und Zielen. Für die Berechnung des Kosten-Nutzen-Verhältnisses wird die Methodenbewertung des relevanten Zielbereichs durch die Methodenkomplexität dividiert.

Dem Entscheider bleibt somit lediglich die Aufgabe, aus den vorgeschlagenen und bewerteten Methoden diejenige auszuwählen, die in der vorliegenden Situation am wirksamsten ist. Hierzu können zusätzlich individuelle Rahmenbedingungen der jeweiligen Branche erfasst werden und zur finalen Entscheidung beitragen.

8.2 Einsatz der Selbstoptimierung im Bereich der Fertigungssteuerung

Eine Studie zur Produktionsarbeit der Zukunft des Fraunhofer Instituts IAO besagt, dass ca. zwei Drittel der Unternehmen sehr hohe, kurzfristige Steueraufwände in der Fertigung haben [16]. Fertigungssteuerungen sind heute in der Lage, bekannte Situationen mit vordefinierten Reaktionen zu begegnen. Der Umgang mit unbekannten Störungen im aktuellen Fertigungssystem oder sich ändernden Randbedingungen stellen sich jedoch als problematisch dar. Intelligente Fertigungssysteme, welche ihr Systemverhalten auf geänderte Rahmenbedingungen einstellen und während des Betriebes lernen mit unbekannten Situationen umzugehen, sind weiterhin eine Vision [12]. Das Paradigma der Selbstoptimierung ist ein vielversprechender Ansatz dem zu entgegnen und eine intelligente Fertigung zu verwirklichen. Das Ziel ist eine sich selbstoptimierende Steuerung der Fertigung. Diese besitzt die Fähigkeit, bei geänderter Auftragslage oder auftretenden Systemstörungen eigenständig zu reagieren und gegebenenfalls Reaktionsstrategien einzuleiten. Eine selbstoptimierend agierende Fertigungssteuerung muss dementsprechend in der Lage sein, eigenständig Problemlösungen zu finden, um auf geänderte Rahmenbedingungen im Fertigungssystem reagieren zu können. Des Weiteren muss das System Lösungsvorschläge innerhalb einer vertretbaren Zeit generieren [9].

Der Aspekt der Selbstoptimierung schließt ein, dass eine selbstoptimierende Fertigungssteuerung den Ist-Zustand analysiert, Systemziele definiert und eigenständig das Systemverhalten anpasst [6, 7]. Dieser Ablauf wird in den folgenden Kapiteln anhand der drei genannten Aktionen des Selbstoptimierungsprozesses beschrieben. Bei der Optimierung des Fertigungsprogramms werden neben dem klassischen Ziel der Durchsatzmaximierung weitere Ziele berücksichtigt. Der Optimierungsalgorithmus ist in der Lage, eine kontinuierliche Verbesserung in einer ungestörten Fertigung sicher zu stellen, als auch in einer gestörten Fertigung eine optimale Lösung zu finden. Bei der Lösungsfindung werden bewährte

Reaktionsstrategien berücksichtigt. Neugenerierte Lösungen werden für eine mögliche Wiederverwendung klassifiziert und abgespeichert [12].

Die Grundlagen für eine selbstoptimierende Fertigungssteuerung wurden aus dem Querschnittsprojekt Selbstoptimierung heraus in verschiedenen Spitzenclusterprojekten evaluiert, wie bspw. in den Transferprojekten *SIGMA* und *OPTIMUS* mit den Unternehmen *Simonswerk GmbH* und *TK-Oberfläche GmbH*.

8.2.1 Ablauf der selbstoptimierenden Fertigungssteuerung (SOFS)

Die drei Phasen der Selbstoptimierung strukturieren gemäß Abb. 8.6 den Aufbau der selbstoptimierenden Fertigungssteuerung (SOFS). In der Phase *Analyse der Ist-Situation* werden drei Informationskomponenten als Eingangsgröße vorgesehen. Die *Fertigungssystemdaten* auf Basis der Betriebsdatenerfassung, welche die relevanten Kennzahlen bereitstellt und somit eine Überwachung des Systems zur Laufzeit ermöglicht. Die *Ziele der Produktion* werden bestimmt und stellen gleichzeitig die initialen Ziele der Optimierung dar. Weiterhin müssen den Aufträgen, die im System vorliegen, Prioritäten zugewiesen werden. Hierzu dient die sogenannte *Kunden-Auftrags-Priorität (KAP)* als Grundlage für die Optimierung.

Auf Basis der Eingangsdaten wird die erste Phase *Analyse der Ist-Situation* (Abschn. 8.2.2) durchgeführt. Zentrales Ergebnis dieser Phase sind mögliche Arbeitsabläufe der Fertigung in Form von alternativen Arbeitsplänen. Die anschließende zweite Phase

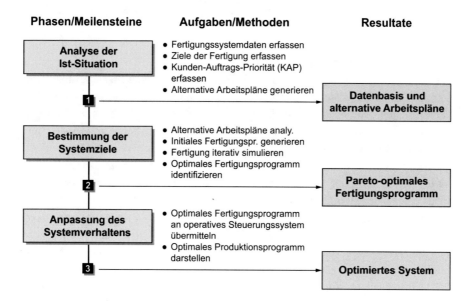

Abb. 8.6 Phasen und Meilensteine der selbstoptimierenden Fertigungssteuerungnach [9]

(Abschn. 8.2.3) ist die *Bestimmung der Systemziele*. In diesem Schritt wird das Fertigungs-programm hinsichtlich verschiedener Ziele optimiert. Das Ergebnis ist ein paretooptimales Fertigungsprogramm für die aktuelle Situation. Es folgt die Phase *Anpassung des System-verhaltens* (Abschn. 8.2.4), dessen Resultat das angepasste Fertigungsprogramm und Ferti-gungssystem darstellt. Dies steht wiederum als Eingangsgröße für die erste Analysephase bereit, wodurch der Zyklus erneut von vorne beginnen kann [9].

Zur Abb. des realen Fertigungssystems in einem *Simulationsmodell* werden im Vorfeld die grundlegenden Planungsdaten aufgenommen. Dies beinhaltet die Produkte, Prozesse, Ressourcen und das Verhalten des Fertigungsprogramms. Die Modellierung der Fertigung in einem Materialflussmodell erfolgt nachfolgend mittels Plant Simulation (Siemens PLM). Das erstellte Modell bildet die Grundlage für die Optimierung des Fertigungssystems [9].

8.2.2 Analyse der Ist-Situation

Die *Analyse der Ist-Situation* ist die initiale Phase der selbstoptimierenden Fertigungs-steuerung (SOFS). Sie stellt die Datenerfassung des aktuellen Zustandes des realen Ferti-gungssystems, der Ziele und der Kunden-Auftrags-Priorität sicher. Bei einer Änderung der Eingangsparameter innerhalb festgelegter Grenzen wird das SOFS-System aktiviert und durchläuft den Selbstoptimierungsprozess. Die Überwachung und Steuerung des SOFS-Systems findet dementsprechend innerhalb dieser Phase statt. Im Anschluss an jeden Durch-lauf des Optimierungsprozesses wird die Analyse der Ist-Situation wieder durchlaufen [9]. Im den folgenden Abschnitten werden die Datenerfassung und die automatisierte Generie-rung von Arbeitsplänen detailliert erläutert.

Erfassen der Informationskomponenten

Die *Fertigungssystemdaten* werden mit Hilfe der Betriebsdatenerfassung aufgenommen. Dies ermöglicht die Erfassung und Überwachung der notwendigen Auftrags-, Maschinen-und Prozessdaten. Durchgeführte Änderungen des strukturellen Aufbaus des Fertigungs-systems werden erfasst und in Form einer automatisierten Anpassungsanforderung an das Simulationsmodell weitergeleitet. Die *Ziele der Fertigung* sind ein zentraler Bestandteil der Eingangsdaten und stellen die initiale Zielvorgabe des Unternehmens dar. Ein Unternehmen, das in der Massenfertigung mit minimalen Absatzrestriktionen und dementsprechend ho-hem Durchsatz agiert, wird bspw. das Ziel *Leistung maximieren* dem Ziel der *Termintreue maximieren* vorziehen. Die Teilziele *Leistung, Durchlaufzeit, Gesamtkosten* und *Termin-treue* stehen in einem Zielkonflikt [17]. In Anbetracht einer Störung im Fertigungssystem werden die Ziele *max. Leistung, min. Terminabweichungen* und *min. Energiekosten* als die wichtigsten Faktoren betrachtet. Dementsprechend werden diese drei Ziele fokussiert. Das Modell lässt sich jedoch prinzipiell erweitern. Die Ziele *min. Terminabweichungen* und *min. Energiekosten* werden auf einer Skala von eins bis drei nach Ihrer Wichtigkeit durch das Unternehmen bewertet. Hierbei stellt drei den Wert mit der höchsten Priorität und eins den

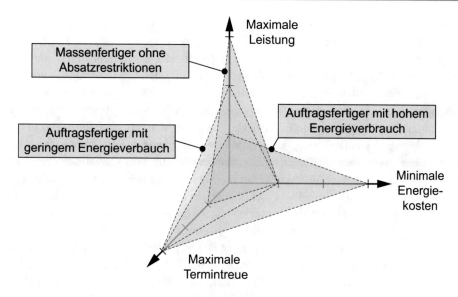

Abb. 8.7 Initiales unternehmensspezifisches Zielsystem der Fertigung nach [9]

Wert der geringsten Priorität dar. Die Priorität der Leistung wird implizit bestimmt. Dabei ist zu berücksichtigen, dass zwischen Leistung und den weiteren Zielen ein negativer Zusammenhang besteht. Abb. 8.7 zeigt, das sich ergebende Zielsystem für drei exemplarische Ausprägungen [9].

Neben der Analyse der Fertigungssystemdaten und der Zielvorgaben müssen Informationen über die komplexen Zusammenhänge der *Kunden- und Auftragsprioritäten* berücksichtigt werden. Als Eingangsgröße für das SOFS-System wird eine detaillierte Aussage über die Größe der möglichen Verschiebungsintervalle der Fertigungsaufträge benötigt. Diese ergeben sich aus dem Ergebnis einer Analyse der Kunden- und Auftragsprioritäten. Zur Ermittlung der Kundenpriorität werden Marktanalysen und die Unternehmensstrategie als Ausgangsbasis verwendet. Die benötigten Auftragsdaten, der aktuell zu fertigenden Produkte, werden der Produktionsplanung- und steuerung (PPS) entnommen. Auf Basis der Kundenpriorität und der Auftragspriorität wird im Folgenden die *Kunden-Auftrags-Priorität (KAP)* gebildet. Auf Basis des KAP-Wertes können in einem Fertigungsprogramm automatisiert Reihenfolgen von Aufträgen gebildet werden. Bei einem Ressourcenausfall kann es bspw. vorkommen, dass nicht alle Aufträge im Betrachtungszeitraum wie geplant gefertigt werden können. Hier wird die Notwendigkeit der KAP-basierten Bewertung von Fertigungsaufträgen deutlich, da es unumgänglich ist, die Fertigungsaufträge neu einzulasten und einige Fertigungsaufträge erst verspätet fertiggestellt werden können. Die *Kundenpriorität* wird unabhängig von der aktuellen Auftragslage bestimmt und in regelmäßigen Abständen hinterfragt. Hierzu werden die Kundenattraktivität und der Kundennutzen betrachtet. Die Kundenattraktivität ergibt sich aus dem Ist-Marktpotenzial des Kunden und dessen Umsatzentwicklung. Diese Werte sind unabhängig vom eigenen Geschäft und den Geschäftsbeziehungen mit dem Kunden. Für den Kundennutzen werden die Kunden hinsichtlich des Anteils am Umsatz des eigenen Geschäfts, der Umsatzrentabilität und ihrer Wichtigkeit für das zukünftige, eigene Geschäft beurteilt. Die *Auftragspriorität* wird abhängig von der aktuellen Auftragslage bestimmt. Der Wert ergibt sich aus der operativen Auftragsrelevanz und strategischen Auftragsrelevanz. Die operative Auftragsrelevanz berücksichtigt ausschließlich monetäre Aspekte. Sie ergibt sich aus dem Auftragsvolumen und der Vertragsstrafe. Die strategische Auftragsrelevanz dementgegen ergibt sich aus der Einschätzung zu potenziellen Folgeaufträgen und der Förderung der Flexibilität. Zum einen wird so berücksichtigt, dass Aufträge mit potenziellen Folgeaufträgen ggf. höher priorisiert werden können. Zum anderen wird berücksichtigt, dass die Aufträge im Fokus stehen, die sich durch eine leichtere Umplanung auszeichnen und dementsprechend eine geringe Belegung von Sondermaschinen bzw. bekannten Engpassressourcen aufweisen. Die *KAP-Werte* definieren jeweils eine prozentuale Abweichung vom geplanten Liefertermin. Ein sehr hoher KAP-Wert definiert bspw. eine Abweichung von 0 % vom geplanten Liefertermin. Für jeden Auftrag wird im Falle der notwendigen Optimierung im Simulationsmodell ein KAP-berücksichtigter Liefertermin berechnet. Die Berechnung erfolgt über die Durchlaufzeit der einzelnen Produkte. Der berechnete KAP-Liefertermin ersetzt somit bspw. im Fall einer Störung im Fertigungssystem den ursprünglichen Liefertermin [9].

Erzeugen von alternativen Arbeitsplänen
Nach der Erfassung der Fertigungsdaten, der Ziele der Fertigung und der KAP-Werte werden im letzten Schritt der Phase, *Arbeitspläne* durch das Simulationsmodell automatisch generiert. Ein Arbeitsplan stellt die Route eines Produkts durch das System dar. Kann ein Produkt mit alternativen Ressourcen bearbeitet werden, werden dementsprechend alternative Arbeitspläne angelegt. Abb. 8.8 zeigt beispielhaft alternative Arbeitspläne zur Herstellung einer Taschenlampe ausschnittsweise. Das Produkt Taschenlampe, bzw. die Fertigung dieser, dient hierbei als Anwendungsbeispiel. Dabei kann das Material zunächst auf der Drehmaschine bearbeitet werden, anschließend auf dem Bearbeitungszentrum gefräst und auf dem Montagetisch montiert werden. Arbeitsplan 2 hingegen sieht sowohl den Dreh-, als auch den Fräsprozess auf dem Bearbeitungszentrum vor. Montiert wird die Taschenlampe in beiden Alternativen manuell auf einem Montagetisch [9].

8.2.3 Bestimmung der Systemziele

Die Bestimmung der Systemziele beginnt mit der Analyse der zuvor erstellten alternativen Arbeitspläne und dem Aufruf von Auftragseingängen mit den jeweiligen Lieferterminen. Diese Aufträge werden initial in eine Reihenfolge auf Basis der KAP-Werte gebracht. Die Liste der Aufträge wird nachfolgend durch das System in ein Fertigungsprogramm überführt und schrittweise hinsichtlich zuvor definierter Kriterien optimiert. Der *Ablauf*

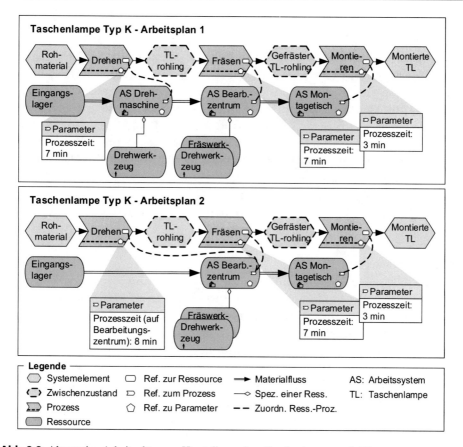

Abb. 8.8 Alternative Arbeitspläne zur Herstellung einer Taschenlampe nach [9]

der Optimierung lässt sich in drei Schritte unterteilen: Die initiale Verbesserung des Fertigungsprogrammes auf Basis der Auslastungsdaten, die statische Analyse der geplanten Auslastungen je Zeitintervall und die dynamische Optimierung. Der letzte Schritt wiederholt sich iterativ und fokussiert die Zielvorgaben wie bspw. Leistung maximieren, Energiekosten minimieren oder Termintreue maximieren. Die spezifischen Merkmale der Simulation werden je Zielvorgabe in den nachfolgenden Abschnitten erläutert. Das Fertigungsprogramm wird im Rahmen der Simulation als optimal betrachtet, wenn am Ende eines Simulationsdurchlaufs die Konvergenz einer Fitnessfunktion erfolgreich geprüft wurde. Sofern die Zielfunktion über einen bestimmten Zeitraum in einem definierten Toleranzbereich bleibt, wird angenommen, dass ein Optimum gefunden wurde. Um sicher zu stellen, dass es sich nicht lediglich um ein lokales Optimum handelt, wird der Betrachtungszeitraum der Konvergenz vergrößert und ein weiterer Validierungsschritt getätigt. Dieser analysiert die Fertigung während eines Simulationsdurchlaufs und passt sie ggf. an. Hierzu werden die in der ersten Phase *Analyse der Ist-Situation* generierten alternativen Arbeitspläne

verwendet und systematisch durchlaufen. Die Simulation kann somit alle theoretisch möglichen Pfade des Produktes durch die Fertigung durchlaufen und auf Basis der Simulati-
onsläufe eine Aussage über die erreichbaren Zielwerte geben. Sofern die Konvergenz des
Zielwerts nicht gegeben ist, ruft sich die Simulation von selber erneut auf und führt die gleichen Optimierungsschritte erneut durch. Pendelt sich der Wert der Fitnessfunktion schließlich ein, wird die Simulation beendet. Die einzelnen Schritte der Optimierung sehen jeweils
eine Verbesserung des folgenden Simulationsdurchlaufs vor. Der Ablauf ist bei einem nicht
gestörten und einem gestörten Fertigungssystem prinzipiell gleich. Existiert eine Störung,
wird diese über die Betriebsdatenerfassung identifiziert und Arbeitspläne, die durch gestörte
Ressourcen betroffen sind, ausgeschlossen [9].

Der Ablauf der Optimierung wird in den nachfolgenden drei Abschnitten anhand der
jeweiligen Zielstellung erläutert. Im vierten Abschnitt *Bestimmung paretooptimaler Lösungen* wird das Ergebnis der Optimierung dargestellt.

Leistung maximieren

Nach dem Anlegen der Aufträge wird im *ersten Simulationsschritt* ein initiales Fertigungsprogramm erstellt. Dieses nicht optimierte Fertigungsprogramm wird simuliert, um eine
zeitliche Einordnung der Bearbeitungsaufträge zu erhalten. Somit ist es nicht notwendig,
dass der Benutzter selber plant, wann welcher Auftrag gefertigt werden soll. Anschließend
wird das Fertigungsprogramm zur Analyse in Zeitintervalle unterteilt. Des Weiteren wird
das Fertigungsprogramm auf statisch berechneten Auslastungsdaten optimiert. Dafür wird
das Fertigungsprogramm zunächst in Gänze betrachtet. Die benötigten Prozesszeiten aller
Aufträge aus den Arbeitsplänen, je Produkt und je Ressource, werden aufsummiert und mit
der verfügbaren Zeit der einzelnen Ressourcen verglichen. Mit dem zusätzlichen Wissen,
welche Arbeitspläne welche Ressourcen stärker belasten, wird abgeleitet, ob die Gesamt-
verteilung der Arbeitspläne sinnvoll ist. Nach der Prüfung und einer ggf. erforderlichen
Anpassung der Arbeitsplanreihenfolge wird das aktuelle Fertigungsprogramm simuliert.
Die geplanten Auslastungen der einzelnen Ressourcen, je Zeitintervall, werden im *zweiten
Simulationsschritt* statisch analysiert. Auf Basis dieser Analyse wird erneut die Arbeits-
planverteilung in den Zeitintervallen angepasst. Dabei ist zu beachten, dass sich die Anzahl
der Produkte innerhalb der Zeitintervalle über die Simulationsdurchläufe hinweg ändern
kann. Dies erfolgt, wenn die Arbeitsplanvarianten bzw. die Reihenfolgen getauscht werden.
Die Optimierung, beginnend ab dem *dritten Simulationsdurchlauf*, wird iterativ durchgeführt. Grundlage hierfür ist die Analyse der Arbeitssysteme. Das Ziel ist eine nivellierte
Auslastung der Arbeitssysteme. Dies wird anhand der Pufferbestände nachverfolgt. Für
die Arbeitssysteme wird ein anzustrebender Pufferbestand mit Toleranzgrenzen nach oben
und unten definiert. Ein zu geringer Pufferbestand würde dazu führen, dass die anschließenden Ressourcen nicht ausreichend mit Material versorgt werden können. Ein zu hoher
Pufferbestand hingegen würde langfristig zu einem Blockieren der vorherigen Ressourcen führen. Auf Basis der Analyse wird das Fertigungsprogramm angepasst und anschließend simuliert. Die Änderungen beziehen sich auf die Verteilung der Arbeitspläne und die

Bearbeitungsreihenfolge. Dabei wird zunächst das Zeitintervall identifiziert, bei dem ein Arbeitssystem die höchste Auslastung aufweist. Nachfolgend wird das Intervall identifiziert, in dem das Arbeitssystem am wenigsten ausgelastet ist. Anschließend werden Aufträge von dem Intervall mit der maximalen Auslastung in das Intervall der minimalen Auslastung verschoben. Das Fertigungsprogramm wird iterativ angepasst, bis der Zielwert konvergiert [9].

Energiekosten minimieren

Grundlage der Optimierung hinsichtlich der Energiekosten ist eine Zuordnungslogik, die es ermöglicht, innerhalb der Simulation zunächst Ressourcen mit geringeren Energiekosten zu belegen. Hierzu wird die Auslastung der Arbeitssysteme über deren Pufferbestände abgesenkt. Dies geschieht in mehreren Abstufungen, die an die Energieeffizienzklassen der Ressourcen gebunden sind. Die Ressourcen mit hohen Energiekosten werden dementsprechend weniger ausgelastet, somit werden Energiekosten gespart. Die Abstufungen der angestrebten Pufferbestände sind je Fertigungssystem individuell zu definieren. So wird nicht nur lokal teureren Ressourcen weniger Material zugewiesen, sondern auch im gesamten Fertigungssystem werden günstigere Ressourcen stärker ausgelastet. Grundsätzlich sind die Werte der angestrebten Pufferbestände fertigungssystemspezifisch und im Rahmen der Fertigungssystemdaten zu erfassen. Bei der Bestimmung der angestrebten Pufferbestände für ein Fertigungssystem steht die Bearbeitungszeit im Mittelpunkt. Haben die zu fertigenden Produkte sehr unterschiedliche Bearbeitungszeiten, ist nicht eine Zahl von Bearbeitungseinheiten das anzustrebende Ziel, sondern eine Zahl an Bearbeitungsminuten. Abb. 8.9 zeigt, die Realisierung der Minimierung der Energiekosten anhand von zwei Arbeitssystemen mit unterschiedlichem Energieverbrauch [9].

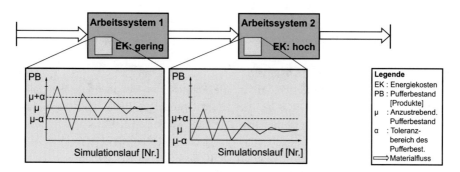

Abb. 8.9 Auswirkung unterschiedlicher Energiekosten auf Pufferbestände nach [9]

Termintreue maximieren

Die Maximierung der Termintreue wird bei dem Vertauschen der Reihenfolge von Aufträgen berücksichtigt. Bei der iterativen Optimierung des Fertigungsprogramms werden Aufträge im Fertigungsprogramm sukzessive verschoben. Dabei wird zunächst das Zeitintervall im aktuellen Fertigungsprogramm identifiziert, bei dem ein Arbeitssystem am meisten ausgelastet ist. Anschließend wird das Intervall identifiziert, in dem das Arbeitssystem am wenigsten ausgelastet ist und Aufträge verschoben. Wird nun die Maximierung der Termintreue in der Zielvorgabe höher priorisiert, wird der zeitliche Bereich, in dem Produkte verschoben werden können, eingeschränkt. Durch das einschränken der Reichweite wird gewährleistet, dass Aufträge nicht vom Anfang des Fertigungsprogramms ans Ende und umgekehrt verschoben werden. Grundlage für das Prinzip ist die Ordnung des Fertigungsprogramms nach den KAP-Lieferterminen. Das schließt ein, dass die Produkte zu Beginn nach der richtigen Reihenfolge im Sinne der Termineinhaltung geordnet sind. Sind sehr wichtige Aufträge zu bevorzugen, wird dies über die Sortierung des Fertigungsprogramms nach dem KAP-Liefertermin umgesetzt. Dabei werden die Aufträge nach dem Liefertermin sortiert, indem die maximal hinnehmbare Abweichung mit einberechnet wird. Bei einer sehr hohen KAP ist die hinnehmbare Abweichung sehr gering. Die auftragsindividuelle Reichweite wird bei einem potenziellen Verschiebevorgang für jedes Produkt anhand der Gl. 8.3 berechnet. So wird sowohl die Priorität der Termintreue, als auch die Priorität des Auftrags berücksichtigt. Je höher die Terminabweichung und die KAP ist, desto kleiner ist der Suchbereich für eine Verschiebung eines Auftrages [9].

$$SB = \frac{n}{KAP \cdot T_P} \tag{8.3}$$

SB: Suchbereich zum Verschieben von Produkten
n: Anzahl Zeitintervalle im Planungszeitraum
KAP: Kunden-Auftrags-Priorität
T_P: Priorität der Terminabweichung

Bestimmung paretooptimaler Lösungen

Das Ergebnis der Simulationsdurchläufe ist die Pareto-Front der theoretisch möglichen Fertigungsprogramme, siehe Abb. 8.10. Auf dieser Grundlage können nun die optimalen Kompromisse der einzelnen Zielstellungen abgeleitet werden. Auf Basis von Randbedingungen, wie bspw. der initial vorgegebenen Priorisierung der Ziele des Unternehmens, wird somit das optimale Fertigungsprogramm ermittelt. Das System ist hierdurch in der Lage, selbstständig zu entscheiden, welche Kombination bzw. Gewichtung von Zielen in der vorliegenden Situation für das Unternehmen das sinnvollste ist und bestimmt die Systemziele neu. Dieses optimale Fertigungsprogramm dient als Basis für den Schritt der Anpassung des Systemverhaltens [9].

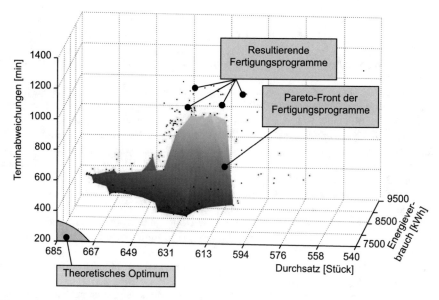

Abb. 8.10 Pareto-Front simulierter Fertigungsprogramme nach [9]

8.2.4 Anpassung des Systemverhaltens

Das ermittelte optimale Fertigungsprogramm wird durch das SOFS-System an die operativ agierende Fertigungssteuerung weitergeleitet. Dies erfolgt entsprechend der vorliegenden Systemlandschaft in einem Unternehmen in verschiedenen Ausprägungen. Unternehmen, die mittels eines *Manufacturing Execution System* (MES) oder anderer automatisierter Systeme Arbeitspläne einlasten, können über eine TCP/IP Schnittstelle direkt die neuen Fertigungsprogramme einlesen und verwenden. Somit ist eine direkte Anpassung des Systemverhaltens ohne Eingriff des Fertigungsplaners notwendig. Des Weiteren besteht die Möglichkeit, die Lösung in einem sogenannten Dashboard anzuzeigen, falls das Unternehmen die Fertigung manuell steuert. Die zeitlich angeordneten Arbeitspläne sind zentrales Ergebnis der Optimierung. Diese werden als Fertigungsprogramm im Sinne eines *Gantt-Diagramms* dargestellt. Der Fertigungsplaner erhält somit die Grundlage für die manuelle Einlastung der Arbeitspläne in das Fertigungssystem [9].

Literatur

1. Amann, K., Petzold, J.: Management und Controlling: Instrumente-Organisation-Ziele. Springer Gabler, Wiesbaden (2014)
2. Becker, T.: Prozesse in Produktion und Supply Chain optimieren, 2. Aufl. Springer, Berlin, Heidelberg (2008)

3. Bellmann, V., Meyer, G.: Effiziente Auswahl von Methoden - Steigerung der Wettbewerbsfähigkeit durch eine zielgerichtete Methodenauswahl. ZWF, Jahrgang 110 (2015), Carl Hanser, München (2015)
4. Eversheim, W., Schuh, G.: Hütte-Produktion und Management "Betriebshütte". Springer, Berlin, 7. Aufl. (1996)
5. Gausemeier, J., Plass, C.: Zukunftsorientierte Unternehmensgestaltung: Strategien, Geschäftsprozesse und IT-Systeme für die Produktion von morgen. Carl Hanser, München (2014)
6. Gausemeier, J., Rammig, F. J., Schäfer, W. (Hrsg.): Selbstoptimierende Systeme des Maschinenbaus. Heinz Nixdorf Institut, Universität Paderborn, HNI-Verlagsschriftenreihe, Bd. 234, Paderborn (2009)
7. Gausemeier, J., Rammig, F. J., Schäfer, W. (Hrsg.): Design Methodology for Intelligent Technical Systems. Springer, Berlin, Heidelberg (2013)
8. Kiener, S., Maier-Scheubeck, N., Obermaier, R., Weiß, M.: Produktions-Management: Grundlagen der Produktionsplanung und -steuerung. Walter de Gruyter (2012)
9. Köchling, D., Gausemeier, J., Joppen, R., Mittag, T.: Design of a self-optimising production control system. In: DS 84: Proceedings of the DESIGN 2016 14th International Design Conference (2016)
10. Kramer, O.: Methode zur Optimierung der Wertschöpfungskette mittelständischer Betriebe. Herbert Utz Verlag, München (2002)
11. Meyer., G., Ansari, S.M., Nyhuis, P.: Synergieeffekte von Methoden besser nutzen – Ansatz zur prozessverbessernden und kompetenzsteigernden Methodenauswahl in produzierenden KMU. wt Werkstatttechnik online, Jahrgang 104 (2014), Springer-VDI-Verlag, Düsseldorf (2014)
12. Mittag, T., Gausemeier, J., Gräßler, I., Iwanek, P., Köchling, D., Petersen, M.: Conceptual Design of a Self-Optimising Production Control System. Procedia CIRP 25 S. 230–237 (2014)
13. Nyhuis, P., Wiendahl, H.P.: Logistische Kennlinien: Grundlagen, Werkzeuge und Anwendungen. Springer, Berlin, Heidelberg (2012)
14. Schlüßler, J.: Methodenkatalog zur Unterstützung der bedarfsgerechten Verbesserung von Produktionssystemen. Bachelorarbeit, Fakultät Maschinenbau, Universität Paderborn, Paderborn (2015)
15. Seeber, H., Giese, V.: Den Erfolg durch aktuelle Kennzahlen sichern. In: Symposium Wirtschaftlicher Erfolg durch Prozessorganisation; Gesellschaft Produktionstechnik: Prozesskennzahlen – der Weg zum Erfolg – Köln, 25. und 26. Februar 1997. VDI-Verlag, Düsseldorf (1997)
16. Spath, D., Ganschar, O., Gerlach, S., Hämmerle, M., Krause, T., Schlund, S.: Produktionsarbeit der Zukunft-Industrie 4.0. Fraunhofer Verlag, Stuttgart (2013)
17. Wiendahl, H.P.: Betriebsorganisation für Ingenieure. Carl Hanser (2014)
18. Wildemann, H.: Schlanke Produktionssysteme. http://www.tcw.de/management-consulting/sonstiges/produktionssysteme-86

Zusammenfassung

9

Ansgar Trächtler, Jürgen Gausemeier und Christopher Lüke

Globalisierung, demografischer Wandel und Ressourcenknappheit verändern unsere Lebens- und Arbeitsbedingungen und stellen hohe Anforderungen an die Innovationskraft der heimischen Industrie. Im *Technologienetzwerk Intelligente Technische Systeme OstWestfalenLippe* – kurz it's OWL – werden innovative Produkte und Dienstleistungen für die Märkte von morgen erarbeitet. Weltmarktführer und „Hidden Champions" aus dem Maschinenbau, der Elektro- und Elektronikindustrie und dem Bereich der Automobilzulieferer arbeiten dabei eng mit Spitzenforschungseinrichtungen zusammen.

Die Entwicklungen im Bereich der Informatons- und Kommunikationstechnik eröffnen vielfältige neue Möglichkeiten, um verbesserte mechatronische Systeme zu realisieren und damit erhöhten Nutzen beim Kunden zu stiften. Diese Systeme sind in der Lage, sich ihrer Umgebung und den Wünschen ihrer Anwender im Betrieb anzupassen und weisen eine inhärente Teilintelligenz auf. Schlagworte, die in diesem Kontext stets genannt werden sind: „Cyber-Physical Systems" oder „Industrie 4.0". Die Partner im Cluster-Querschnittsprojekt Selbstoptimierung an den Universitäten Paderborn und Bielefeld haben dafür ein Instrumentarium erarbeitet, welches selbstoptimierende Methoden und Verfahren anwendergerecht verfügbar macht. Es soll die Entwickler in den Unternehmen bei der Realisierung von Ansätzen der Selbstoptimierung praxisgerecht unterstützen.

A. Trächtler (✉) · C. Lüke
Heinz Nixdorf Institut, Regelungstechnik und Mechatronik,
Universität Paderborn, Paderborn, Deutschland
E-Mail: ansgar.traechtler@hni.uni-paderborn.de

C. Lüke
E-Mail: christopher.lueke@hni.uni-paderborn.de

J. Gausemeier
Heinz Nixdorf Institut, Strategische Produktplanung und Systems Engineering,
Universität Paderborn, Paderborn, Deutschland
E-Mail: Juergen.Gausemeier@hni.uni-paderborn.de

© Springer-Verlag GmbH Deutschland, ein Teil von Springer Nature 2018
A. Trächtler und J. Gausemeier (Hrsg.), *Steigerung der Intelligenz
mechatronischer Systeme,* Intelligente Technische Systeme – Lösungen
aus dem Spitzencluster it's OWL, https://doi.org/10.1007/978-3-662-56392-2_9

Intelligente technische Systeme werden nicht mehr durch rein ingenieurwissenschaftliche Ansätze entstehen. Vielmehr werden verstärkt Ansätze aus den Bereichen des maschinellen Lernens oder der mathematischen Optimierung ihre Berücksichtigung finden. In diesem Buch wird gezeigt, wie diese Ansätze, ausgehend von Potenzialanalysen zur Verbesserung von Produkten und Produktionssystemen, in Verbindung mit intelligenten Steuerungen und Regelungen und verlässlichkeitsorientierten Methoden zur Steigerung der Intelligenz von technischen Systemen beitragen können.

Bisher werden diese Methoden von Unternehmen oft nicht systematisch in der Entwicklung berücksichtigt. Daher bedarf es einer *Potenzialanalyse*. Vor dem Hintergrund der Herausforderungen bei der Steigerung der Intelligenz mechatronischer Systeme wird ein Stufenmodell vorgestellt, welches die Möglichkeiten zur Weiterentwicklung mechatronischer Systeme adressiert. Dabei werden die Methoden der einzelnen Fachgebiete gemäß ihrer Eignung zum Erreichen von bestimmten Intelligenzstufen eingeordnet, um die individuellen Bedürfnisse von kleinen und mittelständischen Unternehmen bei der Produktentwicklung abzudecken. Eine zunehmende Rolle spielen dabei *datengetriebene Ansätze,* welche im Rahmen der Selbstoptimierung insbesondere zur Erkennung des Betriebszustands sowie zur modellbasierten Optimierung beitragen. Im Cluster-Querschnittsprojekt Selbstoptimierung werden die in der Anwendungsdomäne „Maschinen- und Anlagenbau" oftmals vorliegenden Anforderungen an die Modelle, wie z. B. die Zuverlässigkeit im Sinne von definiertem Modellverhalten und das Lernen auf Basis weniger Daten, durch die Verwendung von Vorwissen über die zu modellierenden Zusammenhänge adressiert. Für die oftmals auftretende Anforderung nach situationsbedingter Optimalität bei unterschiedlichen Zielsetzungen kommen *Mehrzieloptimierungsverfahren* zum Einsatz, welche die notwendigen Verhaltensanpassungen bestimmen. Es wird eine Vorgehensweise präsentiert, welche den Arbeitsprozess der mathematischen Optimierung im Selbstoptimierungskontext näher beschreibt. Die Methodik besteht aus einem Leitfaden zum Einsatz mathematischer Optimierung im industriellen Kontext sowie einem Katalog von Anwendungshemmnissen. Die Umsetzung von intelligentem Verhalten beim Betrieb technischer Systeme geschieht durch *intelligente Steuerungen und Regelungen*. Neben einem Ansatz zur Realisierung paretooptimaler Regelungen wird eine Vorgehensweise erarbeitet, welche verschiedene regelungstechnische Methoden gemäß des Stufenmodells der Intelligenz mechatronischer Systeme einordnet. Ein weiterer bedeutender Aspekt im Rahmen der Selbstoptimierung ist die *Zuverlässigkeit,* da über einen an die aktuelle Systemzuverlässigkeit angepassten Betriebspunkt die Leistungsfähigkeit verbessert wird, während das Ausfallverhalten besser vorhersehbar wird. Dafür sind Methoden des *Condition Monitoring* hinsichtlich ihrer Eignung berücksichtigt und klassifiziert worden. Der nächste Schritt, die Bestimmung der passenden Systemziele, wird durch eine strukturierte Methode zum Finden verlässlichkeitsrelevanter Zielfunktionen ergänzt. Abschließend wird der Aspekt der *Verbesserung von Produktionssystementwicklung* betrachtet. Insbesondere wird eine Vorgehensweise zum Einsatz bedarfsgerechter Methoden entwickelt, die anhand zu verbessernder Produktionskennzahlen die Bestimmung von Systemzielen und entsprechende Verhaltensanpassungen ermöglicht.

Die vorgestellten Leitfäden wurden auf Basis der Erkenntnisse aus den *Projekten mit den Industriepartnern* des Spitzenclusters entwickelt. Beispielsweise wurde die Anwendung der Potenzialanalyse an einem System aus dem Bereich der Lackiertechnik gezeigt. Ein selbstoptimierendes Energiemanagement in Elektrofahrzeugen verteilt die verfügbare Energie in Abhängigkeit der Betriebssituation und unter Berücksichtigung konkurrierender Ziele, wie z. B. Komfortmaximierung gegenüber Reichweitenmaximierung. So werden die vorhandenen Energiereserven effizient eingesetzt und ein optimales Gesamtergebnis erreicht. In einer industriellen Großwäscherei wurde eine Steigerung der Ressourceneffizienz durch Methoden der Mehrzieloptimierung erreicht. Methoden des maschinellen Lernens kamen im Bereich des Kupferdrahtbondens zum Einsatz, um die Zuverlässigkeit des Prozesses zu erhöhen. Integriert in eine intelligente Steuerung tragen sie außerdem zur Automatisierung von Teigknetanlagen bei. Intelligente Regelungen wurden darüber hinaus im Fertigungsprozess von Möbelprofilen und in einem aktiven Fahrwerk eines innovativen Schienenfahrzugs eingesetzt.

Sachverzeichnis

© Springer-Verlag GmbH Deutschland, ein Teil von Springer Nature 2018
A. Trächtler und J. Gausemeier (Hrsg.), *Steigerung der Intelligenz
mechatronischer Systeme,* Intelligente Technische Systeme – Lösungen
aus dem Spitzencluster it's OWL, https://doi.org/10.1007/978-3-662-56392-2

Printed in the United States
By Bookmasters